碳中和城市与绿色智慧建筑系列教材

教育部高等学校建筑类专业教学指导委员会规划推荐教材

丛书主编　王建国

智慧设计与环境交互

Intelligent Design and Interactive Environment

李飚　华好　李力　著

中国建筑工业出版社

图书在版编目（CIP）数据

智慧设计与环境交互 = Intelligent Design and
Interactive Environment / 李飚，华好，李力著.
北京：中国建筑工业出版社，2024.12. —（碳中和城
市与绿色智慧建筑系列教材 / 王建国主编）（教育部高
等学校建筑类专业教学指导委员会规划推荐教材）.
ISBN 978-7-112-30755-5

Ⅰ.TU2

中国国家版本馆CIP数据核字第202426JY58号

为了更好地支持相应课程的教学，我们向采用本书作为教材的教师提供课件，有需要者可与出版社联系。
建工书院：https://edu.cabplink.com
邮箱：jckj@cabp.com.cn 电话：（010）58337285

① 国家自然科学基金　项目批准号：52378008
② 国家自然科学基金　项目批准号：52278008

策　　划：陈　桦　柏铭泽
责任编辑：滕云飞　王　惠
责任校对：赵　力

碳中和城市与绿色智慧建筑系列教材
教育部高等学校建筑类专业教学指导委员会规划推荐教材
丛书主编　王建国
智慧设计与环境交互
Intelligent Design and Interactive Environment
李飚　华好　李力　著
*
中国建筑工业出版社出版、发行（北京海淀三里河路9号）
各地新华书店、建筑书店经销
北京锋尚制版有限公司制版
北京中科印刷有限公司印刷
*
开本：787毫米×1092毫米　1/16　印张：15¾　字数：290千字
2025年2月第一版　　2025年2月第一次印刷
定价：**69.00**元（赠教师课件）
ISBN 978-7-112-30755-5
　　（44493）

《碳中和城市与绿色智慧建筑系列教材》

总序

建筑是全球三大能源消费领域（工业、交通、建筑）之一。建筑从设计、建材、运输、建造到运维全生命周期过程中所涉及的"碳足迹"及其能源消耗是建筑领域碳排放的主要来源，也是城市和建筑碳达峰、碳中和的主要方面。城市和建筑"双碳"目标实现及相关研究由2030年的"碳达峰"和2060年的"碳中和"两个时间节点约束而成，由"绿色、节能、环保"和"低碳、近零碳、零碳"相互交织、动态耦合的多途径减碳递进与碳中和递归的建筑科学迭代进阶是当下主流的建筑类学科前沿科学研究领域。

本系列教材主要聚焦建筑类学科专业在国家"双碳"目标实施行动中的前沿科技探索、知识体系进阶和教学教案变革的重大战略需求，同时满足教育部碳中和新兴领域系列教材的规划布局和"高阶性、创新性、挑战度"的编写要求。

自第一次工业革命开始至今，人类社会正在经历一个巨量碳排放的时期，碳排放导致的全球气候变暖引发一系列自然灾害和生态失衡等环境问题。早在20世纪末，全球社会就意识到了碳排放引发的气候变化对人居环境所造成的巨大影响。联合国政府间气候变化专门委员会（IPCC）自1990年始发布五年一次的气候变化报告，相关应对气候变化的《京都议定书》（1997）和《巴黎气候协定》（2015）先后签订。《巴黎气候协定》希望2100年全球气温总的温升幅度控制在1.5℃，极值不超过2℃。但是，按照现在全球碳排放的情况，那2100年全球温升预期是2.1~3.5℃，所以，必须减碳。

2020年9月22日，国家主席习近平在第七十五届联合国大会向国际社会郑重承诺，中国将力争在2030年前达到二氧化碳排放峰值，努力争取在2060年前实现碳中和。自此，"双碳"目标开始成为我国生态文明建设的首要抓手。党的二十大报告中提出，"积极稳妥推进碳达峰碳中和，立足我国能源资源禀赋，坚持先立后破，有计划分步骤实施碳达峰行动，深入推进能源革命……"，传递了党中央对我国碳达峰、碳中和的最新战略部署。

国务院印发的《2030年前碳达峰行动方案》提出，将碳达峰贯穿于经济社会发展全过程和各方面，重点实施"碳达峰十大行动"。在"双碳"目标战略时间表的控制下，建筑领域作为三大能源消费领域（工业、交通、建筑）之一，尽早实现碳中和对于"双碳"目标战略路径的整体实现具有重要意义。

为贯彻落实国家"双碳"目标任务和要求，东南大学联合中国建筑出版传媒有限公司，于2021年至2022年承担了教育部高等教育司新兴领域教材研究与实践项目，就"碳中和城市与绿色智慧建筑"教材建设开展了研究，初步架构了该领域的知识体系，提出了教材体系建设的全新框架和编写思路等成果。2023年3月，教育部办公厅发布《关于组织开展战略性新兴领域"十四五"高等教育教材体系建设工作的通知》（以下简称《通知》），《通知》中明确提出，要充分发挥"新兴领域教材体系建设研究与实践"项目成果作用，以《战略性新兴领域规划教材体系建议目录》为基础，开展专业核心教材建设，并同步开展核心课程、重点实践项目、高水平教学团队建设工作。课题组与教材建设团队代表于2023年4月8日在东南大学召开系列教材的编写启动会议，系列教材主编、中国工程院院士、东南大学建筑学院教授王建国发表系列教材整体编写指导意见；中国工程院院士、西安建筑科技大学教授刘加平和中国工程院院士、清华大学教授庄惟敏分享分册编写成果。编写团队由3位院士领衔，8所高校和3家企业的80余位团队成员参与。

2023年4月，课题团队向教育部正式提交了战略性新兴领域"碳中和城市与绿色智慧建筑系列教材"建设方案，回应国家和社会发展实施碳达峰碳中和战略的重大需求。2023年11月，由东南大学王建国院士牵头的未来产业（碳中和）板块教材建设团队获批教育部战略性新兴领域"十四五"高等教育教材体系建设团队，建议建设系列教材16种，后考虑跨学科和知识体系完整性增加到20种。

本系列教材锚定国家"双碳"目标，面对建筑类学科绿色低碳知识体系更新、迭代、演进的全球趋势，立足前沿引领、知识重构、教研融合、探索开拓的编写定位和思路。教材内容包含了碳中和概念和技术、绿色城市设计、低碳建筑前策划后评估、绿色低碳建筑设计、绿色智慧建筑、国土空间生态资源规划、生态城区与绿色建筑、城镇建筑生态性能改造、城市建筑智慧运维、建筑碳排放计算、建筑性能智能化集成以及健康人居环境等多个专业方向。

教材编写主要立足于以下几点原则：一是根据教育部碳中和新兴领域系列教材的规划布局和"高阶性、创新性、挑战度"的编写要求，立足建筑类专业本科生高年级和研究生整体培养目标，在原有课程知识课堂教授和实验教学基础上，专门突出了碳中和新兴领域学科前沿最新内容；二是注意建筑类专业中"双碳"目标导向的知识体系建构、教授及其与已有建筑类相关课程内容的差异性和相关性；三是突出基本原理讲授，合理安排理论、方法、实验和案例分析的内容；四是强调理论联系实际，强调实践案例和翔实的示范作业介绍。总体力求高瞻远瞩、科学合理、可教可学、简明实用。

本系列教材使用场景主要为高等学校建筑类专业及相关专业的碳中和新兴学科知识传授、课程建设和教研学产融合的实践教学。适用专业主要包括建筑学、城乡规划、风景园林、土木工程、建筑材料、建筑设备，以及城市管理、城市经济、城市地理等。系列教材既可以作为教学主干课使用，也可以作为上述相关专业的教学参考书。

本教材编写工作由国内一流高校和企业的院士、专家学者和教授完成，他们在相关绿色低碳研究、教学和实践方面取得的先期领先成果，是本系列教材得以顺利编写完成的重要保证。作为新兴领域教材的补缺，本系列教材很多内容属于全球和国家双碳研究和实施行动中比较前沿且正在探索的内容，尚处于知识进阶的活跃变动期。因此，系列教材的知识结构和内容安排、知识领域覆盖、全书统稿要求等虽经编写组反复讨论确定，并且在较多学术和教学研讨会上交流，吸收同行专家意见和建议，但编写组水平毕竟有限，编写时间也比较紧，不当之处甚或错误在所难免，望读者给予意见反馈并及时指正，以使本教材有机会在重印时加以纠正。

感谢所有为本系列教材前期研究、编写工作、评议工作、教案提供、课程作业作出贡献的同志以及参考文献作者，特别感谢中国建筑出版传媒有限公司的大力支持，没有大家的共同努力，本系列教材在任务重、要求高、时间紧的情况下按期完成是不可能的。

是为序。

丛书主编、东南大学建筑学院教授、中国工程院院士

前言

建筑设计始终围绕空间、材料与构造展开，致力于在形态与审美之间追求理性与感性的和谐，以满足人类多样化的生活需求。在"双碳"目标确立的时代背景下，建筑行业作为碳排放的重要来源之一，正面临新的责任与挑战。近年来，绿色低碳逐渐上升为国家发展战略，这不仅推动了建筑学科对于传统观念的重新审视，也促使行业开始更加注重前期设计决策的科学性。建筑选址、材料选择和空间布局等因素往往隐含着能耗与碳排放风险，这些问题可能需要长期监测才能显现，因此，建筑设计在早期优化与科学决策上的重要性愈加凸显。

在此背景下，智慧设计作为一种信息技术与建筑学科深度融合的创新方法应运而生，并逐渐成为绿色建筑与低碳设计的重要实现途径。智慧设计依托于信息技术的迅速发展，尤其是计算能力和算法优化的不断进步。它不仅响应了环境与可持续发展的需求，也在应对日益多样化的设计挑战中发挥着越来越重要的作用。智慧设计不再局限于传统设计手段的延续，而是推动了设计方法和过程的根本性转型，涉及多领域的技术融合，包括大数据、人工智能与机器学习等。这些技术的结合使得设计决策更加精准，能有效提升建筑能效和资源利用，推动建筑设计走向更加绿色、低碳、个性化的发展路径。

随着全球化和信息时代的到来，设计任务变得日益复杂和多样。建筑设计不仅要考虑传统的空间与功能需求，还需要在全球视野下综合考虑不同地区的文化背景、环境因素以及法律法规的约束。智慧设计在此过程中，通过算法和模型的应用，能够高效处理这些复杂的设计任务，为设计师提供全新的解决方案和方法。与此同时，智慧设计的应用不仅仅局限于建筑本身，它还在更广泛的城市规划与建设中扮演着关键角色，通过对环境数据的动态分析和智能化调控，优化建筑与城市空间的运行效率，实现人与环境的和谐互动。

智慧设计的核心在于智能化与自动化的深度结合，通过对复杂设计问题的实时计算与优化，大幅提升设计效率和精准度。随着人工智能与数据分析技术的不断成熟，设计过程不仅能够更高效地满足多样化需求，还能够在设计方案的生成与调整中，考虑到环境、用户及技术等多个因素的协调与平衡。智慧设计的逐步兴起，标志着建筑设计方法的重大转型，它将为建筑的可持续发展注入新的动能，同时帮助设计行业应对环境保护和个性化需求等全球性挑战。

智慧设计不仅仅是对传统设计的技术延伸，它代表着设计理念、方法及工具的系统性重构，推动了设计过程从经验驱动向数据驱动、从直觉式操作向精确计算过渡。因此，本书聚焦于智慧设计与环境交互，以跨学科视角，系统融入计算机科学、数学、数控技术、电子控制等多个领域的基本概念，全面构建智慧设计与环境交互之间的框架性知识体系，旨在为研究者和实践者提供一种新的思维方式，以应对当代设计与环境互动中的复杂挑战。

本书共分为四个部分：第一部分介绍了智能设计的数学和算法基础，为构建智能设计系统提供理论支持；第二部分探讨了通过规则导向和数据导向两种途径实现智能设计的过程，并结合案例展示了实际应用；第三部分从理论、方法、技术和应用案例等层面阐述了面向建造的智慧设计；第四部分则分析了建筑、人类活动、城市微环境和控制系统之间多维联动的环境交互技术。这四部分内容既相互独立又紧密关联，将智慧设计的数理基础、技术实现，以及在数字建造和环境交互中的应用整合于同一框架中。截至2024年11月，依据本套教材的课程内容，已经搭建了5个线上数字平台，很好地完成了纸数融合的课程体系建设。具体介绍详见附录，读者可根据介绍进入相关网址，进行实际线上操作，直观体验本课程内容。

本教材受国家自然科学基金：基于形态分析与类型组合的建筑空间生成设计方法研究，项目批准号：52378008；基于建构学与数字建造技术的混凝土结构单元优化研究，项目批准号：52278008资金支持。编写人员包括从事教学、科研、实践的教师，李飚、华好和李力；同时，还包含东南大学建筑学院建筑运算与应用研究所的在读博士研究生：莫怡晨、张柏洲、张琪岩、刘梦嫚和刘一歌博士、蔡陈翼博士；在读硕士研究生：史珈溪、陈心畅、杨翔宇、段成璧、夏之翔、孙齐昊、张笑凡、尹佳文、刘逸卓、吴凌菊、范丙浩、邹雨菲、冯丽娟、冯以恒、武文忻、黄瑞克、李昊宣、章周宇、陆毅涵等。

此外，特别感谢在智慧设计与环境交互领域中不断探索和创新的学者与实践者，尤其是本书中提及的众多案例的实践者。正是他们的努力与贡献，推动了该领域的不断进步，促进了设计与科技的深度融合与发展。同时，期望本教材的出版能够为读者的研究和实践提供新的思路与参考，也为智慧设计的进一步发展铺路。

本书编写团队

目录

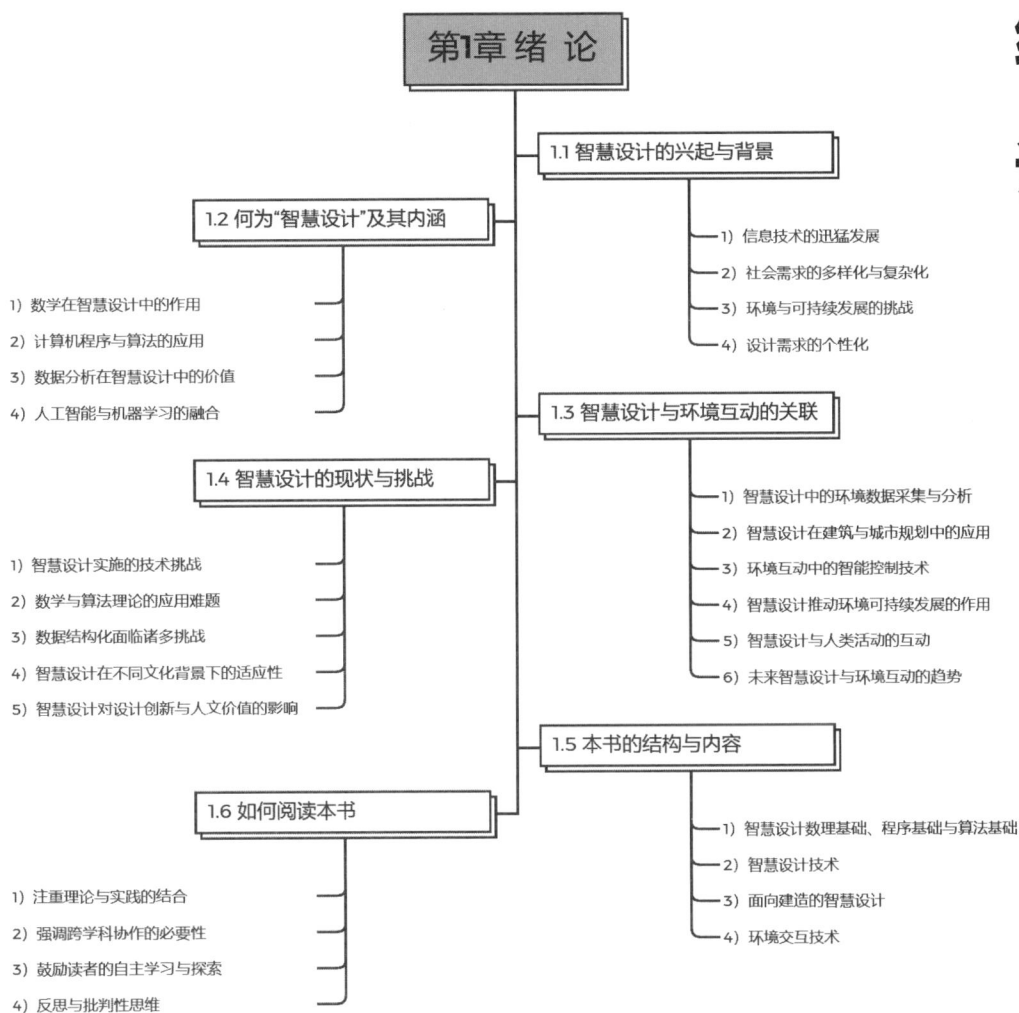

第1章 绪 论

1.1 智慧设计的兴起与背景

1）信息技术的迅猛发展

2）社会需求的多样化与复杂化

3）环境与可持续发展的挑战

4）设计需求的个性化

1.2 何为"智慧设计"及其内涵

1）数学在智慧设计中的作用

2）计算机程序与算法的应用

3）数据分析在智慧设计中的价值

4）人工智能与机器学习的融合

1.3 智慧设计与环境互动的关联

1）智慧设计中的环境数据采集与分析

2）智慧设计在建筑与城市规划中的应用

3）环境互动中的智能控制技术

4）智慧设计推动环境可持续发展的作用

5）智慧设计与人类活动的互动

6）未来智慧设计与环境互动的趋势

1.4 智慧设计的现状与挑战

1）智慧设计实施的技术挑战

2）数学与算法理论的应用难题

3）数据结构化面临诸多挑战

4）智慧设计在不同文化背景下的适应性

5）智慧设计对设计创新与人文价值的影响

1.5 本书的结构与内容

1）智慧设计数理基础、程序基础与算法基础

2）智慧设计技术

3）面向建造的智慧设计

4）环境交互技术

1.6 如何阅读本书

1）注重理论与实践的结合

2）强调跨学科协作的必要性

3）鼓励读者的自主学习与探索

4）反思与批判性思维

建筑设计关注以空间、比例、尺度、尺寸为基础的材料与构造的物质载体，并由此构建符合人体活动需求的空间系统，它们与形态、审美和形式共同构筑出理性与感性共存的复杂系统。当绿色、低碳被确定为国家的未来发展战略，客观上对建筑学学科也提出了新的要求，它迫使建筑师从耗能与低碳的角度重新审视学科的内涵与外延。在处理城市空间和建筑布局的过程中，设计师协调处理诸多矛盾，任何处置失衡均会增加建筑物在建造和使用过程中的耗能。例如，建筑选址失策导致的运输耗能的激增；空间布局缺乏对气候适应性的考量；不同建筑材料使用寿命的协同性不足等。这类带有缺陷的构思通常在设计初期不易被察觉，且具有一定的隐匿性，需要建成后的长期监测与验证才能发现其先天的耗能缺陷，导致消耗更多的更新与改造资源。此外，规则与标准的泛滥也带来了推波助澜的负面效应，增加了本已不堪重负的设计成本。在数字转型的推动下，建筑师面临社会与经济领域的巨大变革压力，可持续建筑设计要求建筑和工程机构以越来越快的决策机制去应对日益增长的技术需求。智慧设计不应仅拘泥于形式创新，更需建立起完善的基于建筑本体要素（如功能、空间、绿色与低碳等）与学科拓展之间的结构性关联。随着科技的发展和社会需求的变化，设计领域正在经历深刻的变革。传统的设计方法主要依赖设计师的经验和直觉，而以智慧设计为代表的新兴设计理念需要与传统的设计经验相互融合，并重新定义设计问题的系统方法。智慧设计并不是对传统设计的简单延续，而是对设计方法与过程的系统性拓展。随着计算技术的进步，从单核处理器到多核处理器的演进，再到 GPU（Graphics Processing Unit 图形处理单元）和云计算的普及，计算能力的提升使得对复杂设计问题的实时计算成为可能。众多科研成果聚焦于城市与建筑形式生成工具的相关概念和方法，基于效率标准定义并验证形态生成的框架，通过计算与编码将方案优化与复杂性理论结合，以此拓展设计方法。

1.1 智慧设计的兴起与背景

信息技术的快速发展彻底改变了各个行业的工作方式，设计领域也不例外。随着大数据时代的来临，数据存储和管理技术成为智慧设计的重要支撑，为智慧设计的数据分析和机器学习提供了必要的技术基础，使得设计师能够从海量数据中提取相关信息，以指导设计决策。人工智能，尤其是深度学习和强化学习的快速发展，为智慧设计赋予了新的能力。生成对抗网络（GANs）能够生成高度真实的设计图像，增强设计师的创意表达；强化学习则帮助设计系统通过不断试错优化设计策略。基于此类技术的发展，智慧设计能够从被动的工具应用转向智能互动的科研与实践探索。

在全球化市场中，设计师需要考虑不同地区的文化、法律、环境和经济因素，这提升了设计任务的复杂性和多样性。通过多目标优化和复杂系统建模，智慧设计为设计师在多种约束条件下找到最佳设计方案提供助力。此外，全球气候变化和资源短缺的问题，使可持续发展成为设计领域的核心议题。智慧设计通过优化资源利用、减少浪费和提升能效，为可持续设计提供了新的方法和工具。例如，参数化设计和模拟技术能够帮助设计师在设计阶段预测建筑能耗，从而优化设计以减少碳足迹。

智慧设计借助这些计算资源，能够进行大规模的模拟和优化，从而极大地提高设计效率和精度。智慧设计的兴起离不开以下几个重要背景因素。

1）信息技术的迅猛发展

计算机科学的进步尤其是人工智能（AI）、机器学习（ML）和大数据技术的发展，为智慧设计提供了强大的技术支撑。人工智能的引入使计算机能够模拟人类的设计思维，从而在设计过程中提供智能辅助。这种辅助不仅能够加快设计速度，还能提高设计的质量和创新性。大数据技术则让设计师能够从大量的历史数据和用户行为中提取有价值的信息，用于指导设计决策。

2）社会需求的多样化与复杂化

现代社会对设计的需求趋于多样化和复杂化，传统设计方法难以有效应对。无论是建筑设计、产品设计，还是城市规划，都要求设计师在短时间内处理大量变量，权衡多个设计目标。智慧设计通过算法和模型，能够高效处理复杂的设计任务，帮助设计师快速做出决策。

3）环境与可持续发展的挑战

全球环境问题日益加剧，设计师面临可持续设计的挑战。智慧设计通过优化资源配置和评估环境影响，为可持续设计提供有力支持。例如，在建筑设计中，通过智慧设计可以减少材料浪费，降低能源消耗，有助于实现绿色环保的目标。

4）设计需求的个性化

随着用户对个性化体验需求的增加，传统设计模式已难以满足这种需求。智慧设计通过数据分析和用户反馈，能够实时调整设计方案，提供更符合用户需求的个性化设计。这不仅提升了用户满意度，也为设计产品的多样性提供了更多的可能性。

"智慧设计"是一种结合了数学、算法、编程以及人工智能技术的设计方法，旨在通过规则导向和数据导向的手段，实现设计过程的自动化和智能化。智慧设计不仅依赖于设计师的创意和经验，还充分需要大数据分析、机器学习、智能控制等前沿技术的支撑，以提高设计的效率、精度和创新性，推动设计的标准化、个性化和可持续发展。

智慧设计能够提升设计过程智能化和自动化水平，其核心在于结合规则导向与数据导向，通过编码预设规则，实现设计的标准化和自动化，同时利用大数据和机器学习对设计数据进行分析和优化，从而生成更符合设计目标的方案。智慧设计注重对设计结果的性能优化，涵盖了结构、能效、材料和使用等多个方面，并在建造过程中通过材料模拟和工艺优化，提高产品质量和生产效率。此外，智慧设计还涉及环境交互技术，通过智能控制和环境监测，实现人与环境的智能化互动，为可持续设计提供支持。该方法广泛应用于建筑、制造、城市规划等领域，推动了设计创新和效率提升。智慧设计作为一个跨学科的设计领域，帮助设计师在复杂的设计任务中实现创意的高效表达和精确实施，其研究基础主要包含以下几个方面：

1）数学在智慧设计中的作用

数学在智慧设计中起着基础性作用。几何学、代数、微积分等数学知识是设计形态生成与优化的基础。例如，在建筑设计和工业设计中，几何建模技术被广泛应用，它通过数学公式和算法生成复杂的三维形态；在城市规划中，优化算法被用来寻找最佳的交通路线，以提高城市交通效率。

2）计算机程序与算法的应用

计算机程序与算法是智慧设计的核心工具。设计师通过编写程序，将复杂的设计问题转化为计算机可以处理的数学模型，再通过算法进行求解。算法的选择和优化直接影响设计结果的质量与效率。常用的算法包括遗传算法、粒子群优化、模拟退火等，它们在不同的设计任务中具有各自的优势。

3）数据分析在智慧设计中的价值

数据分析是智慧设计的重要组成部分。设计师通过对大数据的分析，从而提取具有价值的信息，用于指导设计决策。例如，通过对用户行为数据的分析，设计师能够了解用户的偏好，进而优化产品设计。此外，数据分析还能够帮助设计师预测设计方案的效果，提升设计的前瞻性。

4）人工智能与机器学习的融合

人工智能与机器学习为智慧设计注入了更多智能要素。通过引入深度学习等前沿技术，智慧设计可以在大量数据中自动学习设计模式，生成符合特定要求的设计方案。这种自动化设计不仅可以提高设计效率，还能在一定程度上激发设计师的创意。

1.3 智慧设计与环境互动的关联

智慧设计与环境互动的关系日益密切，尤其在设计与建成环境的交互过程中，智慧设计为环境的可持续发展、功能优化和用户体验提升提供了新的路径。智慧设计不仅改变了设计师处理设计任务的方式，也深刻影响了建成环境的形成和发展。

1）智慧设计中的环境数据采集与分析

智慧设计的一个重要特征是依赖大量的环境数据。通过传感器、物联网和大数据技术，设计师可以实时监测环境中的各种参数，如温度、湿度、光照、空气质量等。这些数据不仅为设计提供了丰富的基础信息，还能帮助设计师动态调整设计方案，使其更契合实际环境条件。例如，在城市规划中，智慧设计可以通过分析交通流量、人口分布和空气质量等数据，优化道路布局和建筑物的位置，从而减少交通拥堵、改善空气质量并提高城市的宜居性。

智慧设计中的数据分析能力使得设计师能够突破传统的静态设计方式，转向一种基于动态环境反馈的设计过程。通过实时数据的分析，设计方案可以在设计过程中不断被优化，从而更好地适应环境变化。这样的设计方式不仅提高了设计的准确性和效率，还使得最终的建成环境更加符合用户的实际需求。

2）智慧设计在建筑与城市规划中的应用

在建筑设计中，智慧设计可以通过环境数据的集成和分析，优化建筑的能效、结构和材料选择。例如，设计师可以使用环境模拟工具预测建筑在不同气候条件下的表现，进而调整建筑的形态、朝向和材料，最大限度地利用自然光和通风，减少能源消耗。这种基于环境互动的设计方法，不仅提高了建筑的可持续性，还增强了建筑与自然环境的和谐共存。

在城市规划中，智慧设计通过切实模拟环境与人类活动，推动了城市功能布局的优化。例如，智慧设计可以通过模拟城市中的热岛效应，合理安排绿地和水体的位置，从而降低城市温度，提高居民生活质量。此外，智慧设计还能够通过对公共交通和基础设施的智能优化，提升城市的运行效率，减少能源消耗和碳排放，促进城市的可持续发展。

3）环境互动中的智能控制技术

智慧设计在环境互动中的一个重要方面是智能控制技术的应用。智能控制技术可以根据环境数据的变化，自动调整建筑或城市设施的运行状态，从而实现人与环境的和谐互动。

在建筑领域，智能控制技术广泛应用于智能家居系统。例如，智能家居可以根据室内外温度、湿度和光照的变化，自动调节空调、窗帘和照明系统，以保持室内环境的舒适性和节能效果。这种基于环境互动的智能控制技术，不仅能够提高用户生活质量、减少能源消耗，还能推动绿色建筑发展。

在城市环境中，智能控制技术同样发挥着重要作用。例如，智慧城市中的智能交通系统可以通过实时监控交通流量，动态调整信号灯的时长和顺序，从而缓解交通拥堵，减少车辆的碳排放。此外，智能电网技术可以根据城市的用电需求，自动调节电力供应，提高能源利用效率，减少能源浪费。

4）智慧设计推动环境可持续发展的作用

智慧设计在推动环境可持续发展中发挥了重要作用。通过对环境数据的全面分析和智能控制技术的应用，智慧设计能够有效减少对自然资源的消耗，并降低对环境的负面影响。首先，智慧设计可以通过能效优化设计，减少建筑物和城市设施的能源消耗。例如，通过优化建筑的采光、通风和保温设计，减少对人工照明和空调的依赖，降低建筑的能源消耗。此外，通过选择相对环保和可再生材料等方式，在材料优化方面，智慧设计也减少了对自然资源的消耗。其次，智慧设计通过生态设计和对绿色基础设施的应用，促进环境的修复和改善。例如，城市中的绿色屋顶、垂直绿化和雨水花园等绿色基础设施的引入，能够有效减少城市的热岛效应并提升城市的生物多样性。智慧设计还可以通过优化城市的水循环系统，减少雨水径流，防止城市内涝，保护水资源。

5）智慧设计与人类活动的互动

智慧设计不仅关注环境本身，还注重人类活动与环境的互动。这种互动贯穿设计的各个层面，从建筑的空间布局到城市的功能组织，均需考虑人类活动对环境的影响以及环境对人类活动的反馈。

在建筑设计中，通过对人类活动模式的分析，优化建筑的空间布局和功能配置。例如，建筑师可以通过分析建筑使用者的行为数据，优化建筑的动线设计，减少人流交叉，提升空间利用率。此外，智慧设计的智能照明和通风系统能够优化室内环境，提升使用者的舒适度和工作效率。通过应用智能控制技术，智慧设计还能为用户提供个性化的环境体验，如根据用户的作息习惯自动调节室内环境参数，提高居住的舒适性和便利性。

在城市规划中,智慧设计凭借对城市活动的深入理解,优化城市的功能组织和空间结构。例如,通过对交通流量、人口分布和商业活动的分析,合理规划城市的交通网络和商业中心,减少交通拥堵,提升城市的运行效率,并实现对城市活动的实时调控。

6)未来智慧设计与环境互动的趋势

随着科技的不断进步,智慧设计与环境互动的关系将更加紧密。未来的智慧设计将不仅仅是对环境的被动适应,而是通过更加主动的设计手段,引导和塑造环境,从而实现人与自然的和谐共存。

未来的智慧设计可能会更加注重环境的个性化和动态适应性。例如,随着人工智能技术的发展,智慧设计可以根据用户的需求和环境的变化,实时调整设计方案,使得设计结果更加个性化和动态化。此外,智慧设计还可能借助虚拟现实(VR)和增强现实(AR)技术,为用户提供沉浸式环境体验,促使用户可以在设计过程中更加直观地感受到环境变化和互动效果。

智慧设计与环境互动的关系日益密不可分。通过对环境数据的采集与分析、智能控制技术的应用,以及对人类活动的深入理解,智慧设计不仅推动了建筑和城市的可持续发展,还为用户提供了更加舒适、便捷和个性化的环境体验。随着科技的进一步发展,智慧设计将在环境互动中发挥更加重要的作用,推动设计与环境的共生共荣。

1.4 智慧设计的现状与挑战

尽管智慧设计在理论与实践上取得了显著的进展,但在其发展过程中仍然面临诸多挑战。理解和克服这些挑战对于智慧设计的进一步发展至关重要。

1)智慧设计实施的技术挑战

智慧设计的实施需要强大的计算能力和数据支持,而这些资源的获取与管理对于许多设计师来说仍是一个难题。例如,大规模的几何建模和优化算法往往依赖于高性能计算机,但在实际设计环境中并不总能获得这些资源。此外,数据的获取和处理也面临诸多挑战。设计师往往需要从多种数据源中收集数据,并对这些数据进行清洗、整理和分析。这一过程不仅耗时耗力且要求设计师具备相对高的数据处理能力。

2)数学与算法理论的应用难题

如何将复杂的数学和算法理论直观地应用于实际设计中,也是智慧设计面临的重大挑战之一。数学和算法理论往往抽象复杂,设计师在实际操作中需要将这些理论转化为具体的设计步骤和工具。这一转化过程不仅需要设计师具备扎实的数学和编程基础，还需要他们对设计问题有深刻的理解和敏锐的洞察力。此外，算法的选择和优化也是一个棘手的问题，不同的设计任务往往需要不同的算法，而算法的优劣直接影响设计结果的质量。

3）数据结构化面临诸多挑战

首先，智慧设计涉及多种类型的数据，如环境数据、用户行为数据、设计参数等，这些数据来源多样，格式各异，难以统一进行结构化处理。其次，设计数据的动态性和实时性要求高，在变化的环境中实时更新和调整，这对数据的结构化处理提出了更高的要求。许多既有数据难以直接转化为结构化形式，从而增加了处理的复杂性。解决这些问题对于实现智慧设计的高效性和准确性至关重要。

4）智慧设计在不同文化背景下的适应性

作为全球化的设计理念，智慧设计如何在不同文化背景和设计需求下实现本土化应用，也是一个值得深入探讨的问题。例如，在东方文化中，设计往往强调和谐、自然与人文的结合，而在西方文化中，设计更注重功能性和创新性。智慧设计如何在不同文化背景下兼顾这些差异，并充分发挥其技术优势，是设计师面临的一大挑战。

5）智慧设计对设计创新与人文价值的影响

智慧设计的引入虽然提高了设计效率和质量，但也引发了关于设计创新与人文价值的讨论。一方面，智慧设计通过算法和数据分析，可以生成符合既定规则的设计方案，减少设计中的随意性和不确定性；但另一方面，这种规则化和自动化的设计方式，是否会限制设计师的创意空间，导致设计的同质化？此外，智慧设计过于依赖技术和数据，是否会忽视设计中的人文关怀和情感表达？这些问题在智慧设计的发展过程中，亟需设计师和研究者们予以深入思考和解决。

智慧设计不仅急需在技术领域取得突破，也将对教育和科研领域产生深远影响。随着智慧设计技术的普及，越来越多的设计院校将开设相关课程，培养掌握智慧设计技术的复合型人才。智慧设计的理论与实践也将成为学术研究的热门课题，为设计学科的发展注入新的活力。算法技术带来了新的建筑生成规律和设计原则，建筑数字运算方法需要融入更广泛的学科内涵和更深层次的技术探索，并着眼建筑本体的逻辑关联，回归设计本源的价值创造。建筑学学科系统方法正朝着高技术、高智能的方向发展，并已成必然趋势。通过编码算法技术，从大量案例中获取"灵感"，算法技术将带来新的思潮及新的价值链，并逐步建构多向有环映射机制，实现算法模型设计构思、气候适应性能和实际建造的追溯效力闭环，进而将建筑学设计方法朝向更科学、广博、精深而理性的研究领域迈进，促进并加快建筑学方法与计算机科学的密切融合，从系统的结构性视角"解码"传统的建筑设计理念，为设计师提供新的探索与实践方向。

本书通过对智慧设计的数理基础、技术实现以及实际应用的全面探讨，旨在为读者提供一个系统的知识框架，帮助他们更好地理解和应用智慧设计。随着智慧设计的不断发展，我们可以预见，未来的设计将更加智能、高效，并且能够更好地适应复杂多变的环境需求。智慧设计不仅是设计方法的革新，更是设计理念的升华，它将引领设计进入一个全新的时代。

1.5 本书的结构与内容

本书分为四个主要部分，旨在将智慧设计的数理基础、技术实现以及在数字建造和环境交互中的应用整合于同一框架。四个部分既相互独立，又彼此关联。

1）智慧设计数理基础、程序基础与算法基础

本部分主要介绍智慧设计所依赖的数学理论、计算机程序设计基础以及算法原理。这些基础知识构成了智慧设计的核心内容，为读者理解和应用智慧设计提供了必要的理论支持。

（1）几何建模

几何建模是设计形态生成的关键工具。通过几何建模，设计师可以精确地控制设计形态的每一个细节。现代几何建模技术已经从二维平面扩展到三维空间，甚至四维时空，这赋予了设计师更大的创作自由。例如，在建筑设计中，几何建模被用来生成参数化建筑、异形建筑等复杂的建筑形态。

（2）优化算法

优化算法广泛应用于设计问题的求解中。设计过程中的许多问题都可以归结为优化问题，例如如何在给定的约束条件下找到最佳的设计方案。常见的优化算法包括线性规划、非线性规划、遗传算法、模拟退火等，这些算法在不同的设计任务中具有各自的优势。例如，遗传算法通过模拟自然界的进化过程，寻找最优设计方案；模拟退火则通过模仿金属退火过程，避免陷入局部最优。

（3）数据结构与算法分析

数据结构与算法分析是计算机程序设计的基础。通过选择合适的数据结构和算法，设计师可以提高程序的效率和可扩展性。例如，树结构、图结构等数据结构在城市交通网络优化等复杂设计任务中被广泛应用。

2）智慧设计技术

智慧设计技术是实现智慧设计理念的关键。该部分分为规则导向的智慧设计和数据导向的智慧设计两大类型，分别探讨了基于规则的自动化设计与基于数据分析的设计优化。

（1）规则导向的智慧设计

规则导向的智慧设计是基于预先定义的设计规则，通过算法和程序自动生成设计方案。例如，在建筑设计中，设计师可以通过定义建筑的形态规则、结构规则和空间规则，自动生成符合这些规则的建筑方案。规则导向的智慧设计适用于设计规则明确、设计目标固定的场景，具有高效、稳定的特点。

（2）数据导向的智慧设计

数据导向的智慧设计是通过分析大量设计数据，从中提取设计模式和规律，进而指导设计方案的生成和优化。例如，通过分析历史建筑的结构数据，设计师可以了解不同结构类型的优缺点，从而在新设计中选择最佳的结构形式。数据导向的智慧设计适用于设计数据丰富、设计需求多样的场景，具有灵活、适应性强的特点。

（3）智慧设计技术的实际应用案例

该部分还通过一些实际案例，展示了智慧设计技术在不同领域中的具体应用。例如，在建筑设计中，智慧设计技术被应用于优化结果形态，以提高设计结果的功能性和美观性；在城市规划中，智慧设计技术被用于优化城市布局，以提高城市的交通效率和环境质量等。

3）面向建造的智慧设计

随着数字化建造技术的发展，智慧设计在建造领域的应用趋于广泛。该部分主要探讨性能化数字建造、材料导向的数字建造以及性能与工艺优化等内容。

（1）性能化数字建造

性能化数字建造通过智慧设计技术，实现建筑物性能的全面优化。例如，通过模拟建筑物的热性能、声性能和结构性能，设计师可以在设计阶段优化建筑方案，提高建筑物的舒适性和安全性。这种方法不仅提升了建筑物的质量，还降低了建造成本和能耗，实现了可持续建造。

（2）材料导向的数字建造

材料导向的数字建造通过智慧设计技术，优化材料的使用和配置。例如，通过分析不同材料的力学性能和环境性能，设计师可以选择最适合的材料并确定最佳的材料配置方案，从而提高建筑性能，减少材料浪费，实现绿色建造。

（3）性能与工艺优化

性能与工艺优化通过智慧设计技术，优化建造过程中的每个环节。例如，通过模拟施工过程，设计师可以优化施工顺序和工艺，提高施工效率，减少施工风险。这种优化不仅提高了施工质量，还降低了施工成本和工期，实现了高效建造。

4）环境交互技术

智慧设计不仅限于设计和建造阶段，还延伸至环境的感知与互动。该部分探讨了环境交互的基本要素、数据采集与交互技术，以及在环境交互中的智能控制方法。

（1）环境交互的基本要素

环境交互的基本要素包括感知、通信、反馈和控制。在智慧设计中，环境交互通过传感器和控制系统实现。例如，智能建筑利用传感器实时监测室内环境（如温度、湿度、光照等参数），并通过控制系统自动调节空调、照明等设备，以保持最佳室内环境。

（2）数据采集与交互技术

数据采集与交互技术是环境交互的关键。通过数据采集，设计师可以实时了解环境变化，并根据环境变化调整设计方案。数据交互技术利用物联网技术，实现环境与建筑物之间的数据传输和共享。例如，智能城市通过物联网技术，将城市中的各建筑、交通设施和环境监测设备连接在一起，实现城市环境的全面感知和智能管理。

（3）环境交互中的智能控制

智能控制是环境交互的核心。通过引入人工智能技术，环境交互系统能够自动分析环境数据，并作出相应的控制决策。例如，智能交通系统通过分析交通数据，自动调整交通信号灯时长，缓解交通拥堵；智能建筑则通过分析环境数据，自动调整空调和照明设备，以提高能源利用效率。

1.6

如何阅读本书

在本书的写作过程中，作者采用了一种跨学科的视角，将计算机科学、数学、数控技术、电子控制等多个领域的概念诉诸智慧设计与环境交互的框架中。然而，鉴于这些领域的广泛性和复杂性，本书并不对这些学科内容进行系统性的介绍。这些概念更多是作为智慧设计的背景知识被提及，而不作为主要的讨论对象。对于希望深入了解相关概念与方法的读者，建议参考相关的扩展读物以获得更系统的知识。

此外，本书在各章的叙述中引入了大量的实际案例，这些案例不仅起到解释相关概念和理论的作用，也为读者提供了实践应用的视角。然而，书中的案例主要侧重于展示其应用场景和理论背景，对于算法实现、代码细节等技术性内容并未作深入阐述。相关详细内容也可通过查阅相关的学术论文和技术文档获取。

本书的另一个重要目标是尝试构建智慧设计与环境交互之间的框架型知识体系。该体系旨在为研究者和实践者提供一种新的思维方式，以应对当代设计与环境互动中的复杂挑战。由于该领域涉及学科众多，且各学科的知识与技术仍在快速发展，本书在内容的编写上采取了发展的眼光。这意味着读者在阅读时，应认识到这些知识是动态变化的，未来可能会有新的理论、技术和实践方法的出现，并将不断丰富和完善这一体系。

除了上述几点，书中的写作方式还体现了以下几个特点：

1）注重理论与实践的结合

本书不仅探讨了智慧设计和环境交互的理论基础，还关注其在实际中的应用。因此，书中的内容往往是在理论与实践之间架起桥梁，帮助读者理解如何将复杂的理论应用于实际问题的解决。这种写作方式鼓励读者在学习理论的同时，思考其在现实设计过程的可操作性。

2）强调跨学科协作的必要性

在智慧设计与环境交互的研究中，单一学科的知识往往不足以应对复杂的问题。因此，本书通过跨学科的视角，展示了多学科知识在这一领域中的重要性和协作的必要性。通过这种方式，读者可以认识到不同学科的交汇处往往是创新的源泉，从而激发更多的研究和探索。

3）鼓励读者的自主学习与探索

本书在编写过程中，刻意留出了读者自主学习和探索的空间。书中的内容不求面面俱到，而是通过点拨和引导，鼓励读者进一步思考和研究。读者可以根据书中的提示，查阅更多的参考资料，进行深入学习。这种开放式的写作方式，有助于培养读者的独立思考和研究能力。

4）反思与批判性思维

本书不仅提供了大量的知识和案例，还鼓励读者进行反思和批判性思考。在快速发展的智慧设计与环境交互领域，保持批判性思维至关重要。书中提出的问题和讨论的话题多为开放性的，旨在激发读者对现有知识体系的反思，在实践中提出新的问题并探索解决方案。

本书不仅为读者提供了智慧设计与环境交互的基础知识，也为未来的学习和研究奠定了坚实的基础。希望读者在阅读本书的过程中，能够不断地思考、探索和创新，推动这一领域的持续发展。

第2章 智慧设计基础

- 2.1 数理基础
  - 2.1.1 基本要素
    - 1）点与线
    - 2）面与体
    - 3）颜色
  - 2.1.2 数理逻辑
    - 1）命题逻辑
    - 2）布尔代数
    - 3）二进制
  - 2.1.3 矩阵运算
    - 1）矩阵定义
    - 2）基本运算
    - 3）特征值与特征向量
    - 4）矩阵分解
  - 2.1.4 图论基础
    - 1）图的表示
    - 2）经典图论问题
  - 2.1.5 概率与噪声
    - 1）常用概率分布
    - 2）不同颜色的随机噪声

- 2.2 程序基础
  - 2.2.1 面向对象编程
    - 1）对象
    - 2）类
    - 3）继承
    - 4）多态
    - 5）封装
    - 6）抽象类
    - 7）接口
    - 8）泛型
    - 9）反射
    - 10）组合与聚合
  - 2.2.2 可视化编程平台
    - 1）Processing
    - 2）OpenFrameworks
    - 3）Blender
    - 4）Grasshopper
    - 5）Dynamo
    - 6）Unity
    - 7）Three.js
    - 8）Mathematica
  - 2.2.3 复杂适应系统
    - 1）多智能体系统
    - 2）元胞自动机
    - 3）L-System

- 2.3 智慧算法
  - 2.3.1 仿生优化
    - 1）进化算法
    - 2）粒子群算法
    - 3）蚁群算法
  - 2.3.2 数学规划
    - 1）模型三要素
    - 2）线性规划
    - 3）整数规划
    - 4）二次规划
  - 2.3.3 多目标优化
    - 1）Pareto 前沿
    - 2）算法工具
  - 2.3.4 深度学习
    - 1）深度神经网络
    - 2）可微编程框架

本章重点探讨智能设计的数理基础与算法基础，其核心理论方法对于构建智能设计系统起到关键作用。数学模型、算法优化与编程技术为智能设计提供了科学的计算框架，帮助设计师处理复杂的设计问题和数据分析，提升设计过程的效率与精准性。本章将介绍这些基础理论概念与思维框架。

2.1 数理基础

建筑是科学与艺术的结合，既需要美学上的创造力，又依赖科学上的严谨性与精确性。数理基础在这一过程中起到至关重要的作用，它不仅支撑着建筑设计的结构分析和功能优化，还能帮助设计师在复杂条件下做出合理的判断与选择。本节将涵盖点、线、面、体、颜色等基本要素；用于精确推理与设计优化的数理逻辑；处理复杂建筑结构和多维数据的矩阵运算；分析空间网络与关系的图论；以及通过概率与噪声模拟设计中的不确定性与设计灵感的随机性。这些数学工具为建筑设计中的创新与解决实际问题奠定了坚实的理论基础。

2.1.1 基本要素

点、线、面、体是建筑语汇的基本要素，也是几何运算的单元。建筑设计通过组合和变化这些要素来创造出丰富多样的建筑形式和结构，以满足不同的功能和审美需求。此外，这些要素也与数学和几何学密切相关，为建筑设计提供了数学基础和工具。

1）点与线

（1）点

点是最基本的几何元素，通常被用来表示建筑中的位置或特定的关键点（图2-1）。在建筑设计中，点可以代表建筑物的角落、柱子的中心、窗户的位置等。[1]

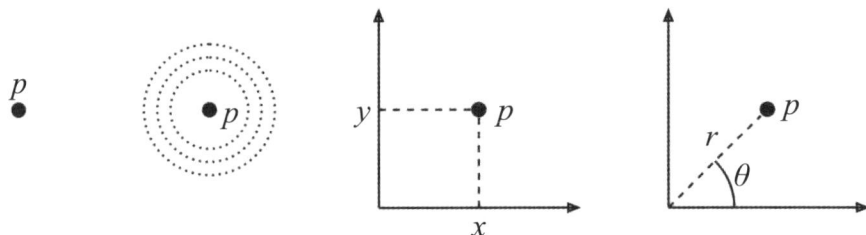

图2-1　点的表示方法
（图片来源：东南大学建筑学院建筑运算与应用研究所Inst. AAA）

14

点的定义式取决于空间的维度，在笛卡儿坐标系中，点的坐标是一组有序的实数，表示点在各个坐标轴上的投影，如在二维坐标系中，$\boldsymbol{p}=(x, y)$；在极坐标系中，点的坐标用点到原点的径向距离r和角度θ表示，即$\boldsymbol{p}=(r, \theta)$。极坐标可扩展到三维，地球的经纬度（lon, lat），或者描述太阳位置的高度角（Zenith）和方位角（Azimuth）就使用的是球极坐标中的位置点的角度。

从上述点的空间维度定义中我们可以得到d维向量的一般形式，如公式（2–1）所示：

$$\boldsymbol{v} = \begin{bmatrix} v_1 \\ v_2 \\ \vdots \\ v_d \end{bmatrix} \qquad 公式（2-1）$$

其中v_1，v_2，...，v_d是向量$\boldsymbol{v}$在坐标轴上的投影，从中可以得到向量的长度$\|\boldsymbol{v}\|$，如公式（2–2）所示：

$$\|\boldsymbol{v}\|^2 = v_1^2 + v_2^2 + \ldots + v_d^2 \qquad 公式（2-2）$$

对于两个向量$\boldsymbol{u}$和$\boldsymbol{v}$，我们可以进行加法和减法运算，得到新的向量$\boldsymbol{u}+\boldsymbol{v}$和$\boldsymbol{u}-\boldsymbol{v}$。两个向量的加法只需将每个维度的投影相加即可，如公式（2–3）所示：

$$\begin{bmatrix} v_1 \\ v_2 \\ \vdots \\ v_d \end{bmatrix} + \begin{bmatrix} u_1 \\ u_2 \\ \vdots \\ u_d \end{bmatrix} = \begin{bmatrix} v_1 + u_1 \\ v_2 + u_2 \\ \vdots \\ v_d + u_d \end{bmatrix} \qquad 公式（2-3）$$

向量的相乘包括点乘（·）和叉乘（×）。叉乘稍微复杂，这里先介绍点乘（点积或内积）。点乘的结果是一个标量，其值等于两个向量的长度乘积与两个向量夹角的余弦值的乘积，如公式（2–4）所示：

$$\boldsymbol{u} \cdot \boldsymbol{v} = \|\boldsymbol{u}\|\|\boldsymbol{v}\|\cos\theta = \sum_{i=1}^{d} \boldsymbol{u}_i \boldsymbol{v}_i \qquad 公式（2-4）$$

其中θ是两个向量的夹角。它同时也表示了向量$\boldsymbol{u}$在向量$\boldsymbol{v}$上的投影长度$\|\boldsymbol{u}'\|$与$\|\boldsymbol{v}\|$的乘积。由此可以推出向量$\boldsymbol{u}$在向量$\boldsymbol{v}$上的投影向量$\boldsymbol{u}'$，如公式（2–5）所示：

$$\boldsymbol{u}' = \frac{\|\boldsymbol{u}\|\cos\theta}{\|\boldsymbol{v}\|}\boldsymbol{v} = \frac{\boldsymbol{u} \cdot \boldsymbol{v}}{\boldsymbol{v} \cdot \boldsymbol{v}}\boldsymbol{v} \qquad 公式（2-5）$$

向量的基本运算可以用二维的几何图形描述，如图2–2所示。

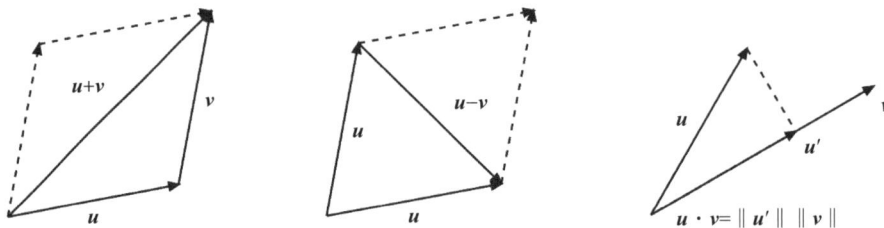

图2-2　向量的基本运算
（图片来源：东南大学建筑学院建筑运算与应用研究所Inst. AAA）

二维叉乘表示两个向量的有向面积的两倍，令a，b为两个二维向量，其叉乘如公式（2-6）所示：

$$a \times b = \begin{bmatrix} x_1 \\ y_1 \end{bmatrix} \times \begin{bmatrix} x_2 \\ y_2 \end{bmatrix} = x_1 y_2 - x_2 y_1 \qquad \text{公式（2-6）}$$

在三维中，向量的叉乘是一个向量，其方向——可用右手定则确定——垂直于两个向量，其长度等于两个向量的长度乘积与两个向量夹角的正弦值的乘积。令a，b为两个三维向量，其叉乘如公式（2-7）所示：

$$a \times b = \begin{bmatrix} x_1 \\ y_1 \\ z_1 \end{bmatrix} \times \begin{bmatrix} x_2 \\ y_2 \\ z_2 \end{bmatrix} = \begin{bmatrix} y_1 z_2 - z_1 y_2 \\ z_1 x_2 - x_1 z_2 \\ x_1 y_2 - y_1 x_2 \end{bmatrix} \qquad \text{公式（2-7）}$$

向量叉乘在计算多边形面积上有重要的应用，如图2-3所示，其表达式如公式（2-8）所示：

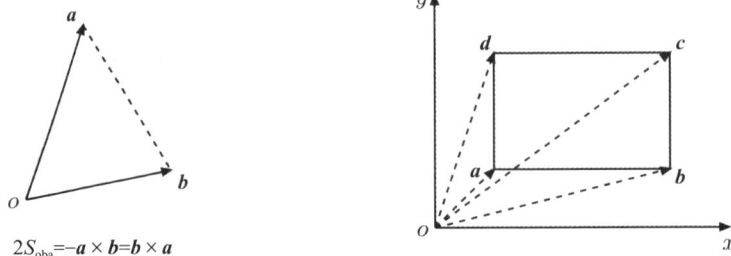

$$2S_{oba} = -a \times b = b \times a$$

图2-3　多边形面积计算
（图片来源：东南大学建筑学院建筑运算与应用研究所Inst. AAA）

$$S_{abcd} = \frac{1}{2}\left(a \times b + b \times c + c \times d + d \times a\right) \qquad \text{公式（2-8）}$$
$$= -S_{oba} + S_{obc} + S_{ocd} - S_{oad}$$

其中S_{oba}表示所围成的三角形面积，由于a位于b的逆时针方向，其有向面积为负数，故在总的式子中减去这个值。

（2）线

连续运动的点构成的连接路径称为线，它们可以用来表示建筑中的边界、轮廓、墙壁、道路等线性要素。两个点可以确定一条线段，线段的长度是两点之间的距离。令 a，b 为两个二维点，两点构成的线段的长度，如公式（2-9）所示：

$$L_{ba} = \|a - b\|_2 \qquad\qquad 公式（2-9）$$

其中 $\|a-b\|_2$ 是两点之间的欧几里得距离。线段的方向是从 b 指向 a，其方向向量为 $a-b$。

为点指定方向，可以得到射线。线的交点是一个重要的问题，两条线的交点可以通过求解线性方程组来得到。如图2-4所示，设 a，b 为起点，u，v 为方向，使用参数 t，s 定义两条线 $a+tu$ 和 $b+sv$，其交点可以通过公式（2-10）求解：

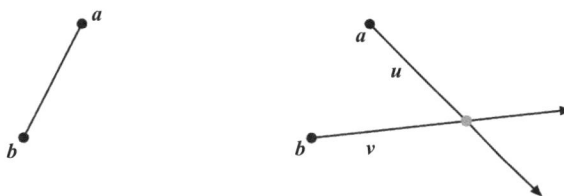

图2-4　线段的长度与交点
（图片来源：东南大学建筑学院建筑运算与应用研究所Inst. AAA）

$$t = (b-a) \times \frac{v}{u \times v} \qquad\qquad 公式（2-10）$$

所解得的 t 代入 $a+tu$ 即可得到交点。若线为射线，要求 $t>0$；若为线段，还需满足 $0<t<1$。

在智慧设计中，涉及的几何问题难易程度相差很大，本书中仅介绍浅显的基本几何运算，更复杂的几何问题可以通过数值计算、几何算法等方法求解。基本几何工具可以参考《生成艺术——Processing视觉创意入门》[2]《计算机图形学几何工具算法详解》[3]等书，更复杂的算法可以参考《计算几何：算法与应用》[4]等专业书籍。

2）面与体

面是由线构成的封闭区域，它们可以用来表示建筑中的平面，如墙壁、地板、屋顶等。面在建筑设计中用于描述建筑元素的表面特征，包括材料、纹理和颜色。建筑师通过组合和排列不同的面来创建建筑的体量和形式。

体表示三维空间中的立体形状，它们由面构成，用来表示建筑物的整体体量和形状。建筑的体量包括建筑的总体形状、立面和体块之间的空间关系等。建筑师通过操纵不同的体量来实现建筑的空间布局和外观。

（1）面

网格（Mesh）是最常见的三维几何表示方法之一，由顶点和连接点的面组成，根据面片所连接的点的数量可以分为三角网格（Triangle Mesh）、四边形网格（Quadrangle Mesh）、多边形网格（Polygon Mesh）等。

①三角网格

三角网格（Triangle Mesh）是严格由三角形面片构成的，是最基本的网格表示方法，常用于三维模型的渲染，也被用于有限元分析、流体动力学等科学计算。三角网格的顶点可以携带额外的信息，例如颜色、纹理坐标、法线向量等。计算机中网格的表示通常用半边数据结构（Half-edge Data Structure）表示[5]，它以边为核心，将一条边表示为拓扑意义上方向相反的两条"半边"。这种数据结构不仅方便表达图形的拓扑关系，还使得几何元素之间的互相查询变得非常便捷，如图2-5所示。

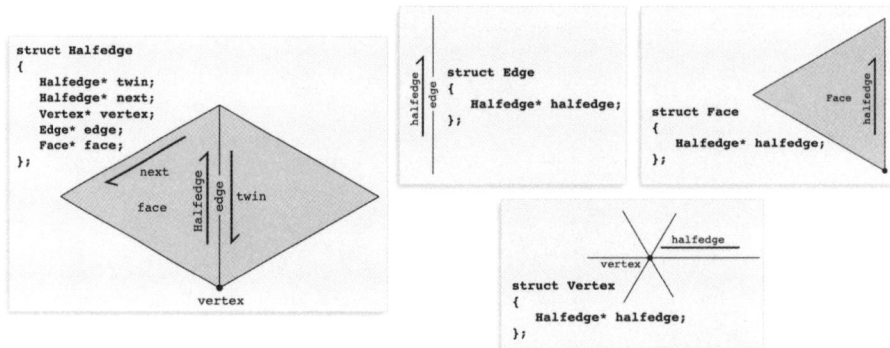

图2-5　三角网格的半边数据结构表示
（图片来源：参考文献[5]）

②四边形网格

四边形网格（Quadrangle Mesh）是由平面四边形面片构成的网格，采用规则的面板连接方式构建四边形网格。这种网格适用于数字建造，便于建立面与面之间的连接节点，减少施工中的误差。四边形网格的规则性不仅体现在每个四边形的形状和大小尽量保持一致，还体现在网格布局上，比如采用直纹面、环状或基于多项式的布局策略，这些都能更好地适应不同类型的曲面形态[6]。此外规则的连接方式还有利于算法处理，简化几何运算和物理模拟的复杂度，提高计算效率，如图2-6所示。

③多边形网格

多边形网格（Polygon Mesh）是由平面多边形面片构成的三维网格，适用于使用较少的数据量表示复杂的几何体，能够更好地拟合建筑中的平直表面，如图2-7所示。

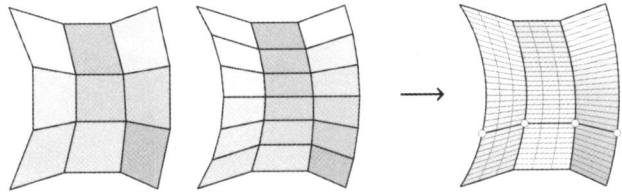

图2-6 四边形网格的优化，在迭代细分时保证每个面片都是平面四边形
（图片来源：参考文献[6]）

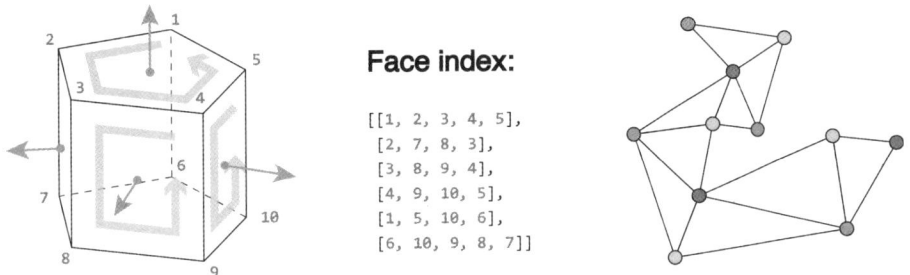

Face index:

[[1, 2, 3, 4, 5],
 [2, 7, 8, 3],
 [3, 8, 9, 4],
 [4, 9, 10, 5],
 [1, 5, 10, 6],
 [6, 10, 9, 8, 7]]

图2-7 多边形网格的面根据双耳定理转化为三角网格的过程
（图片来源：东南大学建筑学院建筑运算与应用研究所Inst. AAA）

（2）体

①体素

体素（Voxel）是三维空间中的立方体单元，用于表示体量的离散化模型。体素使用立方体单元往往需要大量内存，因此还演化出了八叉树优化的数据形式，如图2-8所示。

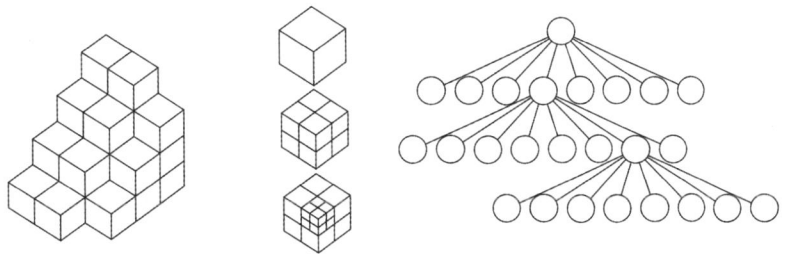

图2-8 体素模型和八叉树优化的数据形式
（图片来源：东南大学建筑学院建筑运算与应用研究所Inst. AAA）

②构造实体几何法

构造实体几何法（Constructive Solid Geometry）是计算机中描述体的一种方式，是计算机辅助设计中的一种建模方式。使用基本三维实体（包括长方体、球体、圆柱体、圆锥体、圆环体等）描述三维对象，并对其进行布尔运算，例如并集、减法和交集，以创建最终形状。图2-9展示了使用CSG中的布尔操作得到复杂的几何形体。[7]

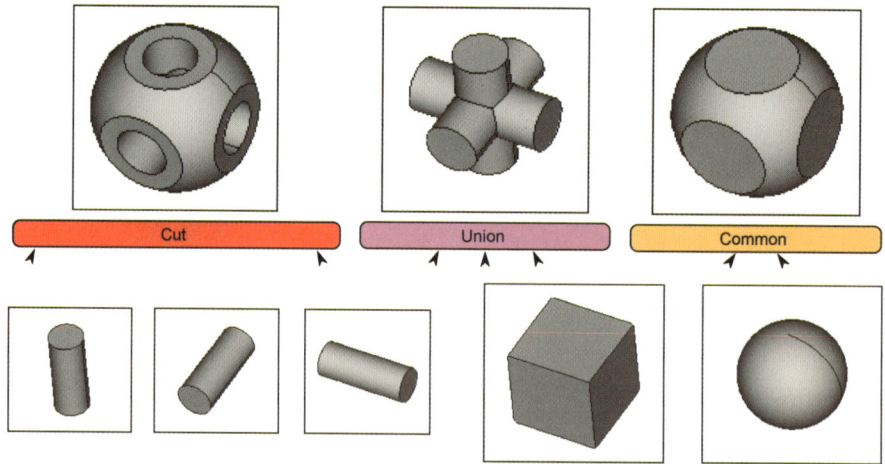

图2-9　CSG表示法中使用的操作示意：原始杆件的并集（Union）；计算其他两个三维实体的交集（Common）；获得前两个形状的差异（Cut）
（图片来源：https://wiki.freecad.org/Constructive_solid_geometry）

③有向距离场

有向距离场（Signed Distance Field，SDF）是一种用于表示几何体的方法，它将每个点到几何体的距离和内外方向编码为一个标量值，存储在二维或三维的网格中，将连续的有向距离函数（Signed Distance Function）转换成一个离散的数据结构。SDF可以用于表示复杂的几何体，如图2-10所示，通过对距离场进行插值和采样，可以生成高质量的几何体表面。SDF可以用来

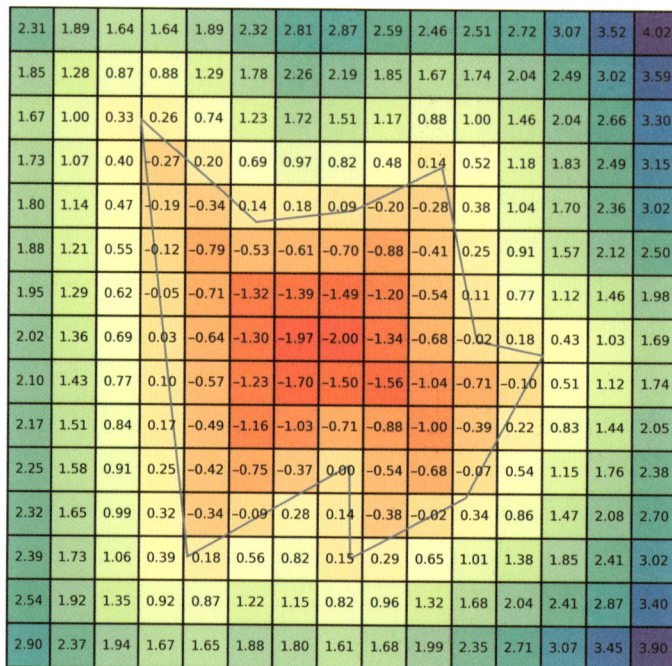

图2-10　二维多边形的SDF表示，空间被离散化为单元网格
（图片来源：东南大学建筑学院建筑运算与应用研究所Inst. AAA）

高效地进行形状渲染、碰撞检测、阴影计算等多种图形处理任务。基于深度学习的DeepSDF，[8]可以从离散点生成连续SDF，使用自编码器网络结构，接受形状编码和空间坐标作为输入，输出该坐标处的SDF值。DeepSDF不仅能够高效地表示形状，还能生成可操作可修改的高质量3D模型。

3）颜色

当距离足够近时，人眼能够解析单个像素。显示器的像素点是一个小的发光单元，它的颜色由三种基本颜色（红、绿、蓝）组成，如图2-11所示。其颜色由三个值的向量表示，每个值的范围是0到255，表示该基本颜色的强度。例如公式（2-11），红色的强度为255，绿色和蓝色的强度为0，表示的颜色是纯红色。

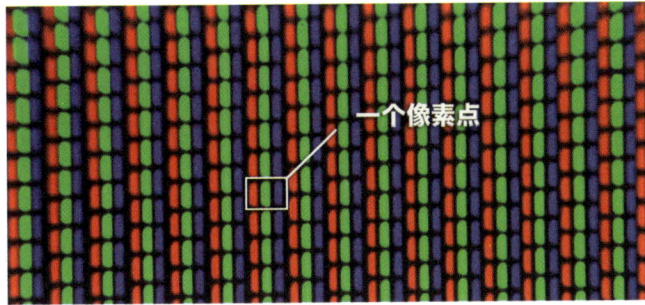

图2-11　显示器像素
（图片来源：东南大学建筑学院建筑运算与应用研究所Inst. AAA）

$$red = \begin{bmatrix} 255 \\ 0 \\ 0 \end{bmatrix} \qquad\qquad 公式（2-11）$$

颜色的线性组合是指将两个或多个颜色按照一定的权重相加，以产生新的颜色。这类似于向量的线性组合。例如，如果你有两种颜色 A 和 B，你可以通过 A 和 B 的线性组合来创建一个新的颜色 C：$C=w1 \times A+w2 \times B$，其中 $w1$ 和 $w2$ 是权重。任何三种基色只能混合有限的颜色范围，称为色域（Gamut），它总是小于人类可以感知的全部颜色范围（包含更少的颜色）。颜色的色域可被认为是一种线性空间，色域空间都有其特定的颜色模型和坐标系统，用于确定颜色的属性。

常见色域空间包括sRGB、Adobe RGB、Display P3、CMYK等，如图2-12所示。sRGB是一种标准的色域空间，广泛应用于显示器和网络图像。Adobe RGB是一种更大的色域空间，特别适合专业摄影和打印，绿色和青色能更好地表现鲜艳的颜色。DCI-P3是数字电影的标准色域空间，在红色和绿色部分包括更广的色域。CMYK则是主要用于印刷业的色域空间，代表了青色

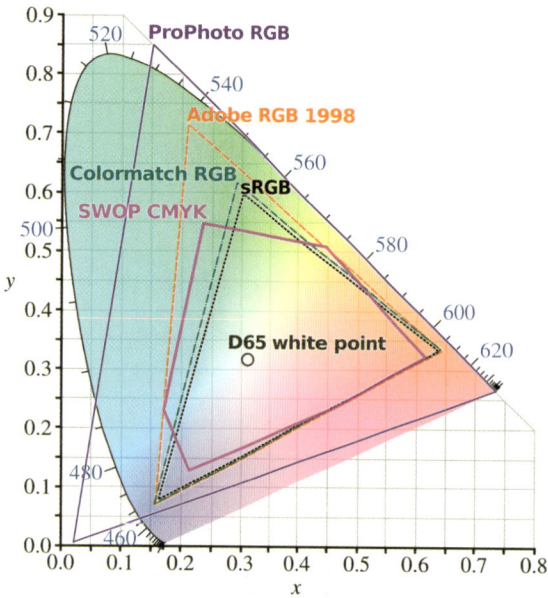

图2-12　CIE 1931 xy色度图
（图片来源：https://en.wikipedia.org/wiki/RGB_color_spaces）

（Cyan）、洋红（Magenta）、黄色（Yellow）和黑色（Key/Black）油墨的组合。还有与设备无关的Lab色彩空间，旨在模拟人类视觉感知，它的色域非常宽，涵盖了人眼能看到的所有颜色，亦被用于建筑中人眼色彩感知的科学模拟。[9]

2.1.2　数理逻辑

　　数理逻辑能帮助建筑师处理复杂设计逻辑、自动化设计流程、优化设计方案，以及与数据和参数交互，在通过编程或算法生成和分析设计的过程中起到关键作用。比如命题逻辑可以创建复杂的设计逻辑表达式，定义设计的约束和目标，描述建筑部件或元素的设计规则；布尔代数在计算性设计工具中广泛用于控制设计流程中的逻辑运算和条件判断，使用二进制编码建筑平面布局，描述房间之间的相邻关系等。

1）命题逻辑

　　命题逻辑的起源可以追溯到古希腊哲学家亚里士多德，他初步奠定了形式逻辑的基础。中世纪的逻辑学家在其基础之上，引入了更为复杂的命题形式和推理规则，寻求更加精确和形式化的逻辑体系，以期为知识的积累与验证提供坚实的基础。

　　在逻辑学中，命题是指一个能够明确表达出真假判断的陈述或声明。命题是逻辑学研究的基本单位，通过对命题的组合、变换和推理，可以得到更复杂的逻辑结论。通过研究命题的结构、关系以及如何通过逻辑运算（如蕴含、等价、合取、析取）来构造复合命题和进行有效推理，形成了命题逻辑这一基础而又核心的分支。[10]

　　（1）蕴含（Implication）通常用符号"→"或"⇒"表示，表示一个命题P蕴含另一个命题Q，即P成立则Q也成立。

　　（2）等价（Equivalence）通常用符号"↔"或"⇔"表示，表示两个命题P和Q互相等价，即P成立当且仅当Q成立。

　　（3）合取（Conjunction）通常用符号"∧"表示，表示两个命题P和Q同时成立。

　　（4）析取（Disjunction）通常用符号"∨"表示，表示两个命题P和Q至少有一个成立。

（5）否定（Negation）通常用符号"¬"表示，表示对一个命题的否定。

让我们通过一个简单的例子来说明逻辑运算。假设我们有以下命题：

· P：今天下雨

· Q：我带伞了

· R：我被淋湿了

我们可以用命题逻辑来描述这些命题之间的关系：

· $P \land \neg Q \to R$：如果今天下雨，且我没带伞，我就会被淋湿

· $Q \to \neg R$：如果我带伞了，我就不会被淋湿

从而可以形式化地分析和推理日常语言中的断言及其相互关系。

2）布尔代数

布尔代数是命题逻辑的一种形式化和抽象化的表示方式。布尔代数是一种代数系统，其变量取值仅为真（通常记为1）和假（通常记为0），并定义了一系列逻辑运算符，包括与（AND）、或（OR）、非（NOT）、异或（XOR）等，见表2-1、表2-2。英国数学家乔治·布尔（George Boole）于19世纪中叶提出了这种代数运算，之后便广泛用于电路设计、计算机硬件和软件中的逻辑运算。

非运算 表2-1

输入值	NOT
0	1
1	0

布尔代数运算 表2-2

输入值	AND	OR	XOR
0 0	0	0	0
0 1	0	1	1
1 0	0	1	1
1 1	1	1	0

3）二进制

二进制是一种计算机内部表示和处理数据的方式，是最简单的计数系统，只使用0和1两个数字。中国古代周易中的阴阳学说是最早的二进制思想的体现。公元前五至三世纪，印度的数学家发明了二进制计数，二进制数系

是由吠陀学者英加尔（Ingala）在他的书《韵律学宝典》*Chandahśāstra*中提出的——最早的梵文韵律学论述（针对诗歌格律和诗节的研究）。[11]

二进制的加法可表示为如下形式：0+0=0，0+1=1，1+0=1，1+1=10（向高位进位），以3+7为例，如公式（2-12）所示：

$$
\begin{array}{r}
1\ 1\ -3 \\
+1\ 1\ 1\ -7 \\
\hline
1\ 0\ 1\ 0\ -10
\end{array}
\qquad \text{公式（2-12）}
$$

常用的十进制以10作为基数，而二进制以2作为基数，以二进制数字110101为例，通过公式（2-13）可以看到它在十进制中表示53。

$$
\begin{aligned}
& 1\times 2^5+1\times 2^4+0\times 2^3+1\times 2^2+0\times 2^1+1\times 2^0 \\
& =32+16+0+4+0+1 \\
& =53 \\
& =5\times 10^1+3\times 10^0
\end{aligned}
\qquad \text{公式（2-13）}
$$

2.1.3 矩阵运算

矩阵是表示和处理几何的重要工具。比如点、线、面、体等几何图元可通过矩阵变换进行平移、旋转、镜像、投影等操作。[12]此外矩阵也是重要的表示与运算工具，在图像处理中，矩阵用于表示图像的像素值、颜色通道和图像变换，用于实现卷积操作和颜色变换等图像处理算法；再比如有限元分析中的结构模拟，利用矩阵来表达物理系统的离散化模型，通过求解大型线性方程组来进行应力分析、热传导分析等；在机器学习中，权重矩阵和激活函数矩阵构成了神经网络的核心，实现对数据的高效分类、回归和特征提取。此外，矩阵还用于优化问题建模，如线性规划中的资源分配、成本最小化问题，通过构造目标函数和约束条件的矩阵形式，利用单纯形法（Simplex Method）或其他算法求解最优解。

1）矩阵定义

矩阵是一个由数字、符号或表达式排列成的矩形数组。这个数组由行和列组成，每个数字或符号位于矩阵的一个元素位置。矩阵是研究线性方程组的重要工具。[13]对公式（2-14）的线性方程组，提取其系数矩阵 $A=\begin{bmatrix} 2 & -1 & 3 \\ -1 & 1 & 2 \end{bmatrix}$，未知数 $x=\begin{bmatrix} x \\ y \\ z \end{bmatrix}$ 可将线性方程组表示为矩阵的形式，如公式（2-15）所示：

$$\begin{cases} 2x - y + 3z = 0 \\ -x + y + 2z = 3 \end{cases}$$ 公式（2-14）

$$\begin{bmatrix} 2 & -1 & 3 \\ -1 & 1 & 2 \end{bmatrix} \begin{bmatrix} x \\ y \\ z \end{bmatrix} = \begin{bmatrix} 0 \\ 3 \end{bmatrix}$$ 公式（2-15）

$$Ax = b$$

其中矩阵A是一个2×3的矩阵，表示矩阵有2行3列。这实际上定义了矩阵乘法的运算逻辑。线性方程组的求解可以通过矩阵的逆矩阵来实现，即$x = A^{-1}b$。若矩阵可逆，则方程组有唯一解，否则可能有无穷多解或无解。此外，线性方程组的解还可以通过计算矩阵的秩、行列式、特征值等来分析和实现。

矩阵还是线性映射（形如$L:V \rightarrow W$）的一种表示，给定两个线性空间V和W，一个从V到W的线性变换L可以由一个矩阵A来描述，该矩阵的作用是将V中的向量x变换为W中的另一个向量y，即$y=Ax$。

2）基本运算

矩阵的运算可分为单目运算，如矩阵的转置、行列式、求逆等；双目运算，如矩阵的点积、加法、减法、乘法等（表2-3）。[14]

矩阵基本运算 表2-3

基本运算	符号	解释	例子
标量乘法	cA	将矩阵的每个元素与标量c相乘	$2 \times \begin{bmatrix} a & b \\ c & d \end{bmatrix} = \begin{bmatrix} 2a & 2b \\ 2c & 2d \end{bmatrix}$
转置	A^T	A的所有元素的下标行、列互换，满足$(AB)^T = B^T A^T$	$\begin{bmatrix} a & b \\ c & d \end{bmatrix}^T = \begin{bmatrix} a & c \\ b & d \end{bmatrix}$
伴随矩阵	A^*	取矩阵的转置并对复数元素取共轭	$\begin{bmatrix} a+i & b \\ c & d-i \end{bmatrix}^* = \begin{bmatrix} a-i & c \\ b & d+i \end{bmatrix}$
迹	$\mathrm{Tr}(A)$	矩阵对角线元素的和（仅限方阵）	$\mathrm{Tr}\begin{bmatrix} a & b \\ c & d \end{bmatrix} = a + d$
行列式	$\det(A)$	矩阵的一个特殊标量值（仅限方阵）	$\det\begin{bmatrix} a & b \\ c & d \end{bmatrix} = ad - bc$
逆矩阵	A^{-1}	矩阵的逆矩阵满足$A \times A^{-1} = I$	$\begin{bmatrix} a & b \\ c & d \end{bmatrix}^{-1} = \dfrac{1}{ad-bc}\begin{bmatrix} d & -b \\ -c & a \end{bmatrix}$
点积	$A \circ B$	将两个矩阵对应位置的元素相乘	$\begin{bmatrix} a & b \\ c & d \end{bmatrix} \circ \begin{bmatrix} e & f \\ g & h \end{bmatrix} = \begin{bmatrix} ae & bf \\ eg & dh \end{bmatrix}$

基本运算	符号	解释	例子
矩阵加法	$A+B$	将两个同维度矩阵对应元素相加	$\begin{bmatrix} a & b \\ c & d \end{bmatrix} + \begin{bmatrix} e & f \\ g & h \end{bmatrix} = \begin{bmatrix} a+e & b+f \\ c+g & d+h \end{bmatrix}$
矩阵减法	$A-B$	将两个同维度矩阵对应元素相减	$\begin{bmatrix} a & b \\ c & d \end{bmatrix} - \begin{bmatrix} e & f \\ g & h \end{bmatrix} = \begin{bmatrix} a-e & b-f \\ c-g & d-h \end{bmatrix}$
矩阵乘法	$A \times B$	将矩阵A和B相乘，要求A的列数等于B的行数	$\begin{bmatrix} a & b \\ c & d \end{bmatrix} \times \begin{bmatrix} e & f \\ g & h \end{bmatrix} = \begin{bmatrix} ae+bg & af+bh \\ ce+dg & cf+dh \end{bmatrix}$

除了基本的矩阵运算外，矩阵还有许多复杂的运算，以及涉及矩阵和向量的函数的矩阵求导。矩阵求导比标量求导复杂，因为矩阵不仅有多个元素，还有可能涉及不同维度的运算，必要时可参考《矩阵手册》*Matrix Cookbook*计算。[15]

3）特征值与特征向量

矩阵的特征值（Eigenvalue）与特征向量（Eigenvector）的重要性质，它们描述了矩阵的变换特性。对于一个矩阵A，如果存在一个非零向量v，使得$Av=\lambda v$，则称λ是矩阵A的特征值，v是对应的特征向量。对于某些向量，特定的线性变换的作用效果与数乘等价，特征值和特征向量可以用于描述矩阵的变换特性，如旋转、缩放、剪切等。

在建筑设计或城市规划中的图形优化问题中，特征值与特征向量可以用于图的谱分解（Spectral Decomposition），帮助设计师分析和优化空间结构或交通网络。例如，城市交通网络中的节点和边可以表示为图，通过分析图的拉普拉斯矩阵的特征值与特征向量，可以优化网络中的交通流量或识别出关键节点。在三维几何形态中，特征向量可以描述物体表面上的方向特性，而特征值则可以衡量这些方向上的伸缩或变形强度。通过分析物体的特征值与特征向量，设计师能够优化形态的应力分布或变形特性，达到更具稳定性和美学效果的设计。

4）矩阵分解

矩阵分解（Matrix Factorization）是线性代数中的一种技术，它将一个矩阵表示为多个矩阵的乘积。一般来说，矩阵分解旨在将一个复杂的矩阵简化为较小的矩阵形式，从而更易于分析或计算。假设我们有一个矩阵A，矩阵分解的目标是将其表示为两个或多个矩阵的乘积，如公式（2-16）所示：

$$A=B \times C \qquad\qquad 公式（2-16）$$

常见的矩阵分解方法包括：

（1）LU分解（LU Decomposition）：将一个矩阵分解为一个下三角矩阵和一个上三角矩阵的乘积。

（2）QR分解（QR Decomposition）：将一个矩阵分解为一个正交矩阵和一个上三角矩阵的乘积。

（3）奇异值分解（Singular Value Decomposition，SVD）：将一个矩阵分解为三个矩阵的乘积，分别是一个正交矩阵、一个对角矩阵和一个正交矩阵的转置。

（4）非负矩阵分解（Non-negative Matrix Factorization，NMF）：将一个非负矩阵分解为两个非负矩阵的乘积。

矩阵分解在处理复杂数据和优化设计流程的场景中广泛应用，比如通过将几何数据（如点云、网格、表面）表示为矩阵，设计师可以应用矩阵分解技术（如奇异值分解）来提取几何对象的主要特征，从而简化形态或优化生成新的形态；或将复杂的设计参量使用矩阵分解方法（如主成分分析），可以识别出最重要的参数特征，从而降低维度，减少计算量，同时保留关键设计信息。

2.1.4 图论基础

在图论的相关算法中，有一些通用的概念和表示法。一个图G可以定义为由顶点集V和边集E组成的二元组$G(V, E)$，其中顶点（Vertex）是图的基本组成部分，它们可以代表现实世界中的实体，而边（Edge）则表示顶点之间的连接关系。边可以是有向的，也可以是无向的。比如表示建筑功能关系的泡泡图中，节点上存储了房间的相关信息，边则是房间之间的相邻关系。

图可以分为无向图和有向图，无向图中的边是没有方向的，而有向图中的边是有方向的。图的边可以是带权重的，也可以是不带权重的，带权重的图称为加权图，不带权重的图称为无权图。图的顶点上可以存储一些关键信息，比如顶点上的权重、颜色等属性。

顶点上的度是一个相对重要的概念，在无向图和有向图中有不同的含义。在无向图中，某个顶点的度是与它相关联的边的数目，如顶点v连接到其他3个顶点，则v的度为3，记为$d(v)=3$；在有向图中，对于每个顶点，我们区分两种类型的度，出度（Out-degree）指的是从一个顶点出发，指向其他顶点的边的数量，记为$d^+(v)$；入度（In-degree）指的是指向一个顶点的边的数量，通常记作$d^-(v)$。

子图（Subgraph）表示将图的一部分作为子集的图。简单图（Simple Graph）包括简单路径（Path）——指顶点不重复的路径——和环（Cycle），从某个顶点出发，经过若干个顶点，又回到自身的路径。一些边和点的构成往往会形成特殊的局部性质，如两个顶点之间有多条边连接形成的重边（Multiple Edges），允许存在这样的边的图被称为多重图（Multigraph）；又或者是从某个顶点出发，连回自身的自环（Self-loop）。此外还有超图（Hypergraph），允许边连接任意数量的顶点，可以用来建模更复杂的相互作用模式。

设定顶点和边的一些特殊限制，我们可以定义出一些特殊的简单图。如图2-13所示，任意两点相邻有边的图称为完全图。图2-14为有向无环图（Direct Acyclic Graph），是一种没有有向循环的、有限的有向图。在这种图中，从任意一个节点出发，根据方向无法回到原节点。树也是一种特殊的图，树由一个根节点和若干个子节点组成，如图2-15所示，被广泛应用于层级化的数据结构。

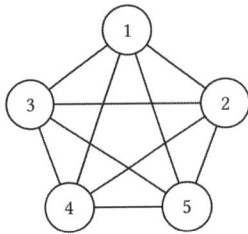

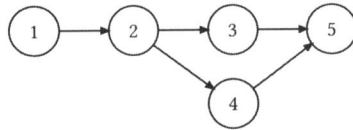

图2-13 完全图　　　　　图2-14 有向无环图　　　　　图2-15 树

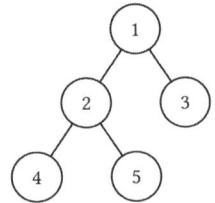

（图片来源：东南大学建筑学院建筑运算与应用研究所Inst. AAA）

1）图的表示

设图$G(V, E)$，其节点数量表示为$|V|$，我们可以用$|V| \times |V|$的邻接矩阵表示图，通常将图上的顶点编号为1，2，3，…$|V|$，用一个$|V| \times |V|$的矩阵$A=(a_{ij})$表示，该矩阵满足以下条件，如公式（2-17）所示：

$$a_{ij} = \begin{cases} 0 & 若(i,j) \in E \\ 1 & 其他 \end{cases}$$ 　　　　公式（2-17）

除此之外，我们也可以用邻接表来表示图，对每个顶点，我们用一个数组来存储与它相邻的顶点，如图2-16所示。

2）经典图论问题

在建筑设计中，涉及图的相关问题通常可以转化为可通过多项式算法解决的问题。例如，常见的有图的遍历、最短路径算法、最小生成树算法和有

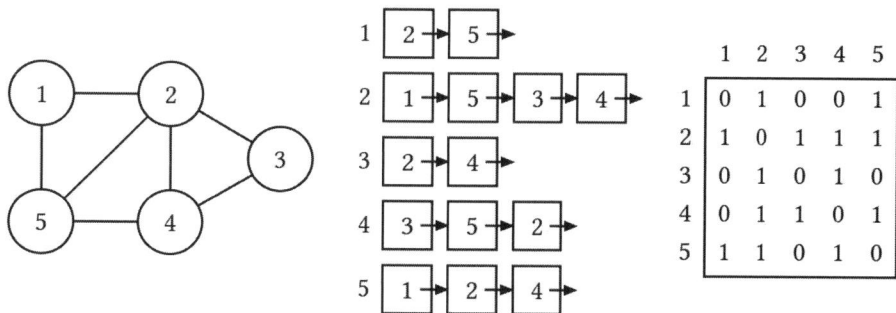

图2-16 图的邻接表与邻接矩阵的表示方法
（图片来源：东南大学建筑学院建筑运算与应用研究所Inst. AAA）

向无环图的拓扑排序等。此外，还有一些经典的NP难题，如旅行商问题和斯坦纳树问题。[16]这些问题在图论领域已有广泛的研究和有效的解法。通过将这些成熟的算法应用于建筑设计中的特定场景，可以在提高设计效率的同时，确保解决方案的逻辑性与可行性。[17]

（1）图的遍历

图的遍历是指如何系统地访问图中的每一个顶点（V）和边（E）。通常，遍历图可以用来检查图的连通性、发现路径、构建拓扑排序等。

①深度优先搜索

深度优先搜索（Depth-first Search，DFS）是一种递归或使用栈的算法，用于遍历图中的每个顶点。它首先从起始顶点开始，沿着一条路径一直向前探索，直到到达无法前进的节点后回溯。DFS常用于检测图的连通性、寻找拓扑排序、发现强连通分量等。其时间复杂度为$O(V+E)$。

②广度优先搜索

广度优先搜索（Breadth-first Search，BFS）使用队列进行遍历，从起始顶点开始，先遍历与其相邻的顶点，然后逐层向外扩展。BFS适用于寻找无权图中的最短路径、检测图是否为二分图等。其时间复杂度为$O(V+E)$。

（2）最短路径

最短路径是指寻找图中两个顶点之间的最短路径。根据问题的定义不同，最短路径问题有不同的类型。常见的有单源最短路径问题，即给定一个起始顶点，找到它到图中所有其他顶点的最短路径；另一类是全源最短路径问题，要求找到图中每一对顶点之间的最短路径。

①Dijkstra算法

Dijkstra算法用于解决加权图中单源最短路径问题，但要求边的权值为非负。算法的核心思想是通过贪心策略，逐步选取距离最短的顶点，并更新其他顶点的最短路径。其时间复杂度为$O(V^2)$，在使用优先队列的情况下可以降低到$O(E\log V)$。

②Bellman-Ford算法

Bellman-Ford算法用于解决加权图的单源最短路径问题，能够处理负权边。算法通过逐次放松边，重复$V-1$次（V是顶点数量），以确保所有的最短路径都已找到。时间复杂度为$O(VE)$，适用于可能存在负权环的场景。

③Floyd-Warshall算法

Floyd-Warshall算法用于解决全源最短路径问题，适用于加权图。该算法通过动态规划逐步更新每对顶点之间的最短路径，时间复杂度为$O(V^3)$。虽然效率不高，但实现简单且适合小规模图的全源最短路径计算。

（3）最小生成树

最小生成树涉及如何在一个连通的加权无向图中找到一个子树，使得它包含所有的顶点，且总边权值之和最小。

①Kruskal算法

Kruskal算法从所有边中选择权值最小的边，依次加入生成树，前提是不会形成环。使用数据结构并查集（Union-Find）结构，Kruskal算法的时间复杂度为$O(E \log E)$，适合边稀疏的图。

②Prim算法

Prim算法从一个顶点开始，逐步将权值最小的边加入生成树。与Dijkstra算法类似，Prim算法在使用最小优先队列时，其时间复杂度为$O(E \log V)$，适用于边密集的图。

（4）最大流

最大流是研究如何在一个流网络中，最大化从源点到汇点的流量。流网络中的每条边都有一个容量限制，表示这条边能够通过的最大流量。最大流问题的目标是找到一种流量分配方式，使得在满足所有容量约束的情况下，源点向汇点输送的总流量最大。

Ford-Fulkerson算法用于求解网络流中的最大流问题。其基本思想是通过寻找增广路径，不断增加流量，直到找不到新的增广路径为止。原始算法在最坏情况下时间复杂度为$O(\text{max\_flow} * E)$，改进版本的Edmonds-Karp是Ford-Fulkerson的BFS实现版本，通过广度优先搜索寻找增广路径。它的时间复杂度为$O(VE^2)$，更适用于实际应用中的最大流问题。

（5）Euler回路

Euler回路为一个遍历图中每条边且仅遍历一次的回路，存在的条件是图的所有顶点的度数必须为偶数。

（6）Hamilton回路

Hamilton回路为一个经过图中每个顶点且仅经过一次的回路，判定是否存在Hamilton回路是NP完全问题，没有已知的多项式时间算法。

（7）旅行商问题

旅行商问题（TSP）要求在图中找到一条经过所有顶点且路径最短的环路。常用的近似算法包括动态规划、贪心算法、遗传算法等。由于其计算复杂度为$O(n!)$，实际应用中通常采用启发式算法来获得近似解。

（8）斯坦纳树

斯坦纳树要求在图中找到连接指定顶点的最短子图。其计算复杂度较高，常用的近似算法包括贪心算法和启发式算法。

2.1.5　概率与噪声

建筑设计基于"创造性"，并在"模糊性"中得到充分体现，这些特点使得建筑设计的过程中充满了不确定性。在计算机中使用随机化模拟自然界中的不确定性，产生复杂的、非规则的变化程度。莫扎特在1757年的《音乐骰子游戏》是最早基于随机方法生成艺术作品的实例。在每次演奏前，他通过掷骰子来决定选用哪一个小节，哪一个第二小节，以此方式排列内容。[18]

1）常用概率分布

在现实生活中，我们经常会遇到一些不确定性，比如掷骰子的结果，或者是抛硬币的结果。这些不确定性可以用概率分布来描述。概率分布是一个随机变量的取值可能性的分布，它可以用来描述随机变量的取值可能性。概率分布可以是离散的，也可以是连续的。离散的概率分布可以用概率质量函数（PMF）表示，连续的概率分布可以用概率密度函数（PDF）表示。[19]

图2-17展示了一些常见的概率分布函数，其中包括了伯努利分布、泊松分布、指数分布、均匀分布、正态分布、卡方分布、伽马分布、贝塔分布等。

（1）伯努利分布

伯努利分布（Bernoulli Distribution）是最简单的概率分布，它描述了一个随机变量只有两个可能的取值，通常记为0和1。该分布的一个典型例子是抛硬币实验，结果要么是正面（成功，值为1），要么是反面（失败，值为0）。伯努利分布仅有一个参数p，表示发生成功的概率，其概率质量函数如公式（2-18）所示：

$$P(X = x) = p^x(1-p)^{1-x}, x \in \{0, 1\} \qquad 公式（2-18）$$

（2）泊松分布

泊松分布（Poisson Distribution）描述了单位时间内随机事件发生的次数，如一天内接到的电话数、一小时内发生的事故数等。泊松分布由一个

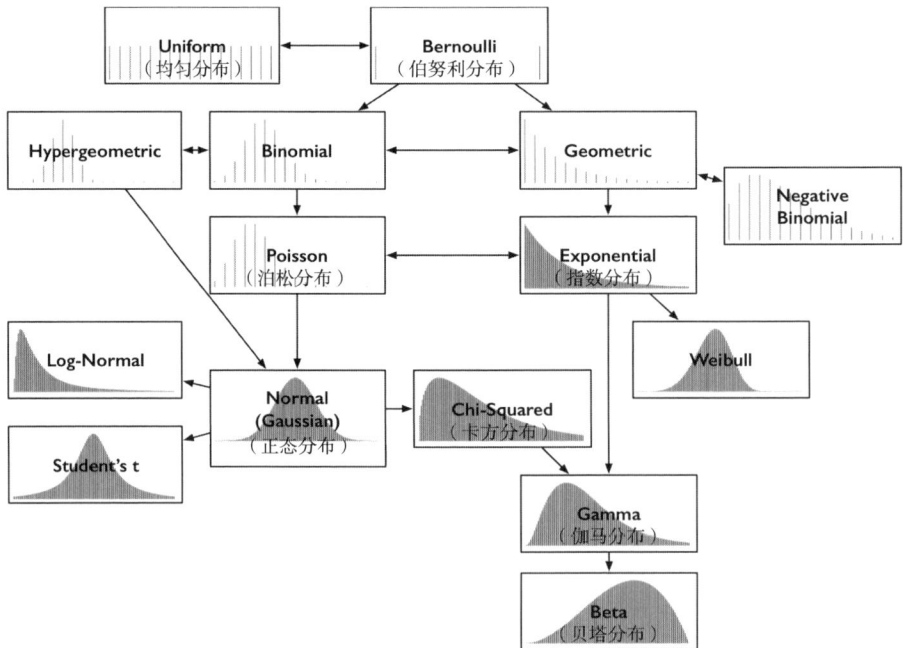

图2-17 常见的概率分布函数

（图片来源：https://medium.com/srowen/common-probability-distributions-347e6b945ce4）

参数λ决定，表示单位时间内事件发生的平均次数。其概率质量函数如公式（2-19）所示：

$$P(X = k) = \frac{\lambda^k e^{-\lambda}}{k!}, \ k = 0,1,2,\ldots \qquad 公式（2-19）$$

（3）指数分布

指数分布（Exponential Distribution）是一种连续分布，用来描述两个独立事件发生的时间间隔。它是泊松过程的时间间隔分布，广泛用于寿命建模和排队论。其概率密度函数如公式（2-20）所示：

$$f(x) = \lambda e^{-\lambda x}, \ x \geqslant 0 \qquad 公式（2-20）$$

（4）均匀分布

均匀分布（Uniform Distribution）是一种连续或离散分布，描述随机变量的所有取值是等概率的。在离散均匀分布中，例如掷骰子，每个可能的结果（1到6）发生的概率是相同的。在连续均匀分布中，如在区间$[a, b]$上，随机变量的取值在该区间内的任意点是等可能的，概率密度函数如公式（2-21）所示：

$$f(x) = \frac{1}{a-b}, \ a \leqslant x \leqslant b \qquad 公式（2-21）$$

（5）正态分布

正态分布（Normal Distribution）又称高斯分布，是最常见的连续概率分布之一，常用于描述自然界中大量随机现象的集中趋势。其概率密度函数呈钟形曲线，表示大多数取值集中在均值附近，越偏离均值，概率越小。正态分布由两个参数决定，均值μ和标准差σ，其概率密度函数如公式（2-22）所示：

$$f(x) = \frac{1}{\sqrt{2\pi}\sigma} e^{-\frac{(x-\mu)^2}{2\sigma^2}}, \quad -\infty < x < \infty \qquad \text{公式（2-22）}$$

（6）卡方分布

卡方分布（Chi-Square Distribution）是正态分布的平方和分布，广泛用于假设检验和方差分析。卡方分布由一个参数k决定，称为自由度，表示有多少个独立正态分布随机变量的平方和，其概率密度函数如公式（2-23）所示：

$$f(x) = \left(\frac{1}{2^{\frac{k}{2}} \Gamma\left(\frac{k}{2}\right)} \right) x^{\frac{k}{2}-1} e^{-\frac{x}{2}}, \quad x \geqslant 0 \qquad \text{公式（2-23）}$$

2）不同颜色的随机噪声

随机噪声是概率的典型应用领域，常用来模拟自然界中的随机现象。比如生成计算机图形中的纹理效果，或是模拟诸如云层、火焰、海浪等复杂动态场景。通过选择不同的概率分布来生成噪声，可以调控其在图像、信号处理和模拟系统中的表现，使其更加符合实际的物理特性。图2-18展示了不同颜色的噪声产生的随机图像。

（1）白噪声

白噪声是一种随机信号，其功率谱密度在所有频率上都是常数。白噪声的功率谱密度是一个常数，其功率谱是一个水平的直线。"白噪声"与白光相似，是一种不同频率的声音均匀混合而成的噪声。我们在听收音机或看电视时，如果听到一片沙沙声或看到满屏"雪花"，这种声音就是白噪声，这

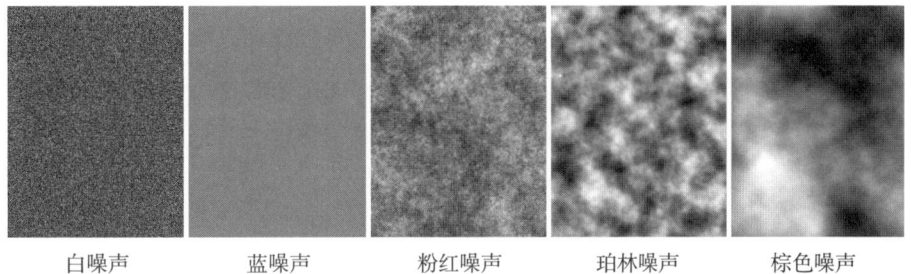

| 白噪声 | 蓝噪声 | 粉红噪声 | 珀林噪声 | 棕色噪声 |

图2-18 不同颜色的噪声产生的随机图像
（图片来源：东南大学建筑学院建筑运算与应用研究所Inst. AAA）

是因为此时收音机或电视机无法接收到固定电台的频率，而是接收到了许多来自多个电台或其他干扰的无线信号，这些不同频率的信号叠加在一起，就成了白噪声。

（2）蓝噪声

蓝噪声是高频信号占主导的噪声，人们把白噪声的低频部分加以抑制，高频部分增强，这样处理后就得到了蓝噪声。相似的，如果这种操作进一步强化，蓝噪声就会变成紫噪声。蓝噪声采样是最重要的一种采样技术，因为蓝噪声采样能使像素点分布既满足随机性又满足均匀性，这些性质在图像点绘、渲染、纹理合成、几何处理等方面有着广泛的应用。

（3）粉红噪声

粉红噪声的声音有着不同的频率，而人耳对高频信号比对低频信号更敏感，也就是说，对于同样能量的高频信号和低频信号，人们会感觉高频信号的声音听起来更大。所以，人们在听到白噪声时，往往会觉得尖锐刺耳。通过增强低频信号声强，减弱高频信号强度，就得到了温柔的粉红噪声。

（4）珀林噪声（Perlin Noise）

珀林噪声是一种数学算法，用于生成具有连续性和自然随机性的噪声图案。[20]由计算机图形学家肯·珀林（Ken Perlin）于1983年创建，它被广泛用于计算机图形、动画和游戏开发领域。珀林噪声通过插值技术将随机值分布在多个点之间，创建出平滑的渐变效果，常用于模拟自然纹理、山脉、云层等自然现象，也用于增加图形和场景的真实感和细节。

（5）棕色噪声

棕色噪声是一种功率谱密度随频率的倒数而减小的噪声，其功率谱密度随频率的平方而减小。棕色噪声的功率谱密度随频率的平方而减小，其功率谱是一个下降的直线。棕色噪声的频率越高，功率越小，这种噪声在音频处理和信号处理中有着广泛的应用。

（6）细胞噪声（Worley Noise）

细胞噪声是一种噪声生成算法，最早由史蒂文·沃利（Steven Worley）于1996年提出。[21]这个算法的目标是模拟自然中的纹理和模式，通常用于计算机图形、游戏开发和计算机生成艺术。细胞噪声的特点是创建出具有细胞状结构的噪声图案，这些细胞状结构类似于蜂巢或多边形，因此有时也称为沃罗诺伊图（Voronoi Diagram），如图2-19所展示的建模软件MAYA对细胞噪声的混合方式。在这个噪声中，每个点都被分配到最近的"种子点"或"控制点"，每个种子点周围形成一个多边形区域，这些区域之间的边界形成了锯齿状的边缘。细胞噪声具有多种应用，包括地形生成、纹理合成、自然景观模拟等领域。通过调整种子点的分布和噪声参数，可以创建出各种不同的视觉效果，从自然的形到抽象的艺术图案。

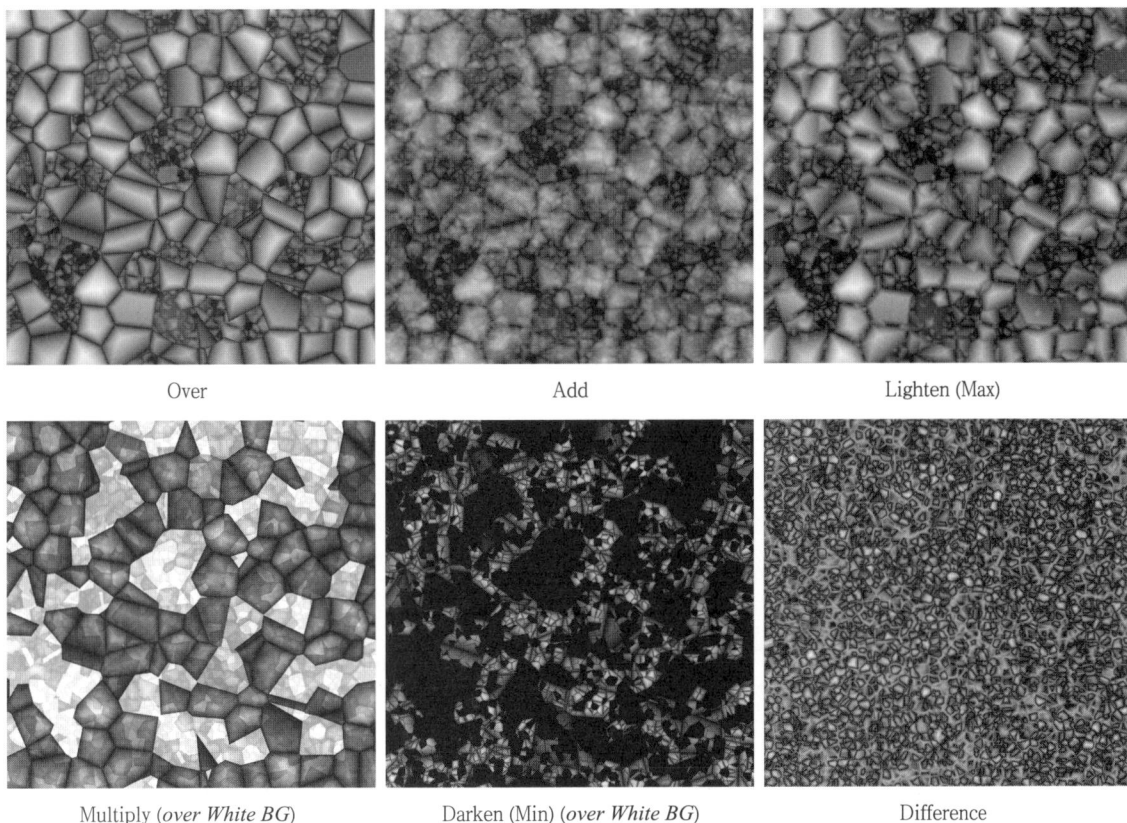

Over   Add   Lighten (Max)

Multiply (*over White BG*)   Darken (Min) (*over White BG*)   Difference

图2-19　建模软件 MAYA 对Worley Noise的混合方式
（图片来源：https://documentation.3delightcloud.com/display/3DFM9/Worley+Noise）

2.2

程序基础

在智慧设计和数字化建模的背景下，建筑师和设计师需要具备一定的编程能力，以便在复杂的设计过程中编写可直接应用的工具和算法，高效地创建和优化解决方案。掌握编程不仅能够提升设计的精确性和创新性，还能使设计师能够探索新的设计方法和表现形式的途径，或与其他技术领域的专家进行跨学科协作。本节将重点介绍面向对象编程的核心概念，讨论如何通过代码结构化设计思路，并结合可视化平台，展示编程如何与设计实践紧密结合，为设计过程增添更多可能性。

2.2.1　面向对象编程

面向对象编程（Object-Oriented Programming，OOP）是一种计算机编程范式或方法论，它以对象（Object）为核心，将程序的数据和方法封装在一起，以模拟现实世界的实体和其相互作用。面向对象编程优点在于通过模块化实现代码的可维护性、可重用性和可扩展性。适用于解决各种复杂问题，更好地理解和模拟复杂的现实世界问题。[22]

1）对象

对象（Object）代表了现实世界中的一个实体或概念。每个对象都有状态（属性）和行为（方法）。

2）类

类（Class）是对象的模板或蓝图，它定义了对象可有的属性和方法。类是一种抽象数据类型，它描述了对象的通用特征。类是对象的抽象，对象是类的实例。

3）继承

继承（Inheritance）是一种机制，允许一个类（子类或派生类）基于另一个类（父类或基类）来创建，从而可以继承父类的属性和方法。这有助于代码的重用和扩展。

4）多态

多态（Polymorphism）允许不同的对象以相同的方式响应同一个方法调用，这可以通过方法的重写（覆盖）和接口来实现。

5）封装

封装（Encapsulation）是将对象的状态（属性）和行为（方法）封装在一起，以隐藏对象内部的实现细节，同时提供一组公共接口供外部访问。这有助于保护数据的完整性，并提高代码的安全性。

6）抽象类

抽象类（Abstract Class）定义一组相关的类的通用方法，它存在的主要目的是被其他类继承和拓展，从而保持这些相关的类的一致性，提高代码的可维护性。子类继承抽象类后，必须实现抽象类中的所有抽象方法，否则不能被实例化。

7）接口

接口（Interface）定义了一些方法，包括方法名、参数列表和返回类型，表示实现代码的规范。接口中的方法都是抽象的，没有具体的实现。实现接口的类需要提供这些方法的具体实现。一个类可继承多个接口，使得类具备多个接口所规定的行为。

8）泛型

泛型（Generics）允许编写可以适用于不同数据类型的代码或数据结构，同时保持代码的类型安全性和重用性。泛型的主要目的是将类型参数化，以使代码更加通用和灵活，避免代码的重复编写，并提高了代码的可维护性和可扩展性。

9）反射

反射（Reflection）是一种允许程序在运行时检查和修改其自身结构的能力。它可以用于动态地创建对象、调用方法和访问类的成员信息。

10）组合与聚合

面向对象中的不同对象之间还存在组合和聚合的关系，组合表示一个对象包含另一个对象作为其一部分，而聚合表示一个对象包含另一个对象但它们之间具有更松散的关系。图2-20呈现了UML类图，用于描述系统中的类（对象）本身的组成和类（对象）之间的各种静态关系。此外也有设计模式——这种解决常见问题的经过验证的最佳实践方法，包括单例模式、工厂模式、观察者模式、策略模式等，用于解决不同类型的问题。[23]

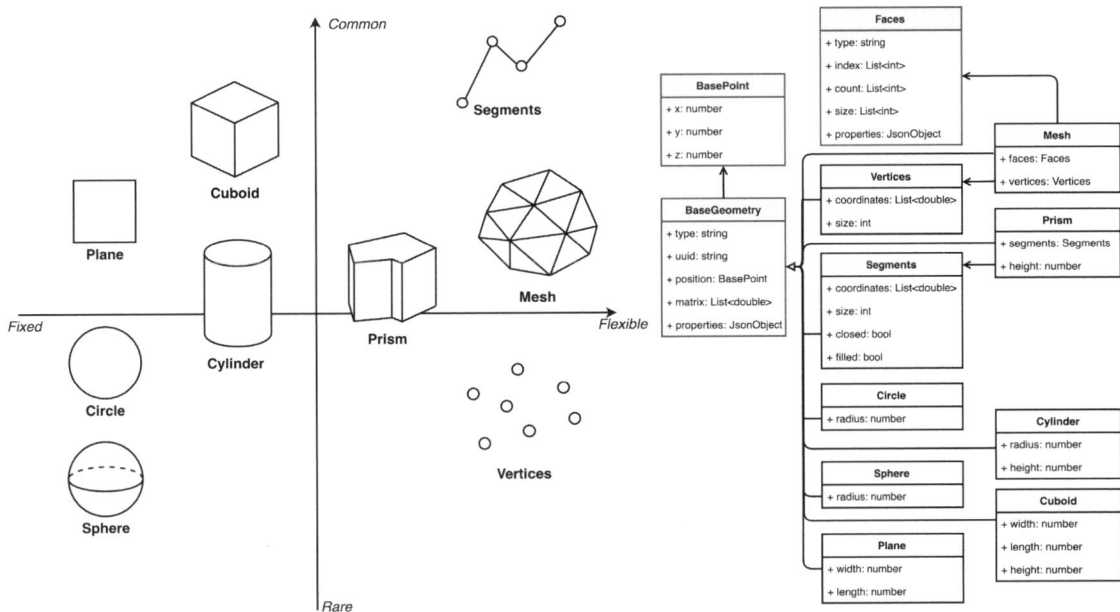

图2-20 UML类图
（图片来源：东南大学建筑学院建筑运算与应用研究所Inst. AAA）

2.2.2 可视化编程平台

智能化的建筑设计需要可视化的编程平台，将设计和算法连接在一起，使设计者能够更灵活地探索不同的设计选项和变体。通过这些平台，设计师可以快速生成、修改和评估不同的设计选项和变体，实时观察算法对设计的影响。这种结合了图形界面和编程逻辑的工作方式，使得设计过程更加动态和交互化，不仅提高了效率，还使得设计师能够更轻松地应对复杂的几何形态、数据驱动的设计决策以及多目标优化等挑战。

1）Processing

Processing是一种用于可视化艺术和创意编程的开源编程语言和集成开发环境（IDE）（图2-21）。它最初由Ben Fry和Casey Reas于2001年创建，旨在使非程序员和艺术家能够轻松创建交互式图形和媒体艺术作品。Processing的语法非常简单和易于理解，特别适合初学者入门编程。[24]Processing与Java高度集成，可以利用Java生态系统中丰富的资源，亦能将项目导出为独立的可执行Java应用程序。

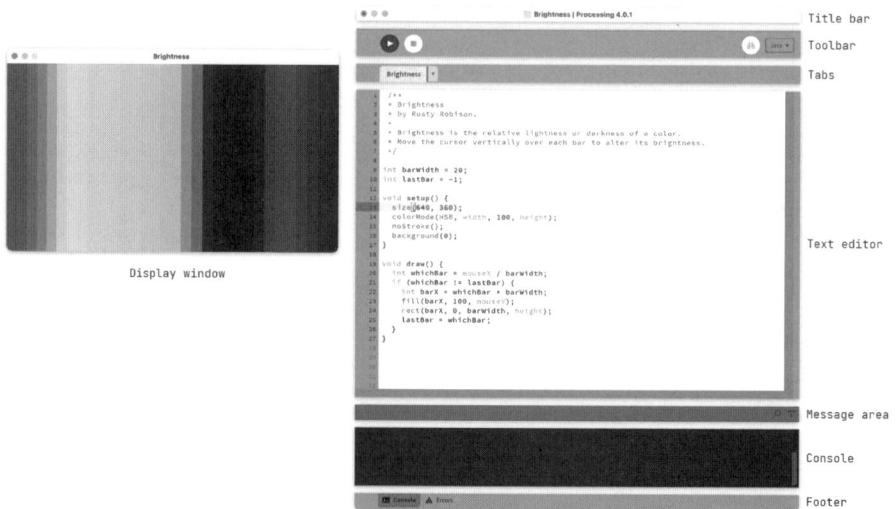

图2-21 Processing IDE（https://processing.org）
（图片来源：东南大学建筑学院建筑运算与应用研究所Inst. AAA）

2）OpenFrameworks

OpenFrameworks是C++上的一个开源创意编程工具包，它提供了一组丰富的库和工具，用于创建交互式的图形、音频和视频应用程序。OpenFrameworks的设计目标是简化复杂的编程任务，使用户能够专注于创意和设计。它支持跨平台开发，可以在Windows、macOS和Linux等操作系统上运行。OpenFrameworks还提供了大量的插件和扩展，可以扩展其功能，满足不同用户的需求。[25]

3）Blender

Blender是一款开源的三维建模和动画软件，它最初由汤·罗森达尔（Ton Roosendaal）于1995年创建，旨在提供一个免费的、功能强大的三维设计工具。Blender支持多种功能，包括建模、动画、渲染、合成、仿真等，可以用于创建静态图像、动画、视频游戏、虚拟现实等多种应用。Blender还提供了Python API，允许用户编写自定义脚本和插件，扩展软件的功能。[26]

4）Grasshopper

Grasshopper是一款用于计算设计和生成参数化建模的视觉编程工具（图2-22）。它紧密集成在Rhino 3D建模环境中，使用户能够在Rhino中创建和编辑参数化模型。[27]通过Food4Rhino这一开源共享的插件平台，用户可以下载和安装各种插件，从而扩展Grasshopper的功能。这些插件涵盖了几何建模、数据处理、数学计算、图形显示等多个领域。用户可以通过连接这些组件来构建复杂的设计和算法。用户可以借助Visual Studio等IDE使用C#编程语言开发自定义组件，以满足特定的设计需求。

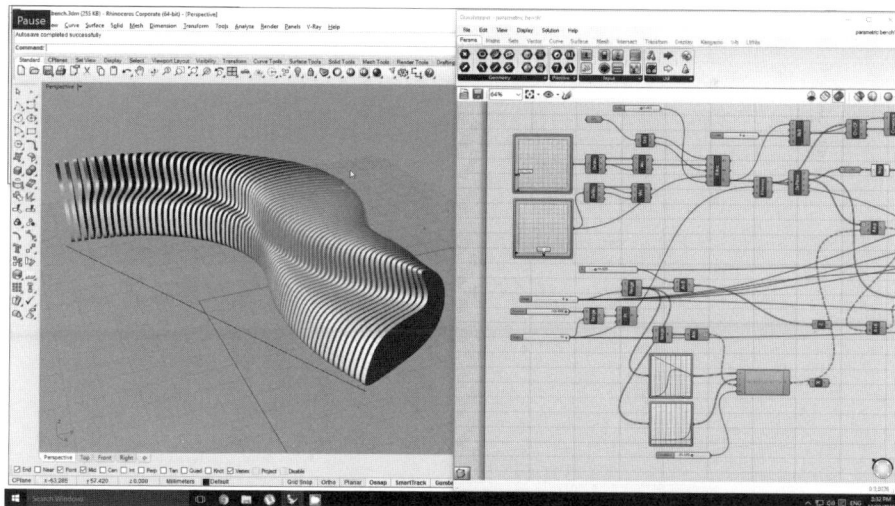

图2-22　Rhino Grasshopper（https://www.rhino3d.com）
（图片来源：东南大学建筑学院建筑运算与应用研究所Inst. AAA）

5）Dynamo

Dynamo是Revit中嵌入的可视化编程平台，允许用户创建和操控参数化模型和建筑信息模型（BIM）（图2-23）。Dynamo与Revit的深度整合，

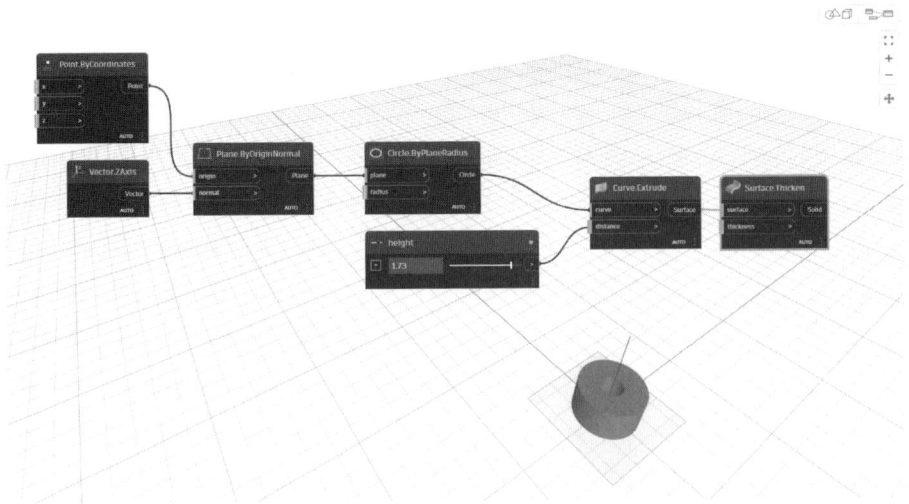

图2-23　Dynamo（https://www.autodesk.com/products/dynamo/overview）
（图片来源：东南大学建筑学院建筑运算与应用研究所Inst. AAA）

使用户可以直接在Revit环境中设计和调整参数化元素，无需切换软件。[28]
Dynamo Studio的开放性使用户能够访问庞大的库文件，这些库涵盖从基础几何构造到高级BIM数据操作的各种节点。此外，Dynamo通过其库和用户论坛，扩展了功能和适用范围。开发者和用户社区在这些平台上分享和交流自定义节点和工作流。这些资源涵盖自动化任务、复杂形态生成、环境分析以及与外部数据源的交互等多个领域。用户可以通过逻辑地链接这些节点，解决建筑设计中的复杂问题，推动设计优化和创新。

6）Unity

Unity是一款跨平台的游戏引擎，它最初由Unity科技公司于2005年创建，旨在为游戏开发者提供一种可视化的编程方式（图2-24）。Unity提供了可视化场景编辑器，允许开发者以所见即所得（What You See Is What You Get，WYSIWYG）的方式创建游戏世界，主要使用 C# 作为脚本编程语言。[29]

7）Three.js

Three.js是一款基于WebGL的JavaScript 3D库，它最初由里卡多·卡贝罗（Ricardo Cabello）于2010年创建。它建立在WebGL技术之上，提供了一组强大的工具和函数，使开发者能够轻松地在网页上构建高质量的三维图形和虚拟现实体验。[30]Three.js可以在支持WebGL的各种现代浏览器上运行，包括桌面和移动设备，实现跨平台的兼容性（图2-25）。[31]

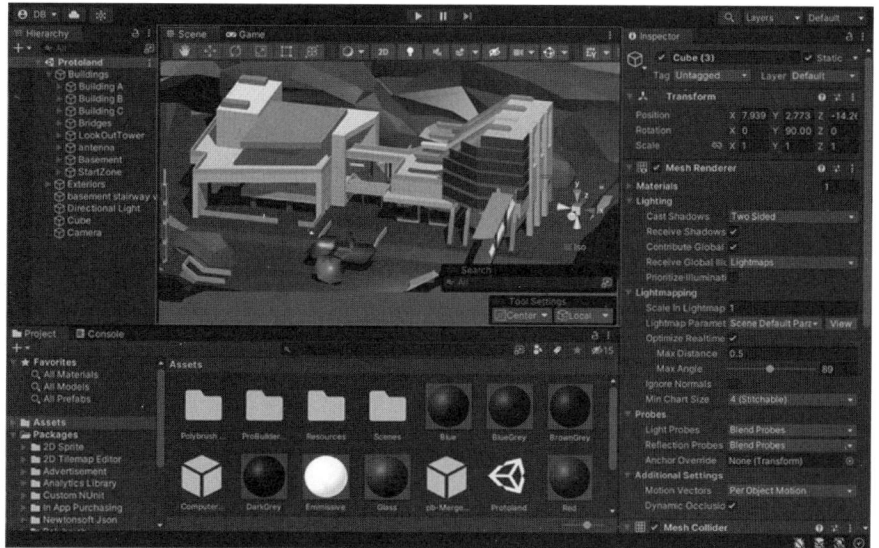

图2-24　Unity Scene Viewer（https://www.unity.com/）
（图片来源：东南大学建筑学院建筑运算与应用研究所Inst. AAA）

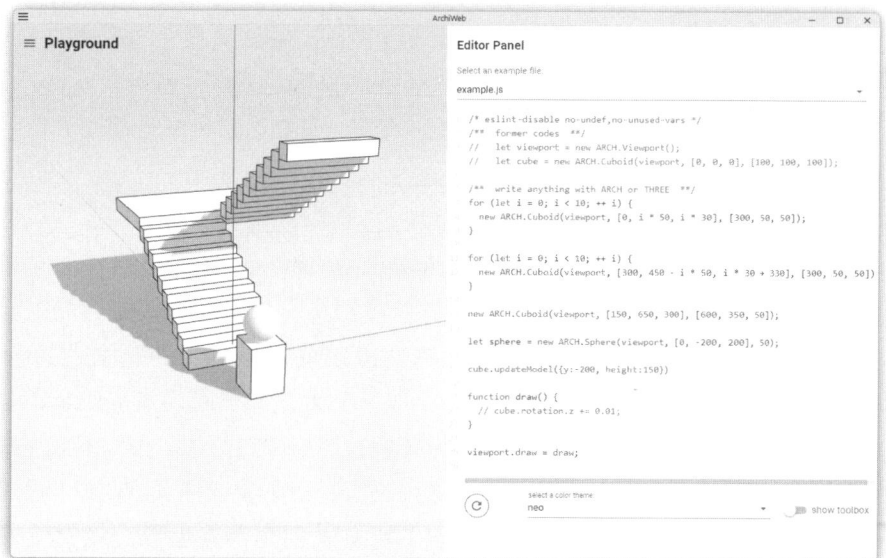

图2-25　基于Vue和Three.js的建筑设计平台ArchiWeb（https://web.archialgo.com）
（图片来源：东南大学建筑学院建筑运算与应用研究所Inst. AAA）

8）Mathematica

Mathematica是一款功能强大的数学和计算机代数系统，使用Wolfram语言，它也可以用于可视化编程，帮助用户创建各种类型的可视化图表、图形和交互性应用程序（图2-26）。Mathematica提供了强大的三维图形绘制功能，包括绘制曲线、面、立体图形和矢量场等。它还具有强大的机器学习和数据科学功能，可用于可视化分析、模型评估和预测。[32]

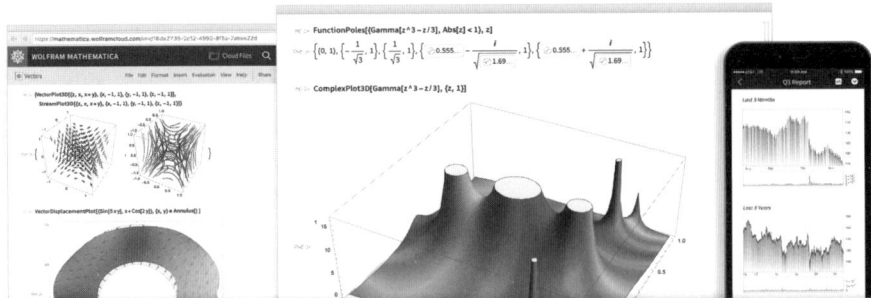

图2-26　Wolfram Mathematica（https://wolfram.com/mathematica）
（图片来源：东南大学建筑学院建筑运算与应用研究所Inst. AAA）

2.2.3　复杂适应系统

建筑设计中包含复杂的因素，如建筑环境与文脉、建筑功能与空间、营造技术与建构特征等，这些因素相关联、互动，构成一个复杂适应系统（Complex Adaptive System，CAS）。运用复杂科学理论，设计师可以更好地理解这些因素之间的动态关系，在设计中考虑未来的变化和不确定性，从而更好地进行设计决策，提高设计的适应性和可持续性。[33]常见的复杂适应系统包括多智能体系统、元胞自动机、L–System等。

1）多智能体系统

多智能体系统（Multi–Agent Systems，MAS）是指由多个智能体（Agents）组成的系统，每个智能体都具有独立的决策能力和行动能力，并且能够与其他智能体进行通信、协作或竞争以达到系统的共同目标。以鸟群模拟（图2–27）为例，每个智能体通过感知环境和其他智能体的行为来调整自己的飞行方向、速度和高度。在模拟过程中，每个智能体都可以根据当前环境和自身状态独立地做出决策，而不需要中央控制或预先定义的规则。通过模拟鸟群的集体行为，多智能体系统可以揭示出一些有趣的动态特征，例如鸟群的聚集、分散和导航等。这些特征通常很难通过传统的计算模型来解释和理解。[34]

2）元胞自动机

元胞自动机（Cellular Automaton，CA）是一种离散模型，由一组简单的规则和一些离散的单元格组成（图2–28）。它是一种动态系统，通过仔细选择和设计元胞自动机的规则和演化过程，可以模拟复杂的现实世界问题，比如使用Navier–Stokes方程的离散化方法，根据其周围元胞的状态按照一定的规则更新自己的状态，从而模拟流体的运动（图2–29）。[35]

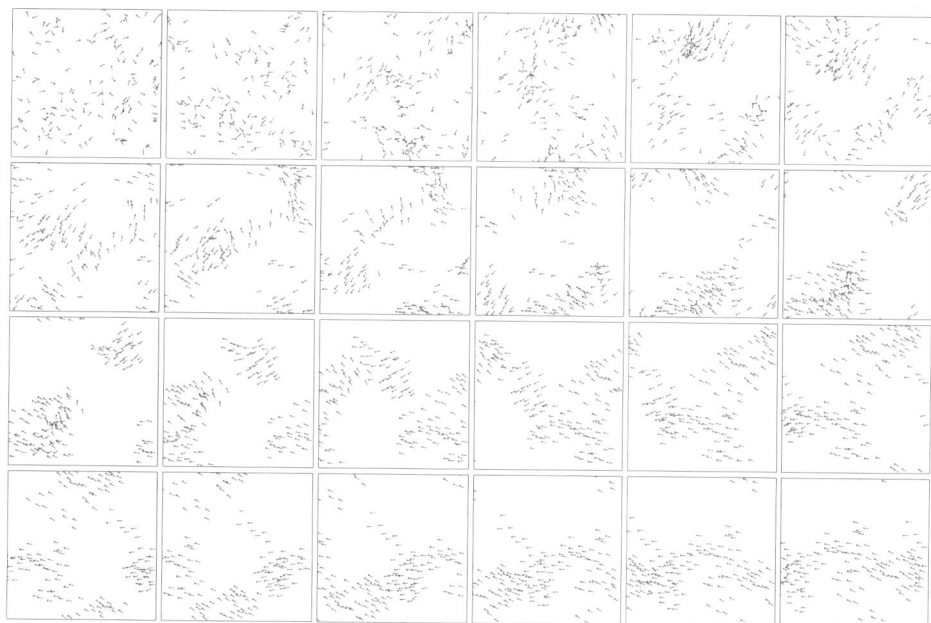

图2-27　多智能体模拟鸟群的集体行为
（图片来源：东南大学建筑学院建筑运算与应用研究所Inst. AAA）

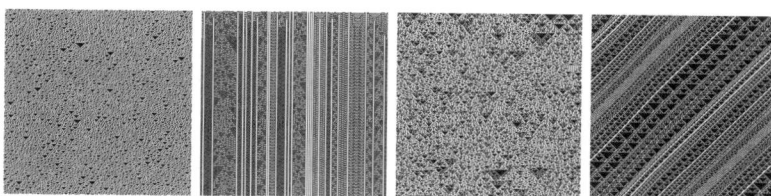

图2-28　一维元胞自动机
（图片来源：东南大学建筑学院建筑运算与应用研究所Inst. AAA）

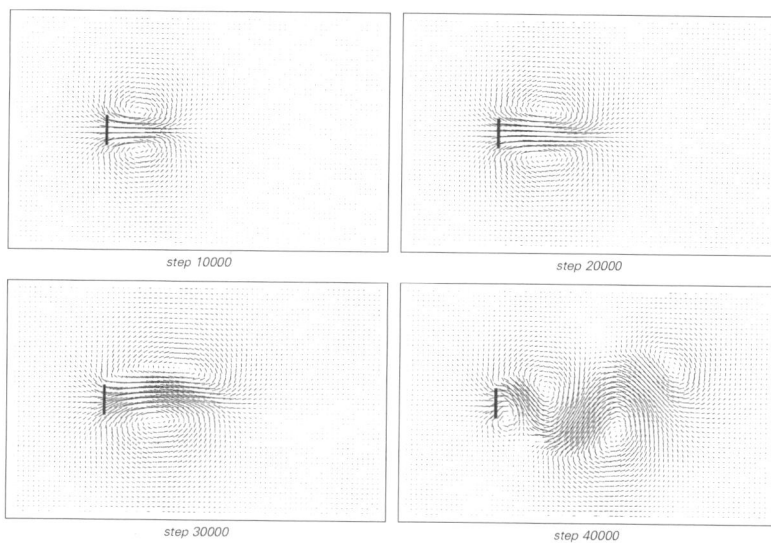

step 10000

step 20000

step 30000

step 40000

图2-29　基于元胞自动机的流体力学模拟
（图片来源：参考文献[35]）

3）L-System

L-System是一种用于模拟植物生长的递归算法,由匈牙利植物学家阿里斯蒂德·林登迈耶（Aristid Lindenmayer）在1968年提出。通过对起始字符串不断地应用规则来生成新的字符串。[36]这些规则可以包括替换、复制、粘贴等操作,以模拟植物生长过程中的分支、分叉和生长等行为,如图2-30所示。分形指的是具有自相似特性的现象、图像或物理过程,是现代数学的一个分支,是研究无限复杂却具有一定意义的自相似图形结构的几何学。分形诞生于20世纪70年代中期,提供了一种描述不规则复杂现象秩序结构的新方法。

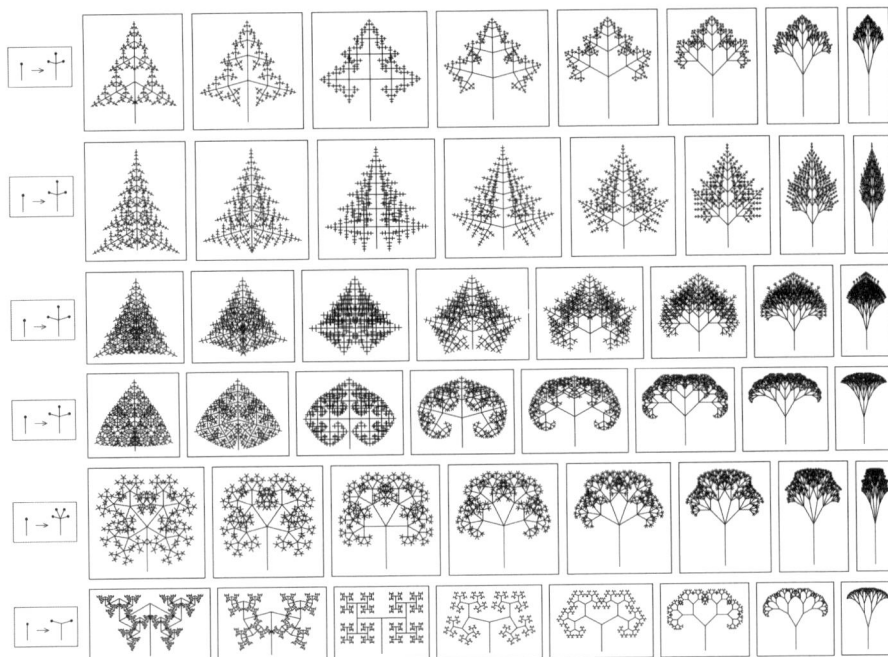

图2-30　应用不同规则的L-System分形系统
（图片来源：参考文献[35]）

智慧算法为解决复杂的设计与优化问题提供了高效手段,尤其在多目标优化、约束优化和非线性优化方面,展现了极大的潜力。本节介绍几类关键方法:仿生优化通过模拟自然界的进化与行为模式,如遗传算法和蚁群优化,寻找最优解;数学规划则为设计问题提供严谨的表达与求解途径;机器学习则利用数据驱动的方法,通过模式识别和自动优化,帮助设计师更智能地探索设计空间。这些算法不仅提升了设计效率,还开辟了探索复杂性的新路径。

2.3.1 仿生优化

设计中的许多问题往往是非良定义的，或者属于NP难题或NP完全问题，传统的优化方法难以高效求解。为应对这些复杂性，仿生优化算法逐渐成为设计中的重要工具。仿生优化通过模拟自然界的进化、生态和群体行为，找到问题的近似最优解。这类算法不仅具备定义和处理复杂、多维问题的能力，还能够在全局范围内搜索最优解，避免陷入局部最优。[37]

1）进化算法

进化算法（Evolutionary Algorithms，EAs）是一类受自然界生物进化过程启发的优化算法。它们模仿了生物种群通过遗传变异和自然选择逐步进化的过程，来寻找问题的最优解。智慧设计中初始定义的问题，可能是复杂的几何优化问题，或涉及多个目标的相互博弈，可以通过进化算法模拟生物进化的过程，逐代优化种群中的个体，以找到问题的最优解或近似最优解。进化算法的步骤如下：

（1）初始化种群：随机生成一组解（个体），这些解形成种群。每个个体可以用目标函数来衡量。

（2）选择：基于目标函数值，选择适应度（目标函数值）高的个体作为父代。

（3）交叉：通过交叉操作，组合生成新的个体。交叉操作模拟了基因重组，通过组合优良特性产生新解。

（4）变异：对部分个体的基因随机改变，模拟自然界中的突变，以增加种群的多样性。

（5）替换：用新生成的个体替换原种群中适应度较低的个体。

（6）终止：不断重复选择、交叉、变异和替换步骤，直到满足终止条件（如达到最大迭代次数、目标函数值收敛等）。

进化算法有多种常用框架，可根据使用的编程语言或平台选择合适的库。这些框架通常提供丰富的参数设置，允许用户微调，以优化算法的性能和收敛速度。参数的合理调整在提高算法效率、避免局部最优等方面起关键作用（表2-4）。

2）粒子群算法

粒子群算法（Particle Swarm Optimization，PSO）受鸟群或鱼群的集体运动行为启发，主要通过个体粒子的位置和速度变化来探索最优解，依赖于个体经验（个体最优）和群体经验（全局最优）的结合，通过粒子间的信息共享，逐步逼近最优解（图2-31）。[38]其基本步骤如下：

参数名称	含义	影响	建议
种群初始化 pulation Initialization	初始种群的生成方式（随机或启发式）	随机增加多样性，启发式提高初始质量	根据问题选择
种群大小 Population Size	每代个体数量	大种群增加多样性，计算量大；小种群收敛快	复杂问题使用较大种群，简单问题使用较小种群
选择策略 Selection Method	父代选择方式（如轮盘赌选择、锦标赛选择等）	压力大收敛快，压力小多样性好	根据问题选择
交叉类型 Crossover Method	交叉和变异的具体操作方式（如单点交叉、多点交叉、均匀交叉等）	不同的操作方式影响解的多样性和探索效果	根据问题选择
交叉率 Crossover Rate	进行交叉操作的概率	交叉率高探索快，过高可能破坏优良基因，过低则收敛慢	一般设为60%～90%，视情况微调
变异率 Mutation Rate	基因变异的概率	高变异增加多样性，过高可能破坏优良基因	一般设为0.1%～10%
保留策略 Elitism Rate	直接保留最优个体	保留精英防止最优解丢失，但过多保留可能降低种群多样性	通常保留1%～5%的精英个体
终止条件 Stopping Criteria	进化代数或终止条件	迭代少探索不足，迭代多耗时	根据收敛情况设定终止条件

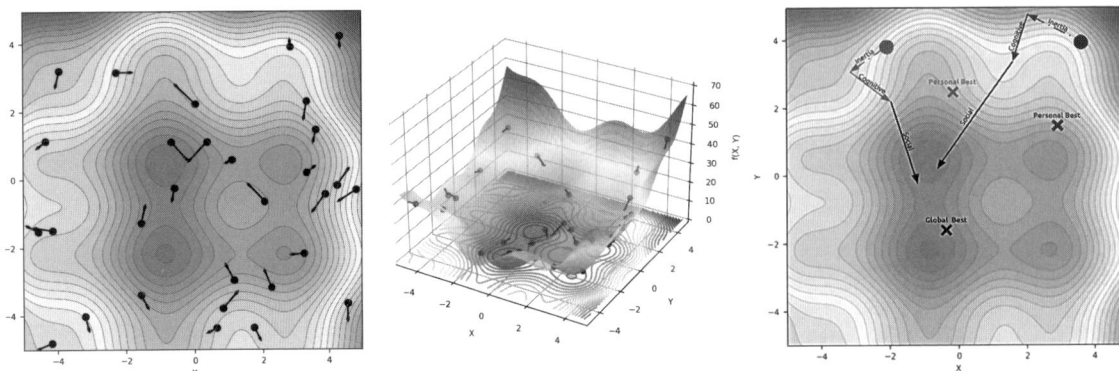

图2-31　随机初始化粒子的位置与速度，通过迭代更新得到全局最优解
（图片来源：参考文献[39]）

（1）初始化：随机生成一组粒子，每个粒子代表一个可能的解，并赋予其随机的速度和位置。

（2）评估适应度：根据目标函数计算每个粒子的适应度，衡量其解的好坏。

（3）更新个体最优解：每个粒子记录自己当前的最佳位置，称为个体最优解。

（4）更新全局最优解：群体中所有粒子共享一个全局最优解，即当前所有粒子中表现最好的位置。

（5）更新速度和位置：根据粒子的当前速度、个体最优解和全局最优解来调整速度，然后更新每个粒子的位置。

（6）迭代：重复评估、更新的过程，直到达到设定的停止条件（如迭代次数或精度要求）。

粒子群算法的优点在于简单易实现，收敛速度快，适用于连续优化问题。但也存在局部最优解问题，对于高维、非线性、多峰问题的优化效果有限。

3）蚁群算法

蚁群算法（Ant Colony Optimization，ACO）是一种基于仿生学的优化算法，受蚂蚁觅食行为启发，用于求解组合优化问题，特别是路径优化问题（图2-32）。基本步骤如下：

（1）初始化：设置参数，随机生成一组初始解，初始化信息素矩阵。

（2）路径构建：每只蚂蚁根据信息素浓度和启发式信息选择路径。

（3）信息素更新：蚂蚁完成路径后，根据路径质量更新信息素。优秀路径的信息素增加，较差路径的信息素逐渐挥发。

（4）选择最优解：在多次迭代后，选择信息素浓度最高的路径作为最优解。

（5）终止条件：达到迭代次数或收敛时结束算法。

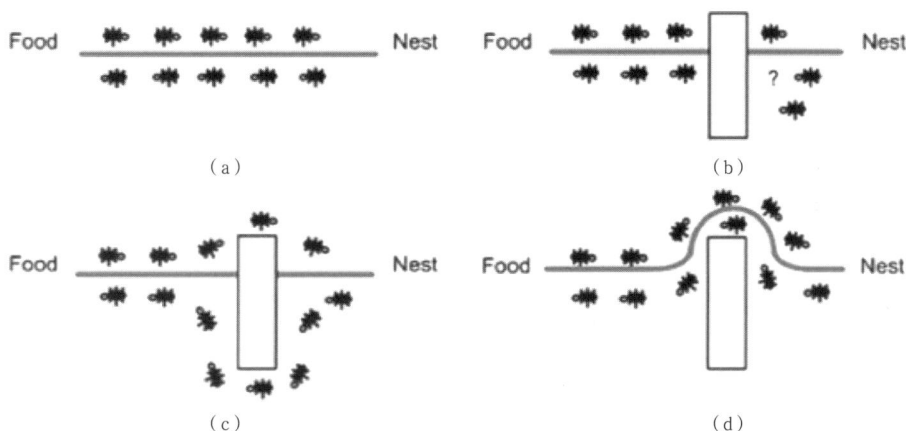

图2-32 蚁群算法根据信息素浓度构建最优路径示意图
（图片来源：参考文献[40]）

2.3.2 数学规划

数学规划是运筹学的一个重要分支，早在1939年苏联的康托罗维奇（Leonid V. Kantorovich）和美国的希齐柯克（F. L. Hitchcock）等人就在生产组织管理和编制交通运输方案时研究和应用了数学规划方法。

数学规划主要研究的目标是在给定的区域中寻找可以最小化或最大化某

一函数的最优解。在工程技术、经济金融管理、科学研究和日常生活等诸多领域中，人们常常遇到如下问题：结构设计要在满足强度要求的条件下选择材料的尺寸，使其总重量最轻；资源分配要在有限资源约束条件下制定各用户的分配数量，使资源产生的总效益最大；生产计划要按照产品的工艺流程和顾客需求，制定原料、零部件等订购、投产的日程和数量，尽量降低成本使利润最高。上述一系列问题的实质是：在一系列客观或主观限制条件下，寻求使所关心的某个或多个指标达到最大（或最小）。用数学建模的方法对这类问题进行研究，产生了在一系列等式与不等式约束条件下，使某个或多个目标函数达到最大（或最小）的数学模型，即数学规划模型。

1）模型三要素

从现实问题建立数学模型一般来说有三个步骤：（1）根据影响所要达到的目的的因素找到决策变量；（2）由决策变量和所达到目的之间的函数关系确定目标函数；（3）由决策变量所受的限制条件确定决策变量所要满足的约束条件。[41]因此，建立数学模型需考虑如下三要素：

（1）决策变量：所研究问题要求解的未知量X，使用n维向量表示如公式（2-24）所示：

$$X=(x_1, x_2, ..., x_n) \qquad 公式（2-24）$$

（2）目标函数：研究问题要求达到最大（或最小）的那个（那些）指标的数学表达式，它是决策变量的函数，记为$f(X)$。

（3）约束条件：由所研究问题对决策变量X的限制条件给出，X允许取值的范围记为D，即$X \in D$，D称为可行域。D常用一组关于决策变量X的等式$h_i(X)=0(i=1, 2, ..., p)$和不等式$g_j(X) \leqslant 0(j=p+1, p+2, ..., m)$来界定，分别称为等式约束和不等式约束。

2）线性规划

线性规划（Linear Programming，LP），是数学规划中的重要分支，研究线性约束条件下线性目标函数的极值问题的数学理论和方法。对于一个简单的线性规划模型，如公式（2-25）所示：

$$\max \boldsymbol{Z} = 70x_1 + 30x_2$$

$$\text{s.t.} \begin{cases} 3x_1 + 9x_2 \leqslant 540 \\ 5x_1 + 5x_2 \leqslant 450 \\ 9x_1 + 3x_2 \leqslant 720 \\ x_1, x_2 \geqslant 0 \end{cases} \qquad 公式（2-25）$$

线性规划模型的标准型如下：

（1）目标函数求最大值

（2）约束条件为等式约束

（3）约束条件右边的常数项大于或等于0

（4）所有变量大于或等于0

根据这一规则，通过引入松弛变量x_3，x_4，x_5可将上述模型的标准形式变换如公式（2-26）所示：

$$\max \boldsymbol{Z} = 70x_1 + 30x_2$$

$$\text{s.t.} \begin{cases} 3x_1 + 9x_2 + x_3 = 540 \\ 5x_1 + 5x_2 + x_4 = 450 \\ 9x_1 + 3x_2 + x_5 = 720 \\ x_1, x_2, x_3, x_4, x_5 \geq 0 \end{cases} \qquad \text{公式（2-26）}$$

转换为标准型后，即可使用经典的线性规划方法，如单纯形法（G. B. Dantzig，1947年）、对偶理论等，求解线性规划问题，标准型的矩阵形式如公式（2-27）所示，$\boldsymbol{X}$表示未知数的向量。

$$\max \boldsymbol{Z} = \boldsymbol{CX}$$

$$\boldsymbol{AX} = \boldsymbol{b}$$

$$\boldsymbol{X} \geq 0$$

$$\text{where } \boldsymbol{A} = \begin{bmatrix} a_{11} & a_{12} & \cdots & a_{1m} \\ a_{21} & a_{22} & \cdots & a_{2m} \\ \vdots & \vdots & \ddots & \vdots \\ a_{n1} & a_{n2} & \cdots & a_{nm} \end{bmatrix} \qquad \text{公式（2-27）}$$

3）整数规划

整数规划中，默认变量的取值通常是大于或等于0的自然数。如果只要求一部分决策变量取整数，则称为混合整数规划（Mix Integer Programming，MIP）。如果决策变量只能为0或1的整数，则称为0～1整数规划（Binary Integer Programming，BIP）。如果模型是线性模型，则称为整数线性规划（Integer Linear Programming），如果模型存在二次项的约束或目标，则称为整数二次规划（Integer Quadratic Programming）。

整数规划求解的方法有分支界定法和割平面法，它们在线性规划的基础上，通过增加附加约束条件，使最优解成为线性规划可行域的一个顶点，就可以用单纯形法找到这个最优解。最小边覆盖问题是在一个图中寻找最小的边集，使得图中的每一个顶点都至少是这个边集中一条边的端点。该问题可被建模使用0～1整数规划解决，如图2-33所示：

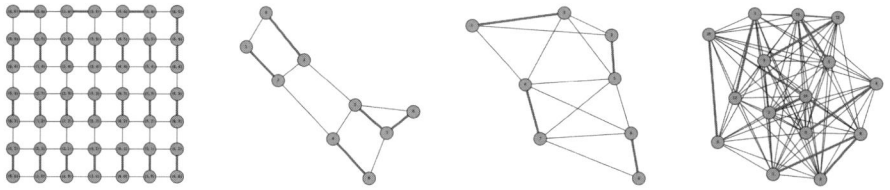

图2-33　0~1整数规划建模并解决最小点覆盖问题
（图片来源：东南大学建筑学院建筑运算与应用研究所Inst. AAA）

4）二次规划

二次规划（Quadratic Programming，QP）是运筹学中的一类最优化问题（图2-34）。一个有n个变量与m个约束的二次规划问题可以用以下形式描述。给定一个$n×n$维的对称矩阵A，一个$m×n$维的矩阵B，一个m维的向量；该二次规划问题的目标即找到一个n维的向量X，使得公式（2-28）成立：

$$\begin{cases} \min \arg X^T AX \\ \text{subject to } BX = C \end{cases}$$

公式（2-28）

此问题的特性依据矩阵A及其他参数的不同而有所变化：

（1）当A为半正定矩阵时，目标函数$f(x)$呈现凸性，构成凸二次规划问题。在可行域非空并目标函数于该域内有下界的情况下，保证存在全局最小值。

（2）若A升级为正定矩阵，则问题拥有唯一全局最小解。

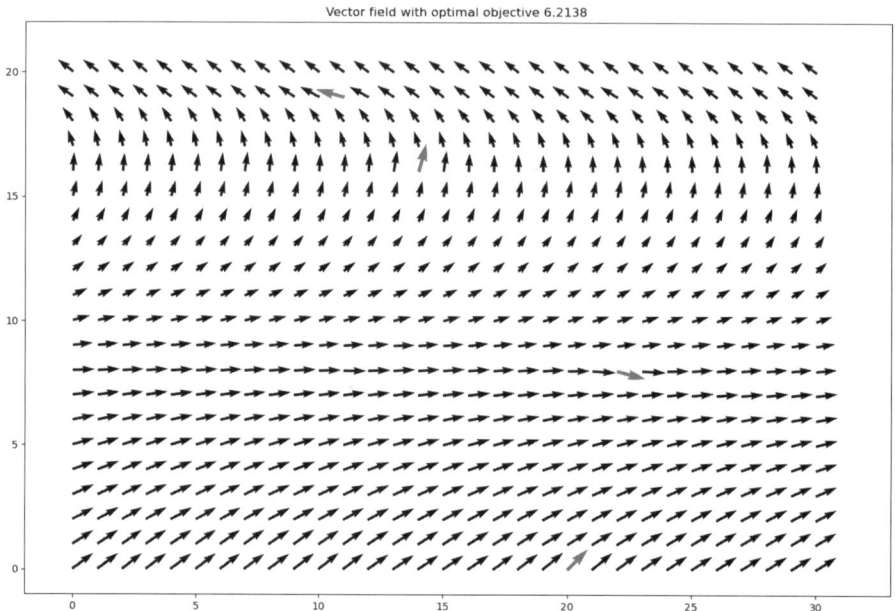

图2-34　二次规划建模并求解向量场
（图片来源：东南大学建筑学院建筑运算与应用研究所Inst. AAA）

（3）而*A*若为非正定矩阵，目标函数可能包含多平稳点和局部极小值，成为NP难题。解决策略方面，当仅涉及等式约束，可通过线性方程求解。更普遍情况下，采用诸如内点法、共轭梯度法、椭球法和增广拉格朗日法等技术。计算的复杂度与矩阵*A*的属性紧密相关：*A*正定时，椭球法能在多项式时间内有效求解；反之，若*A*非正定，则面临NP-hard挑战。针对这些难点，需要使用Gurobi等商业求解器，将非凸问题转换为等效的凸问题，从而有效应对NP难题。

相较于启发式搜索如进化算法，数学规划的优势体现在能精确且相对高效地验证问题的可行性，并确保所得解严格遵守所有约束，规避了随机采样方法中解的可行性不确定或收敛困难的问题。然而，这要求所有约束和目标必须能够通过解析式清晰表达，而在诸如建筑设计中，诸多限制和量化评估包含复杂的逻辑判断或几何运算，难以直接转化为数学模型，因此，识别并提取那些易于编码为多项式形式的子问题是关键所在。

2.3.3　多目标优化

多目标规划（Multi-objective Optimization Problem，MOP）是同时优化多个目标的规划问题。它通常涉及在多个互相竞争的目标之间进行权衡，在建筑设计中，这种情况尤为常见。例如，设计师可能需要在建筑的美学、功能性、能效、成本以及施工难度等多个目标之间找到平衡。建筑设计中的多目标决策需要综合考虑这些不同的因素，以达到最优的设计方案。

其数学模型的一般描述如公式（2-29）所示：

$$
\begin{aligned}
&\min f_1(x_1, x_2, \ldots, x_n)\\
&\min f_2(x_1, x_2, \ldots, x_n)\\
&\qquad\qquad \vdots\\
&\min f_m(x_1, x_2, \ldots, x_n)\\
&\text{s.t.}\begin{cases} g_i(x_1, x_2, \ldots, x_n) \leqslant 0, \ i=1, 2, \ldots, p\\ h_i(x_1, x_2, \ldots, x_n) \leqslant 0, \ i=1, 2, \ldots, q \end{cases}
\end{aligned}
\qquad \text{公式（2-29）}
$$

多目标优化问题有多种解决方法，可以通过一些技术进行解决：

（1）权衡法（Weighted Sum Method）是指将多个目标函数线性组合为一个单一的目标函数，通过为不同目标赋予权重来将多目标问题转化为单目标问题。

（2）目标规划（Goal Programming）是指通过制定各个目标函数的优先级或者设定目标函数的目标值，逐个解决每个目标函数，尽可能实现每个目标函数达到其目标值。

（3）进化算法（Evolutionary Algorithms）如多目标遗传算法（MOGA）、

多目标粒子群优化（MOPSO）等常用于多目标优化。这些算法通过模拟生物进化的过程，在解决方案空间中搜索Pareto前沿。

（4）多目标粒子群优化（MOPSO）基于粒子群优化的思想，能够在多个目标下搜索最优解，并利用群体智能的概念进行解空间的探索。

（5）多目标模拟退火（MOSA）类似于传统的模拟退火算法，但针对多目标问题进行了改进，寻找在多个目标下的最优解。

选择最合适的方法通常取决于问题的特性、解空间的维度和复杂度，以及算法的性能和收敛速度，对于复杂的多目标优化问题，元启发式算法（如进化算法、粒子群优化等）通常更为适用，能够更有效地搜索Pareto前沿上的解决方案。

1）Pareto前沿

Pareto前沿是多目标优化中的关键概念，以维尔弗雷多·帕累托（Vilfredo Pareto）命名。它代表了无法进一步改进一个目标而不损害其他目标的解决方案集合。在多目标问题中，通常存在着冲突的目标，优化一个目标可能会牺牲其他目标的表现。Pareto前沿则代表了在多个目标下不可被改进的最佳解决方案集合。

在一个二维空间中，Pareto前沿可以用来描述两个相互竞争的目标之间的权衡。例如，在生产中，追求成本最小化往往会与质量最大化产生矛盾，因此Pareto前沿将显示出成本和质量之间的最佳权衡点，无法通过改进一个目标来同时提高两者。

为了找到Pareto前沿，需要使用多目标优化算法，这些算法旨在搜索和识别出这个前沿的解决方案集合。进化算法、遗传算法、粒子群优化和模拟退火等元启发式算法经常被用于解决这类问题。这些算法通过不断迭代和优化，尝试在解空间中发现Pareto前沿的解。

在算法搜索Pareto前沿时，一个解被称为"非劣解或""Pareto最优解"——不存在其他解能够在所有目标上都比该解好，即该解至少在一个目标上实现最优。因此，Pareto前沿上的解决方案通常被认为是在多个目标下最优的牺牲和权衡。对于解决现实世界中的复杂问题，了解和利用Pareto前沿可以帮助决策者找到合适的权衡和最优解决方案。

2）算法工具

建筑设计中的多目标优化问题，在经过理性解析和建模的阶段后，通常需要依赖求解器来进一步处理。求解器能够通过复杂的算法和计算，提供一系列可能的解决方案，帮助研究者在不同目标之间进行权衡和选择。这使得研究者可以将更多的精力集中在问题的分析与建模上，避免陷入烦琐的计算细节中。

（1）Gurobi

Gurobi是美国Gurobi公司开发的针对算法最优化领域的商业求解器，可以高效求解算法优化中的建模问题。Gurobi接口简单实现方便，易于非数学计算机专业人员上手使用。在对混合整数线性优化的问题中，Gurobi与其他大规模优化器相比有明显优势。[42]Gurobi在多种编程语言与平台中提供了完善的接口，如Java、Python、C++、.NET等。在不同编程语言的实现上，Gurobi使用了相似的接口实现一系列相同的功能，尤其是属性和参数两类。

（2）JMetal

JMetal是一个用于解决多目标优化问题的开源Java框架，专注于元启发式算法的实现与应用。[43]它提供了丰富的元启发式优化算法，如遗传算法、粒子群优化、模拟退火等，让用户可以轻松地实现、比较和测试不同算法在特定问题上的表现。这个框架具有高度可定制性，允许用户根据自己的需求进行扩展和定制，同时提供了一系列方便的工具和接口，方便用户进行算法的使用和研究。JMetal的设计简洁而灵活，使得它成为研究人员和工程师在解决优化问题时的理想选择。它不仅仅是一个工具库，更是一个促进元启发式算法研究和实践的平台，为用户提供了丰富的资源和支持，让他们能够更轻松地探索、理解和应用不同的优化算法。

（3）Pymoo

Pymoo是Python上的多目标优化开源库。它提供了一系列现代化的多目标优化算法，包括进化算法、粒子群优化、遗传算法等，为解决复杂的多目标问题提供了丰富的选择。[44]Pymoo设计简单灵活，提供了易于使用的接口和丰富的功能，允许用户快速实现并比较不同的算法。其模块化的结构使得用户可以轻松地扩展和定制，满足特定问题的需求。此外，Pymoo还提供了可视化工具和丰富的性能评估指标，帮助用户直观地理解算法的表现。作为一个开源工具，Pymoo不仅适用于学术研究，也为工程师和研发人员提供了实现多目标优化的便捷工具，促进了多目标优化领域的发展和应用。

2.3.4　深度学习

深度学习（Deep Learning）是一种机器学习方法，通过多层神经网络从大量数据中自动学习特征和模式。[45]它通过模拟人脑神经元的工作原理，以多层结构自动提取数据中的特征并进行决策。传统的机器学习方法通常依赖于手工设计的特征提取步骤，而深度学习能够从原始数据中直接学习有用的特征，这使得它在许多领域取得了显著的进展。深度学习的一个显著特点是端到端学习，即从输入数据到最终输出的整个过程都是通过模型学习的，无需人为地设计中间步骤，在图像分类、语音识别、自然语言处理等任务上取得了显著成就。[46]

1）深度神经网络

（1）前馈神经网络

前馈神经网络（Feedforward Neural Network，FNN）是一种最基本的神经网络模型，由一个或多个神经元层组成，每个神经元层包含多个神经元，每个神经元接收上一层的输出，并通过加权求和和激活函数来计算输出。在神经网络的训练过程中，通过反向传播算法（Backpropagation）来调整神经元之间的连接权重，以最小化损失函数，从而实现模型的优化和学习。[47]

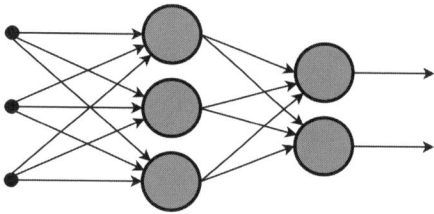

根据通用近似定理，前馈神经网络可以以任意精度逼近任何连续函数，这使得它成为一种强大的函数逼近器（图2-35）。通过调整神经元的数量、层数、激活函数等参数，可以构建不同规模和复杂度的前馈神经网络，适用于各种不同的应用场景。以采用Logistic回归的二分类问题 $y \in \{0, 1\}$ 为例，网络最后一层只用一个神经元，并且其激活函数为Logistic函数；对于多分类问题 $y \in \{1, ... , C\}$，采用Softmax回归。相当于最后一层设置 C 个神经元，其激活函数为Softmax函数。

图2-35　前馈神经网络结构
（图片来源：东南大学建筑学院建筑运算与应用研究所Inst. AAA）

（2）卷积神经网络

卷积神经网络（Convolutional Neural Network，CNN）是一种深度学习模型，尤其擅长处理网格结构数据，例如图像。通过局部连接和权重共享，CNN能够高效地捕捉数据的空间和时间依赖性，因此在图像分类、目标检测和自然语言处理等领域表现出色。[48]

①CNN的核心结构

CNN的核心结构由卷积层（Convolutional Layer）、池化层（Pooling Layer）和全连接层（Fully Connected Layer）组成。

a. 卷积层

卷积层是CNN的基础模块，通过一组可学习的卷积核（Filters）对输入数据进行卷积操作，提取特征。每个卷积核在输入数据上滑动，执行点积运算，生成特征图（Feature Map）。这种局部连接和权重共享机制，使卷积层能够有效捕捉局部特征，减少参数数量，提高计算效率。

b. 池化层

池化层通常插入在连续的卷积层之间，用于逐步减小空间维度，减少参数和计算量，并控制过拟合。常见的池化操作包括最大池化（Max Pooling）和平均池化（Average Pooling）。池化能够在保留重要特征的同时忽略不必要的细节。

c. 全连接层

全连接层在卷积层和池化层提取到高层次特征后，对这些特征进行进一步处理，将它们映射到样本标签空间，实现分类或回归任务。通常在最后一个全连接层之后使用Softmax函数，输出分类概率分布。

②CNN的特点

CNN的训练同样依赖于反向传播算法（Backpropagation），通过梯度下降优化网络参数。在训练过程中，卷积核的权重和偏置不断调整，以最小化损失函数，提升模型在训练集和验证集上的性能。CNN的特点可以归纳为以下几点：

a. 局部感知

卷积层通过卷积核在局部区域上的滑动操作，实现对输入数据的局部感知和特征提取。

b. 参数共享

每个卷积核在整个输入数据上共享权重，有效减少参数数量，降低计算成本。

c. 空间层次结构

CNN由多个卷积层和池化层组成，形成逐级抽象的空间层次结构，能够捕捉从低级到高级的特征。

d. 平移不变性

通过卷积操作，CNN对输入数据的平移具有不变性，即无论对象在图像中的位置如何，模型都能够识别它。

这些特点使得CNN在图像识别、目标检测、语义分割等计算机视觉任务中得到广泛应用，并在深度学习发展中占据重要地位。

③CNN的发展

LeNet，由Yann LeCun在1998年设计，是早期专为手写数字识别任务开发的卷积神经网络。[49]它标志着卷积神经网络在实际应用中的突破，网络结构包括两层卷积层伴随下采样操作以及三层层叠的全连接层，用于最终的分类输出。

几年后，AlexNet在2012年由Alex Krizhevsky、Ilya Sutskever和Geoffrey Hinton共同提出，其在ImageNet[50]大规模视觉识别挑战赛中的显著成就推动了深度学习革命，展示了深度神经网络在复杂图像分类任务上的巨大潜力。AlexNet拥有更深的网络结构，包含5个卷积层和3个全连接层。[51]

紧接着，Visual Geometry Group（VGG）团队于2014年推出了VGG网络，以其简洁且规则的架构著称，[52]主要由连续的小卷积核（通常是3×3）堆叠而成，强调深度而非宽度，进一步验证了增加网络深度对提高模型性能的重要性（图2-36）。

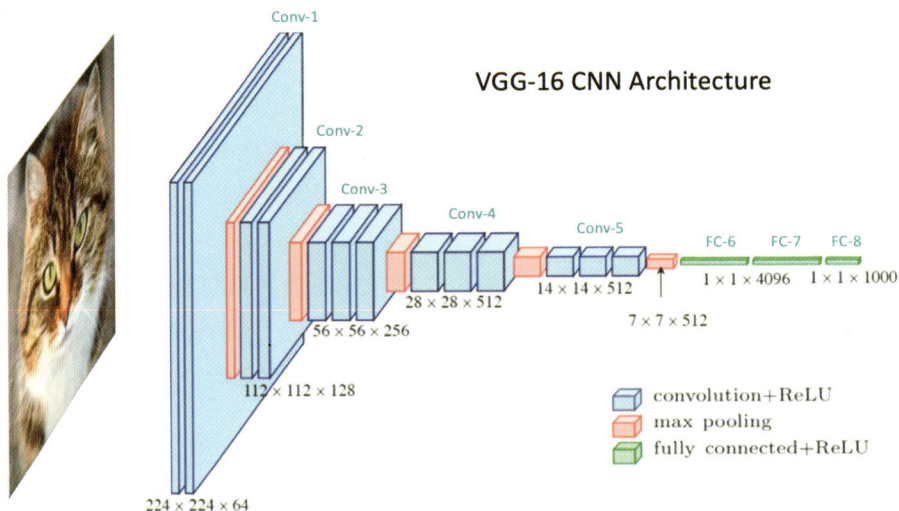

图2-36　经典卷积神经网络 VGG 网络结构示意图
（图片来源：参考文献[52]）

2015年，微软亚洲研究院的Kaiming He等人提出了ResNet（残差网络），创新性地引入了残差块概念，通过直接学习输入到输出的残差，以及在深层网络中使用跳跃连接，有效缓解了深度网络训练中的梯度消失和爆炸问题，使得训练极深网络成为可能。ResNet在ImageNet竞赛中取得了前所未有的成绩，成为后续众多视觉任务的基础模型。[53]

与此同时，全卷积网络（Fully Convolutional Networks，FCN）的概念在2014年被提出，为语义分割任务带来了革新。在此基础上，UNet架构应运而生，以其独特的编码器－解码器结构，结合跳跃连接，实现了高精度的图像分割，特别是在医疗影像和遥感领域表现出色（图2-37）。[54]近年来，UNet架构的变体也被应用于生成模型中，如在DALL-E[55]、Midjourney[56]和Stable Diffusion[57]等图像生成任务中，作为核心组件促进了图像合成和修复技术的发展，特别是在迭代图像去噪的扩散模型框架里，展现了其强大的功能和灵活性。

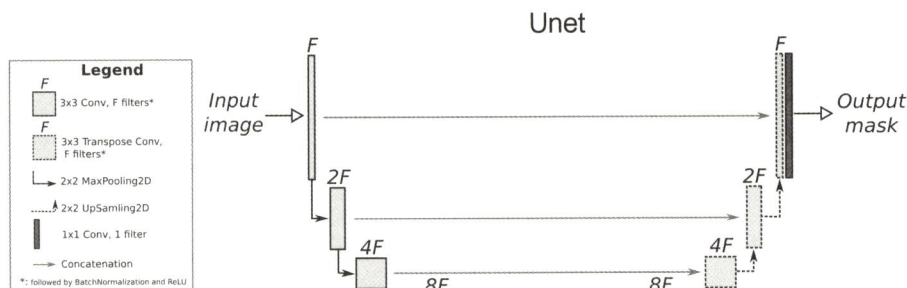

图2-37　UNet 架构示意图
（图片来源：参考文献[54]）

（3）循环神经网络

循环神经网络（Recurrent Neural Network，RNN）是一种特殊的神经网络，设计用于处理序列数据，其中数据的顺序对于理解其含义至关重要。与前馈神经网络（如卷积神经网络）不同，RNN具有循环结构，允许信息在时间序列中流动，从而模型可以利用先前的信息来更好地理解和预测序列中的下一个元素。

RNN的基本单元是一个循环单元，它在时间t上接收当前的输入x_t以及前一时间步t-1的隐藏状态h_{t-1}。这个循环单元执行相同的计算过程，不仅基于当前输入，还基于之前所有时间步的历史信息，更新并输出当前时间步的隐藏状态h_t。这一特性使得RNN特别适合于诸如自然语言处理、语音识别、音乐生成等需要处理序列数据的任务。

RNN的关键在于其隐藏状态的定义，它不仅依赖于当前的输入，还依赖于前一时刻的隐藏状态，这可以用公式（2-30）表达：

$$h_t = f(W_x x_t + W_h h_{\{t-1\}} + b) \qquad \text{公式（2-30）}$$

其中，f是非线性激活函数，W_x和W_h分别是输入到隐藏层和隐藏层到隐藏层的权重矩阵，b是偏置项，x_t是当前时间步的输入，$h_{\{t-1\}}$是前一时间步的隐藏状态。

然而，标准RNN在处理长序列时存在梯度消失或梯度爆炸的问题，这限制了其在实际应用中的效果。为了解决这些问题，一系列改进型RNN被提出，主要包括：

①长短期记忆网络（Long Short-Term Memory，LSTM）通过引入细胞状态（Cell State）和门控机制（Gate Mechanism），能够有效地解决长期依赖问题（图2-38左）。门控机制控制信息的遗忘、更新和输出，使LSTM能够在长序列中保留信息。[58]

②门控循环单元（Gated Recurrent Unit，GRU）是LSTM的一个简化版本，它合并了遗忘门和输入门为一个单一的更新门，并且没有单独的细胞状态，但仍能有效处理长期依赖问题，同时减少了模型的复杂度（图2-38右）。[59]

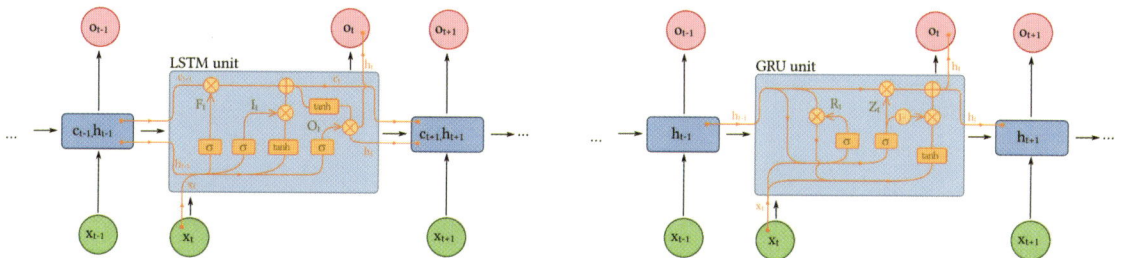

图2-38　长短期记忆网络（左）和门控循环单元（右）结构示意图
（图片来源：https://et.wikipedia.org/wiki/Rekurrentne_n%C3%A4rviv%C3%B5rk）

（4）自编码器

自编码器（Auto-Encoder，AE）是通过无监督的方式来学习一组数据的有效表示，它由编码器和解码器两部分组成，通过将输入数据压缩成低维编码，然后再将编码解压缩为原始数据，从而实现数据的重构和压缩。[60]

①编码器（Encoder）负责将高维的输入数据映射到一个低维的隐藏表示（或称为编码、Latent Representation）。这个过程可以视为一种信息的压缩，其中关键信息被尽可能保留，而噪声或冗余信息则被丢弃或减少。编码器通常由一系列多层感知机（MLP）、卷积层（在卷积自编码器中）或其他神经网络结构组成，每一层都执行非线性转换，逐步降低数据的维度直至达到预设的编码维度。

②解码器（Decoder）的功能则是将编码器产生的低维向量再"解压"回原始数据空间，尽量逼近输入数据。解码过程可以视作对编码信息的逆变换，尝试基于压缩后的信息重构出尽可能接近原始输入的数据。同样，解码器也是由多层神经网络构成，逐层增加数据的维度直到输出与输入数据维度相同。

自编码器的学习目标是最小化输入数据与重构数据之间的差异，通常使用均方误差（Mean Squared Error，MSE）或交叉熵（Cross Entropy）作为损失函数，最小化重构误差来优化模型参数（图2-39）。自编码器可以用于特征提取、数据降维、去噪、生成等任务，是深度学习中的重要模型之一。

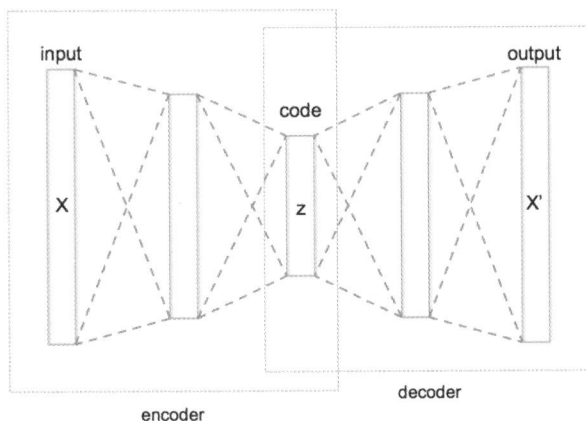

图2-39 自编码器结构
（图片来源：东南大学建筑学院建筑运算与应用研究所 Inst. AAA）

（5）生成对抗网络

生成对抗网络（Generative Adversarial Network，GAN）由伊恩·古德费洛（Ian Goodfellow）等人在2014年提出。与传统的神经网络不同，GAN框架内嵌了两个相互对抗的组件：生成器（Generator）和判别器（Discriminator），它们通过一种零和博弈的过程共同进化。[61]

①生成器（Generator）的目标是从一个随机噪声向量出发，生成尽可能接近真实数据的新样本。这个过程可以视为一个"伪造者"，尝试创造出足以乱真的数据实例，比如合成逼真的图像、音频片段或是文本内容。生成器是一个复杂的函数，通常由多层神经网络构成，它接收随机噪声作为输入，并通过一系列非线性变换，输出合成数据。

②判别器（Discriminator）的任务则是区分真实数据与生成器产生的假数据。它试图准确地判断每一个输入数据是来自真实数据集还是生成器的产物，扮演着"鉴赏家"的角色。判别器同样由神经网络实现，通过训练，它学习到区分真实与伪造数据的特征。

GAN的训练分为两个阶段：首先，固定生成器的参数，训练判别器，使其尽可能准确地区分真实数据和生成数据；然后，固定判别器的参数，训练生成器，使其生成的数据尽可能地欺骗判别器。随着训练的进行，理想情况下，生成器会变得越来越擅长生成以假乱真的数据，而判别器则在判断真实与伪造数据上愈发艰难，最终达到一个平衡点，即纳什均衡。在这个状态下，判别器对于所有输入（无论是真实还是生成的）给出的概率接近随机猜测，意味着生成器成功模拟了真实数据的分布。

GAN在图像生成（图2-40）、视频生成等领域取得了显著成果，但它们的训练也面临一些挑战，如模式塌陷（生成样本缺乏多样性）、训练不稳定性和模式遗漏等问题。为克服这些挑战，研究者们不断提出新的变种和改进策略，如Wasserstein GANs（WGANs）[62]、Conditional GANs（cGANs）[63]、CycleGAN[64]等。

图2-40　使用配对的图像数据训练 pix2pix，转换图像风格
（图片来源：参考文献[65]）

（6）图神经网络

图神经网络（Graph Neural Network，GNN）是一种专门用于处理图结构数据的深度学习模型，类似于CNN在处理网格结构数据（如图像）上的成功。图结构数据由节点和边组成，广泛应用于社交网络分析、推荐系统、生物信息学等领域。[66]

GNN的基本原理是将神经网络应用于图数据，使模型能够学习节点特征、边关系乃至整个图的表征。它通过信息传播机制，让节点特征在图的结构上迭代传递和更新，从而实现节点嵌入（Embedding）的生成。其核心结构由消息传递机制（Message Passing）组成，其中包括以下几个关键组件：

①节点表示更新（Node Representation Update）是指每个节点根据其邻居节点的信息更新自身的表示，这一过程可以通过聚合邻居节点的特征来完成。

②图卷积层（Graph Convolutional Layer）类似于CNN中的卷积层，但在图结构上操作。它通过将节点的特征与其邻居节点的权重进行加权和，来更新节点的表示。

③图池化层（Graph Pooling Layer）与CNN中的池化层类似，用于逐步减小图的尺寸，并在学习过程中聚合和精简图的信息。

④全连接层（Fully Connected Layer）用于将最终的节点表示映射到任务空间，如分类或回归。GNN的训练通常也依赖于反向传播算法，通过最小化损失函数来优化网络参数。与CNN相比，GNN的一个关键挑战是处理不同大小和拓扑结构的图，因此需要设计适应性强的消息传递和聚合策略。

总体而言，GNN以其能够处理复杂的非欧几里得数据结构、捕捉图的全局信息以及在推理时的灵活性而广受关注。它在社交网络分析、推荐系统和生物信息学中取得了显著的成就，并且在面对各种实际问题时展现了强大的适应能力和性能优势。

（7）Transformer网络

Transformer网络是一种革命性的深度学习模型，由Vaswani等人在2017年提出，特别适用于处理序列数据，如自然语言处理中的文本和语音识别。与传统的循环神经网络（RNN）和长短期记忆网络（LSTM）不同，Transformer网络完全基于自注意力（Self-Attention）机制和多头注意力（Multi-Head Attention）来处理输入序列，摒弃了循环结构，从而在并行计算上表现出极高的效率，实现了对序列数据的高效建模和处理。[67] Transformer网络的核心结构由以下几个关键组件组成（图2-41）：

①自注意力机制（Self-Attention）是Transformer网络的核心创新，允许模型在处理每个输入序列元素时，同时考虑到序列中

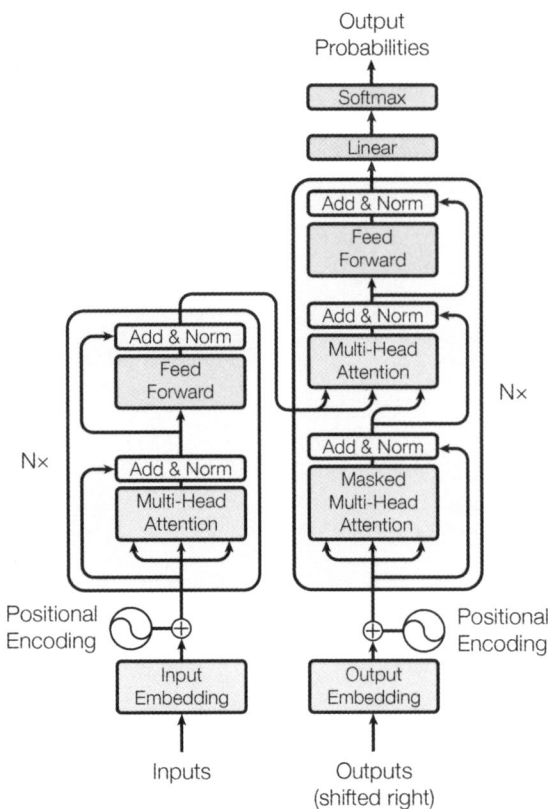

图2-41　Transformer 网络的模型结构
（图片来源：参考文献[67]）

所有其他元素的关系。通过计算每个元素与序列中所有元素的加权关系，Transformer网络能够捕捉长距离依赖性，从而在序列建模任务中表现优异。

②位置编码（Positional Encoding）被引入以提供序列元素的位置信息，因为Transformer网络不具备显式的顺序性。通常采用固定函数或可学习参数的方式嵌入位置信息，以确保模型能够正确处理序列中的顺序。

③多头注意力（Multi-head Attention）是为了增强模型对不同表示空间的表达能力而引入的。每个头都执行自注意力机制，然后通过线性变换和拼接来获得最终的注意力表示。

④前馈网络（Feedforward Network），在每个位置上都有独立的全连接前馈网络，用于对自注意力表示进行进一步的非线性变换和特征提取。

⑤残差连接和层归一化（Residual Connections and Layer Normalization）与深层网络训练中常见的技术一样，Transformer网络在每个子层（注意力层和前馈网络层）后引入残差连接和层归一化，有助于加速训练和提高模型性能。

Transformer网络的训练同样依赖于反向传播算法和梯度下降优化。Transformer网络的出现彻底改变了自然语言处理领域的研究方向，成为现代NLP模型的基石，如BERT、GPT系列以及T5等模型均基于Transformer网络。这些模型在各种基准测试中刷新纪录，推动了语言理解与生成技术的飞速发展，同时也影响了计算机视觉和其他领域的深度学习模型设计，体现了Transformer网络的普遍性和影响力。

2）可微编程框架

近年来，深度学习的迅猛发展不仅得益于硬件计算能力的提升，更重要的是可微编程框架的演进和普及。这些框架为构建和训练神经网络提供了强大的工具和环境，极大地简化了复杂模型的开发和优化过程，使得研究人员和开发者能够专注于模型设计和应用场景，而不必过多关注底层实现的复杂性。

可微编程框架的核心功能是通过自动微分（Automatic Differentiation）技术来计算神经网络的梯度。梯度是衡量神经网络模型误差变化方向的重要指标，通过梯度信息，可以不断调整模型参数，使模型朝着降低误差的方向更新，最终达到最优状态。常见的可微编程框架包括：

（1）Theano（2007）是早期的深度学习框架之一，它提供了符号微分的能力，极大地影响了后续许多深度学习框架的设计，于2017年停止了开发。[68]

（2）Caffe（2014）专注于图像处理和视觉任务的深度学习框架。它以高效、模块化的设计著称，特别适合于卷积神经网络（CNN）的研究和应用。[69]

（3）TensorFlow（2015）由Google开发，是目前最流行的可微编程框架之一，提供了丰富的功能和强大的生态系统，广泛应用于生产环境和研究领域。[70]

（4）Keras（2015）由François Chollet开发，是一个高层次神经网络API，最初独立存在，后来与TensorFlow集成，成为其高级接口，使用更加简洁和方便。[71]

（5）MXNet（2015）由Apache基金会支持开发，具有高度的灵活性，支持多种编程语言和硬件平台，擅长分布式计算，广泛应用于大规模深度学习任务。[72]

（6）PyTorch（2016）由Facebook开发，以其灵活性、动态计算图和易用性著称，尤其在学术研究领域极为流行，并逐渐在工业界获得认可。[73]

这些可微编程框架通过提供丰富的高级API和工具集，降低了开发复杂神经网络模型的难度，不仅涵盖传统的卷积神经网络（CNN）和循环神经网络（RNN），还包括最新的Transformer网络，这使得其在自然语言处理、计算机视觉和语音识别等领域的应用更加广泛和实际。这使得建筑设计的研究者能够更轻松地应用先进的深度学习技术解决复杂的设计问题。通过可微编程框架，建筑师可以将建筑参数和设计目标转化为可优化的数学模型，利用深度学习算法进行优化和迭代。这种方法不仅提高了建筑设计的自动化水平，还能够在设计流程中融入多维度的环境、功能和美学要求，从而生成更具创新性和功能性的建筑方案。

参考文献

［1］ 程大锦. 建筑：形式、空间和秩序[M]. 天津：天津大学出版社，2013.

［2］ 华好. 生成艺术——Processing 视觉创意入门[M]. 北京：电子工业出版社，2021.

［3］ SCHNEIDER P, EBERLY D H. Geometric Tools for Computer Graphics[M]. 1st edition·Amsterdam Morgan Kaufmann, 2002.

［4］ DE BERG M, VAN KREVELD M, OVERMARS M, et al. Computational Geometry: Algorithms and Applications[M]. Berlin, Heidelberg Springer Berlin Heidelberg, 2000.

［5］ Keenan Crane – Discrete Differential Geometry[EB/OL]. [2024-09-04]. https://www.cs.cmu.edu/~kmcrane/Projects/DDG/

［6］ POTTMANN H, ASPERL A, HOFER M, et al. Architectural Geometry[M]. 1st edition·Exton, PaBentley Institute Press, 2007.

［7］ REQUICHA A A G, VOELCKER H B. Constructive Solid Geometry[M]. Production Automation Project, College of Engineering and Applied Science, University of Rochester, 1977.

［8］ PARK J J, FLORENCE P, STRAUB J, et al. DeepSDF: Learning Continuous Signed Distance Functions for Shape Representation[C]//2019 IEEE/CVF Conference on Computer Vision and Pattern Recognition (CVPR)Long Beach, CA, USAIEEE, 2019: 165-174. DOI:10.1109/CVPR.2019.00025

［9］ Strange Loop 2019 – RGB to XYZ: The Science and History of Color[EB/OL]. (2019-09)

[2024-09-04]. https://sourcegraph.com/blog/strange-loop/strange-loop-2019-rgb-to-xyz-thescience-and-history-of-color

[10] ROSEN K. Discrete Mathematics and Its Applications[M]. 8th edition New York (N.Y.) McGraw-Hill Education, 2018.

[11] 吴军. 数学之美[M]. 第三版. 北京：人民邮电出版社，2020.

[12] MARSCHNER S, SHIRLEY P. Fundamentals of Computer Graphics[M]. Fifth edition. Boca RatonCRC Press/Taylor & Francis Group, 2022.

[13] MARGALIT D, RABINOFF J. Interactive Linear Algebra[EB/OL]. (2019-06)[2024-09-05]. https://textbooks.math.gatech.edu/ila/

[14] AXLER S. Linear Algebra Done Right[M]. ChamSpringer International Publishing, 2024. DOI:10.1007/978-3-031-41026-0

[15] PETERSEN K B, PEDERSEN M S. The matrix cookbook[J]. Technical University of Denmark, 2008, 7(15): 510.

[16] CORMEN T H, LEISERSON C E, RIVEST R L, et al. Introduction to Algorithms[M]. Cambridge, MA: MIT Press, 2022.

[17] L.GRAHAM R, PATASHNIK O, E.KNUTH D. 具体数学[M]. 张凡，张明尧，译. 北京：人民邮电出版社，2013.

[18] E. T. JAYNES. 概率论沉思录[M]. 廖海仁，译. 北京：人民邮电出版社，2024.

[19] 伊藤清. 伊藤清概率论[M]. 闫理坦，译. 北京：人民邮电出版社，2021.

[20] SHIFFMAN D. The Nature of Code: Simulating Natural Systems with Processing[M]. 1st editions.l.The Nature of Code, 2012.

[21] Worley Noise-3DELIGHT | MAYA-3DL Docs[EB/OL]. [2024-09-05]. https://documentation.3delightcloud.com/display/3DFM9/Worley+Noise

[22] BOOCH G, A.MAKSIMCHUK R, W.ENGLE M, 等. 面向对象分析与设计[M]. 王海鹏，潘加宇，译. 北京：电子工业出版社，2012.

[23] FREEMAN E, ROBSON E, BATES B, et al. Head First Design Patterns: A Brain-Friendly Guide[M]. 1st Edition. Sebastopol, CAO' Reilly Media, 2004.

[24] Welcome to Processing![EB/OL]. [2024-09-05]. https://processing.org/

[25] openFrameworks[EB/OL]. [2024-09-05]. https://openframeworks.cc/

[26] FOUNDATION B. Blender.Org-Home of the Blender Project-Free and Open 3D Creation Software[EB/OL]. [2024-09-05]. https://www.blender.org/

[27] NETWORK S D c t N. Grasshopper[EB/OL]. [2024-09-05]. https://www.grasshopper3d.com/

[28] Dynamo BIM[EB/OL]. [2024-09-05]. https://dynamobim.org/

[29] Unity Real-Time Development Platform | 3D, 2D, VR & AR Engine[EB/OL]. [2024-09-05]. https://unity.com/

[30] Three.Js-JavaScript 3D Library[EB/OL]. [2024-09-05]. https://threejs.org/

[31] MO Y. ArchiWeb[EB/OL]. [2024-09-05]. https://web.archialgo.com/

[32] Wolfram Mathematica: Modern Technical Computing[EB/OL]. [2024-09-05]. https://www.wolfram.com/mathematica/

[33] 李飚. 建筑生成设计[M]. 南京：东南大学出版社，2012.

[34] JOHNSON S. Emergence: The Connected Lives of Ants, Brains, Cities, and Software[M]. Reprint edition. New York, NYScribner, 2002.

[35] WOLFRAM S. A New Kind of Science[M]. Illustrated edition Champaign (Ill.)Wolfram Media Inc, 2002.

[36] PRUSINKIEWICZ P, HANAN J. Lindenmayer Systems, Fractals, and Plants[M]. Nachdr. d. 1. A. 1989 edition. Berlin HeidelbergSpringer-Verlag Berlin and Heidelberg GmbH &

Co. K, 1989.

[37] BROWNLEE J. Clever Algorithms: Nature-Inspired Programming Recipes[M]. Jason Brownlee, 2011.

[38] KENNEDY J, EBERHART R. Particle Swarm Optimization[C]//Proceedings of ICNN' 95 - International Conference on Neural Networks: Vol. 4Perth, WA, Australia. IEEE, 1995: 1942-1948. DOI:10.1109/ICNN.1995.488968

[39] THEVENOT A. Particle Swarm Optimization Visually Explained[EB/OL]. (2022-02) [2024-09-06]. https://towardsdatascience.com/particle-swarm-optimizationvisually-explained-46289eeb2e14

[40] ENGEL A. Optimize a Flow Shop Problem with Ant Colony Optimization[EB/OL]. (2019-07)[2024-09-06]. https://aengel.medium.com/howto-optimize-flow-shop-problemwith-ant-colony-optimization-fdea9443149c

[41] 李航. 统计学习方法[M]. 北京：清华大学出版社，2019.

[42] GUROBI OPTIMIZATION, LLC. Gurobi Optimizer Reference Manual[EB/OL]. (2024). https://www.gurobi.com/

[43] HALILI E. Apache Jmeter[M]. Packt Publishing, 2008.

[44] BLANK J, DEB K. Pymoo: Multi-Objective Optimization in Python[J]. IEEE Access, 2020, 8: 89497-89509. DOI:10.1109/ACCESS.2020.2990567

[45] 周志华. 机器学习[M]. 北京：清华大学出版社，2016.

[46] GOODFELLOW I, BENGIO Y, COURVILLE A. Deep Learning[M]. Cambridge, The MIT Press, 2016.

[47] RUMELHART D E, HINTON G E, WILLIAMS R J. Learning Internal Representations by Error Propagation[Z]//Parallel Distributed Processing: Explorations in the Microstructure of Cognition, Vol. 1: Foundations. Cambridge, MA, USAMIT Press, 1986: 318-362

[48] 邱锡鹏. 神经网络与深度学习[M]. 北京：机械工业出版社，2020.

[49] LECUN Y, BOTTOU L, BENGIO Y, et al. Gradient-Based Learning Applied to Document Recognition[J]. Proceedings of the IEEE, 1998, 86(11): 2278-2324. DOI:10.1109/5.726791

[50] DENG J, DONG W, SOCHER R, et al. Imagenet: A Large-Scale Hierarchical Image Database[C]//2009 IEEE Conference on Computer Vision and Pattern Recognition. Ieee, 2009: 248-255

[51] KRIZHEVSKY A, SUTSKEVER I, HINTON G E. Imagenet Classification with Deep Convolutional Neural Networks[J]. Advances in neural information processing systems, 2012, 25: 1097-1105

[52] SIMONYAN K, ZISSERMAN A. Very Deep Convolutional Networks for Large-Scale Image Recognition[EB/OL]. [2024-09-09]. http://arxiv.org/abs/1409.1556

[53] HE K, ZHANG X, REN S, et al. Deep Residual Learning for Image Recognition[C]// Proceedings of the IEEE Conference on Computer Vision and Pattern Recognition, 2016: 770-778

[54] RONNEBERGER O, FISCHER P, BROX T. U-Net: Convolutional Networks for Biomedical Image Segmentation[C]//NAVAB N, HORNEGGER J, WELLS W M, et al. Medical Image Computing and Computer-Assisted Intervention - MICCAI 2015ChamSpringer International Publishing, 2015: 234-241. DOI:10.1007/978-3-319-24574-4_28

[55] RAMESH A, PAVLOV M, GOH G, et al. Zero-Shot Text-to-Image Generation[C]// MEILA M, ZHANG T. Proceedings of the 38th International Conference on Machine Learning: Vol. 139PMLR, 2021: 8821-8831. https://proceedings.mlr.press/v139/

ramesh21a.html

[56] Midjourney[EB/OL]. [2024-09-09]. https://www.midjourney.com/website

[57] ROMBACH R, BLATTMANN A, LORENZ D, et al. High-Resolution Image Synthesis With Latent Diffusion Models[C]//Proceedings of the IEEE/CVF conference on computer vision and pattern recognition. 2022: 10684-10695.

[58] HOCHREITER S, SCHMIDHUBER J. Long Short-Term Memory[J]. Neural Computation, 1997, 9(8): 1735-1780.

[59] CHUNG J, GULCEHRE C, CHO K, et al. Empirical Evaluation of Gated Recurrent Neural Networks on Sequence Modeling[EB/OL]. [2024-09-09].

[60] HINTON G E, SALAKHUTDINOV R R. Reducing the Dimensionality of Data with Neural Networks[J]. Science, 2006, 313(5786): 504-507.

[61] GOODFELLOW I J, POUGET-ABADIE J, MIRZA M, et al. Generative Adversarial Networks[EB/OL]. [2024-09-09].

[62] ARJOVSKY M, CHINTALA S, BOTTOU L. Wasserstein GAN[EB/OL]. [2024-09-09].

[63] MIRZA M, OSINDERO S. Conditional Generative Adversarial Nets[EB/OL]. [2024-09-09].

[64] ZHU J Y, PARK T, ISOLA P, et al. Unpaired Image-to-Image Translation Using Cycle-Consistent Adversarial Networks[C]//Computer Vision (ICCV), 2017 IEEE International Conference On 2017.

[65] ISOLA P, ZHU J Y, ZHOU T, et al. Image-to-Image Translation with Conditional Adversarial Networks[EB/OL].

[66] SCARSELLI F, GORI M, TSOI A C, et al. The Graph Neural Network Model[J]. IEEE Transactions on Neural Networks, 2009, 20(1): 61-80.

[67] VASWANI A, SHAZEER N, PARMAR N, et al. Attention Is All You Need[J]. Advances in neural information processing systems, 2017, 30.

[68] TEAM T T D, AL-RFOU R, ALAIN G, et al. Theano: A Python Framework for Fast Computation of Mathematical Expressions[EB/OL]. [2024-09-09].

[69] JIA Y, SHELHAMER E, DONAHUE J, et al. Caffe: Convolutional Architecture for Fast Feature Embedding[J]. Proceedings of the 22nd ACM international conference on Multimedia, 2014.

[70] MARTÍN ABADI, ASHISH AGARWAL, PAUL BARHAM, et al. TensorFlow: Large-scale Machine Learning on Heterogeneous Systems[EB/OL]. [2024-09-09]. https://www.tensorflow.org/

[71] Keras: Deep Learning for Humans[EB/OL]. (2015)[2024-09-09]. https://keras.io/

[72] CHEN T, LI M, LI Y, et al. MXNet: A Flexible and Efficient Machine Learning Library for Heterogeneous Distributed Systems[EB/OL]. [2024-09-09].

[73] PASZKE A, GROSS S, MASSA F, et al. PyTorch: An Imperative Style, High-Performance Deep Learning Library[EB/OL]. [2024-09-09]. https://pytorch.org/

第 3 章

智慧设计技术

第3章 智慧设计技术

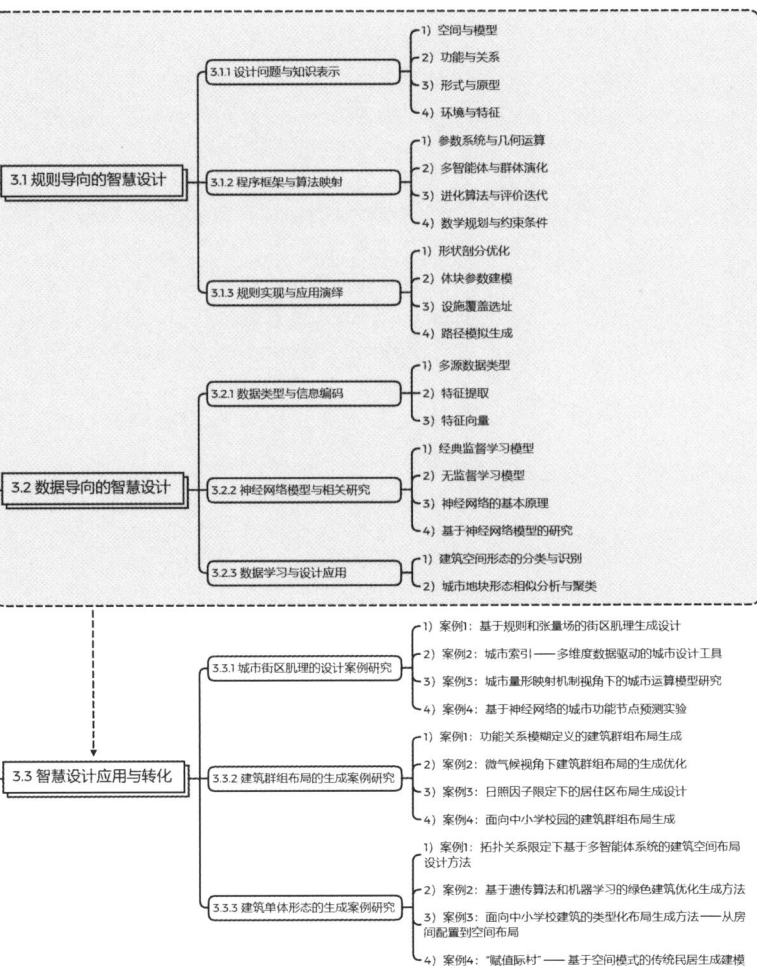

3.1 规则导向的智慧设计
- 3.1.1 设计问题与知识表示
  - 1) 空间与模型
  - 2) 功能与关系
  - 3) 形式与原型
  - 4) 环境与特征
- 3.1.2 程序框架与算法映射
  - 1) 参数系统与几何运算
  - 2) 多智能体与群体演化
  - 3) 进化算法与评价迭代
  - 4) 数学规划与约束条件
- 3.1.3 规则实现与应用演绎
  - 1) 形状剖分优化
  - 2) 体块参数建模
  - 3) 设施覆盖选址
  - 4) 路径模拟生成

3.2 数据导向的智慧设计
- 3.2.1 数据类型与信息编码
  - 1) 多源数据类型
  - 2) 特征提取
  - 3) 特征向量
- 3.2.2 神经网络模型与相关研究
  - 1) 经典监督学习模型
  - 2) 无监督学习模型
  - 3) 神经网络的基本原理
  - 4) 基于神经网络模型的研究
- 3.2.3 数据学习与设计应用
  - 1) 建筑空间形态的分类与识别
  - 2) 城市地块形态相似分析与聚类

3.3 智慧设计应用与转化
- 3.3.1 城市街区肌理的设计案例研究
  - 1) 案例1：基于规则和张量场的街区肌理生成设计
  - 2) 案例2：城市索引——多维度数据驱动的城市设计工具
  - 3) 案例3：城市量形映射机制视角下的城市运营模型研究
  - 4) 案例4：基于神经网络的城市功能节点预测实验
- 3.3.2 建筑群组布局的生成案例研究
  - 1) 案例1：功能关系模糊定义的建筑群组布局生成
  - 2) 案例2：微气候视角下建筑群组布局的生成优化
  - 3) 案例3：日照因子限定下的居住区布局生成设计
  - 4) 案例4：面向中小学校园的建筑群组布局生成
- 3.3.3 建筑单体形态的生成案例研究
  - 1) 案例1：拓扑关系限定下基于多智能体系统的建筑空间布局设计方法
  - 2) 案例2：基于遗传算法和机器学习的绿色建筑优化生成方法
  - 3) 案例3：面向中小学校建筑的类型化布局生成方法——从房间配置到空间布局
  - 4) 案例4："赋值阡村"——基于空间模式的传统民居生成建模

智慧设计技术日益成为推动创新和提高效率的关键因素，本章将探讨如何通过规则导向和数据导向两种主要途径来实现智能化的设计过程。规则导向的智慧设计技术依赖于预先设定的规则和逻辑，通过程序化的方式引导设计师在特定框架内作出决策。这种方法具有高度的可控性，特别适用于那些具有明确约束条件的设计任务，规则导向的设计可以通过算法实现复杂的几何计算、自动化优化以及多目标平衡，是设计自动化的基础技术之一。与之相对的是数据导向的智慧设计技术，它依赖于大数据、机器学习、人工智能等技术，通过从历史数据、用户反馈和环境数据中提取有用的信息来指导设计，具有高度的灵活性和自适应性，能够根据变化的设计条件实时调整方案。尤其是在复杂的设计任务中，数据驱动的方法可以揭示潜在的设计模式和趋势，帮助设计师做出更加精准和智能的决策。本章还将通过多个案例展示这些技术的实际应用，帮助读者更好地理解如何在不同的设计场景中运用智慧设计技术，实现设计效率与创新能力的双重提升。

3.1

规则导向的智慧设计

建筑设计问题包含大量彼此关联的因素，设计的过程是对于众多因素的反复决策、互动、取舍、均衡，最终通过建筑空间、功能、形式等设计结果作为回应与解答。规则导向的智慧设计方法通过将建筑设计问题进行转译，编码为计算机可以运行的生成系统，从而输出符合需求的结果以辅助建筑师推进设计过程。

本节将围绕规则导向智慧设计的常见方法展开。第一小节着眼于建筑设计基本概念，介绍不同角度下的设计问题如何表示为计算机可处理的运算模型；第二小节从技术策略出发，阐述规则导向下常见的算法框架在不同设计问题上的典型应用方法；第三小节综合前文的内容，将用4个独立的、泛用的案例来说明规则导向方法的实现过程，以供读者进行思维发散，从而扩展至具体的应用场景。

3.1.1 设计问题与知识表示

设计问题的知识表示来源于建筑设计过程的经验性总结，往往通过空间、功能、形式、环境等建筑要素的分析，归纳出定性或定量的特征，从而探寻其设计方法的内在逻辑。在规则导向的智慧设计框架中，如何用抽象化、数理化的手段来表示设计规则，并定义合理的数据结构，继而在新的设计中进行转译生成，是需要关注的重点，也是必要的前序研究。本小节将列举一些典型的设计问题及其表示方法，以概念梳理为主，而非严格的对应。

在实际应用中，不同的思路和方法应与建筑设计问题相契合，灵活运用。

1）空间与模型

建筑空间的表示往往与二维和三维空间的几何模型相关。区别于市面上建筑软件的绘图和建模操作，智慧设计需通过可量化的、可调节的空间模型来制定计算机可处理的数据结构。参照数学建模的基本概念，空间模型可分为离散模型和连续模型两类。

离散模型在建筑中常表现为格网系统（图3-1），即参照建筑设计的模数控制，将建筑空间模型离散为格网形式的划分，并借助格网的坐标和单元来形成空间系统的结构化数据。[1, 2]这一操作使设计状态被约束在较为严格和简化的模式下，既兼顾了空间尺度和结构的合理性，也可以通过调整格网模数来控制求解精度和运算复杂度之间的平衡。与正交相对的，非正交格网模型也因其灵活性而被重视，在某些场景下能适应更复杂和真实的建筑问题。而其难点在于模型本身的建立，通常需要引入更多几何学、图形学的知识来完成，例如三角剖分、四边形剖分、Voronoi剖分等。此外，格网也可向三维空间拓展，对于多层的空间布局进行表示，即将三维模型进行体素化离散，一个房间可以由若干体素表示。三维的格网系统在部分建筑设计场景下可以打破楼层的限定，从而扩大设计生成阶段的可行域，有着形成更加丰富效果的潜力。

连续模型则将可连续变化的实数作为表达建筑信息的变量。最常见的方式是建筑空间的参数表示，即将二维或三维的建筑空间定义为由参数调控的矢量几何形，模型属性由顶点坐标、长宽高数值等连续实数构成。连续模型

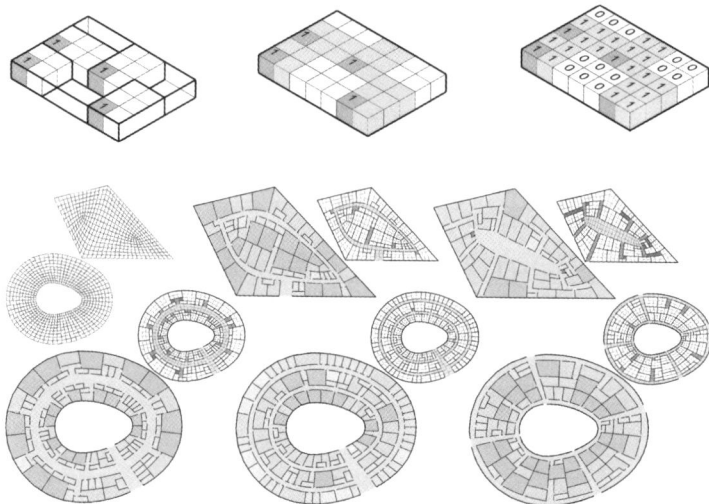

图3-1　建筑空间离散为格网系统的案例
（图片来源：上：东南大学建筑学院建筑运算与应用研究所Inst. AAA；
下：参考文献[2]）

的优势是不受制于"模数"概念，借助适当的算法可以在不增加程序复杂性的前提下生成更加精确的建筑空间，增加可行解的数量。[3]然而，各个空间独立的参数建模并不能形成有效的关联以支撑整体空间布局的运算，因此数据结构的引入对于连续模型的几何图形十分必要。例如半边（Half-edge）数据结构（图3-2），通过记录点、边、多边形面的相互引用信息，实现一个模型中不同几何形和空间单元的快速相互检索，建立数据结构，从而满足整体优化需求。此外，借助图模型等其他数据结构也同样可以在程序代码中建立不同空间模型单元之间的联系，关键在于，有秩序的数据结构在空间模型生成或优化过程中，能够保证实时的数据互通，避免陷入局部的更改与寻优。

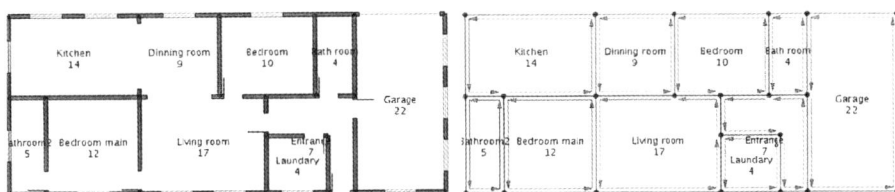

图3-2　将空间的连续模型构建为带有索引的半边结构
（图片来源：东南大学建筑学院建筑运算与应用研究所Inst. AAA）

2）功能与关系

在空间系统之外，建筑设计问题也常涉及相对抽象的"关系"，例如功能属性、拓扑连接等，针对此类问题的知识表示也常采用相对抽象的数据结构。邻接矩阵（Adjacency Matrix）是图论的基本概念之一，可以用来表示建筑功能的连接关系（图3-3）。构建邻接矩阵一般需要将全部n个房间功能列为$n \times n$的矩阵，如需检查第i个和第j个房间是否相连，可通过查询矩阵中第i行第j列，或第j行第i列元素的值得到。此外，也可通过将不同的连接方式定义为不同数值从而表示具体的关系，例如用0~3分别表示不相连、门连接、洞口连接、完全开敞等状态。

另一种相对直观的方法则是连接关系图，即直接以图（Graph）模型来表示功能关系（图3-4），建筑师使用的"功能泡泡图"以及空间句法（Space Syntax）分析即可认为是源自图模型，是图的具象化表达和理论借鉴。在智

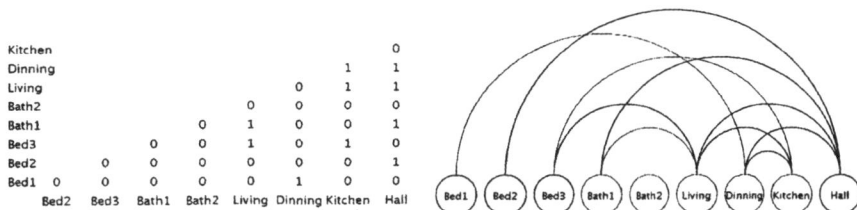

图3-3　邻接矩阵表示房间的连接关系
（图片来源：东南大学建筑学院建筑运算与应用研究所Inst. AAA）

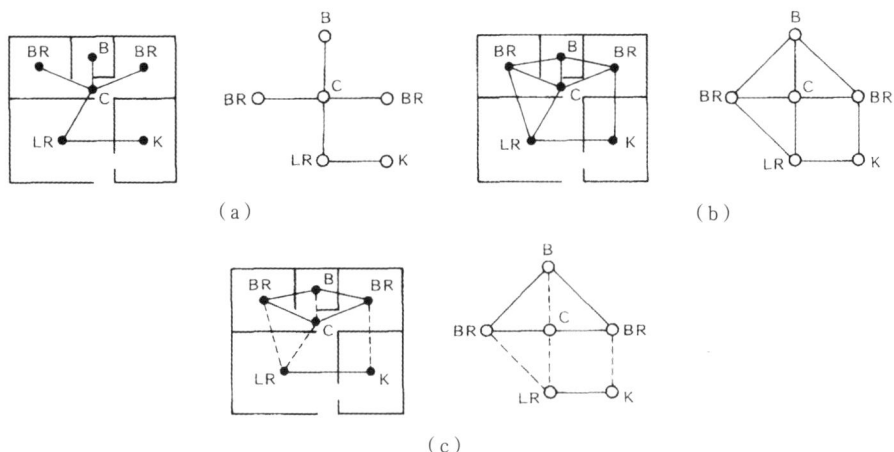

（a）

（b）

（c）

图3-4 建筑空间关系的图模型建构
（图片来源：参考文献[4]）

慧设计中，图模型的意义并非在于绘制图解或表示空间位置和尺寸，而是使用图的抽象概念和数据结构，表达功能之间的引用关系。[4]图的节点（Node）通常用以表示一个房间，节点的属性可以记录房间名称、面积、采光需求等房间信息，连接节点与节点的边（Edge）则表示房间的相连，边的属性可以记录连接方式，例如门、洞口、楼梯等不同连接种类，以及其尺寸、高差等信息。图的数据结构可根据设计问题的复杂性进行多层级的定义，例如，建筑体块、功能分区、房间连接可以被视作三个层级的结构，较高层级的节点属性可以存储较低层级的图信息，由此形成更为复杂和完善的关系表示。

由此可见，邻接矩阵以及图模型是一种仅表示对象之间关系的数据结构，通常不关注具体形式。在功能关系之外，其也常用于表示交通拓扑、体量关系、路网组织等需进行抽象定义的问题，通过关联性的数据来表示建筑中的隐式设计知识和抽象空间结构。因此，从20世纪60年代智慧设计出现初期开始，相关数学概念和问题转化原理便得到了讨论，例如平面图（Planar Graph）、对偶图（Dual Graph）等图论概念与空间关系之间的相互表示，以及基于拓扑的空间优化、句法分析等，至今仍是被广泛使用的思维方式。

3）形式与原型

建筑的形式问题与原型提取、规则梳理密不可分，其知识表示应着重于通过案例特征的分析来提取抽象形式原型，进而转化为参数和规则的算法模型。这一过程更关注几何关系、构图原则、风格转译等形式抽象，而参数逻辑、数据组织等结构化问题需要根据具体问题来进行编码。

以建筑立面为例，首先，对于立面元素的位置、尺寸的参数化描述是一个重要步骤，需通过坐标、尺寸、单元数量、颜色、材质等定量或定性的描述来建立对于一类立面风格的认知；进而，从几何建模的思路角度对于立面的特征进行分析，包括立面层级的划分语法、形状尺寸的参数范围、单元数量的变化规律等角度，抽象出形式的参数原型；最后根据立面规则的表示来进行语法编码，实现形式的参数化生成（图3-5）。类似地，其他具有形式规律性特点的建筑问题也可沿用这一思路，例如根据类型特征的街区建筑组合生成、根据风貌特征的传统民居单体生成等。需要注意的是，形式问题的分析应当具有类型性和原型性，不应是一个特定现实环境下的案例复刻，而应具有迁移至相同或不同客观条件下的能力，[5]以保证由此编码的生成程序能够适应不同的场地环境、体量形状等（图3-6）。

图3-5 同一立面原型在不同参数下的生成结果
（图片来源：东南大学建筑学院建筑运算与应用研究所Inst. AAA）

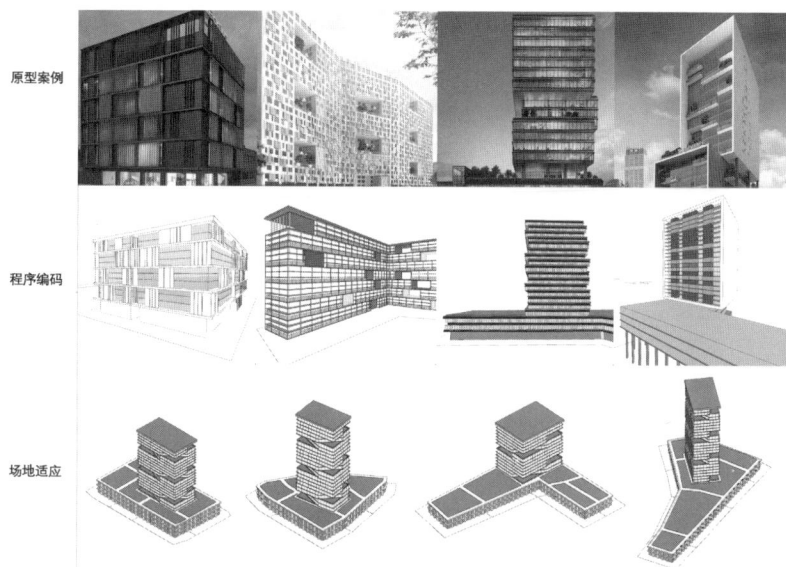

图3-6 根据原型案例编码形式生成规则以适应不同场地
（图片来源：东南大学建筑学院建筑运算与应用研究所Inst. AAA）

在这一问题下，存在一些相关的理论和概念，常作为形式与原型问题的分析与解决策略，设计师可参照其思路制定具体的算法规则。例如：形状语法（Shape Grammar），根据几何逻辑的归纳演绎，制定起始、转换和终止规则，通过规则的连续应用来生成新的形状；L系统（Lindenmayer System，L-System），参照植物生长过程而制定的数学模型，在自相似分形的规则迭代问题上较为适配；镶嵌（Tessellation），使用一种或多种几何形状无重叠地满铺一个二维区域或三维空间，可以形成具有装饰性、图案化的艺术效果。上述策略更适合于可被明确定义的、高度模式化的形式问题，若将其迁移至具有随机性和创意性的形式上，则会面临更高的要求，需归纳更为细化的生成规则，以覆盖更多的分支状态。

4）环境与特征

建筑所处的场地环境往往包含了多种多样的限制条件，良好的设计生成结果应当充分回应场地环境的要素。然而，环境的特征十分复杂，需考虑的维度包含诸如肌理文脉、景观视线，风、光、热物理指标等。如何在一定程度上将不同维度的环境特征整合在运算设计模型中，是该类要素转译过程中需要关注的问题。

一种相对直接的方式是空间环境的量化分析（图3-7）。目前这一领域已有大量学者进行研究，一般需要将建筑所处环境简化和抽象，制定数学公式进行量化指标的计算，从而作为场地环境的评价标准。[6]这些量化指标的提出往往需要经过论证，即检验其计算结果能否与某类环境问题产生相关性，从而将复杂特征标准化、数值化。一些提出的量化指标例如：用于评估街道空间品质的高宽比、通达性、绿视率等评价指标；用于表示建筑平面轮廓的圆状度、紧密度、延伸率等几何形状因子；用于表示建筑微气候环境的天空开阔度、城市粗糙度等关联因子。量化结果一方面可用于环境特征的分析，

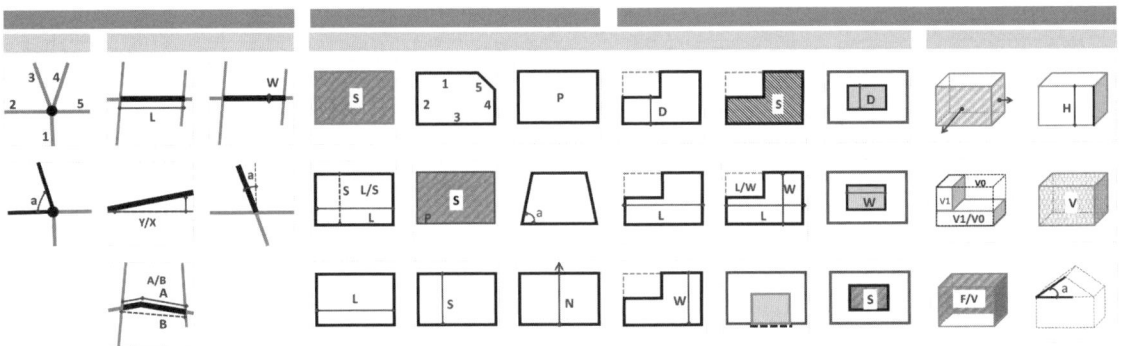

图3-7　空间肌理各项元素参数计量示意
（图片来源：参考文献[6]）

以供设计决策或参考，另一方面也可作为优化目标、约束条件等，纳入生成设计优化迭代的框架中。

另一种方式是借助物理模型来综合表示。此处的"物理模型"并非城市与建筑环境领域常见的物理性能分析模型，而是指能够表示环境特征的数学与几何模型，具有具象化的特点。前者的侧重点在于环境特征的模拟、演算、可视化，而后者的目的在于通过其数理概念进行问题建模并纳入生成系统。例如张量场模型在城市肌理和道路生成上的应用（图3-8）。城市环境中的边界、高程、轴向等几何性特征可被转化为空间中张量场的影响因素，使得场线走势产生变形和扰动，从而模拟并生成符合肌理特征的路网布局。[7]除了上述几何特征以外，视线、景观、活力等抽象的环境特征同样可经过适当的量化表示和参数设置，作为场线形态的影响因素。由于特征的数量增减或是权重改变均会从整体上改变场地结构，因此，场线便能够在一定程度上来表示不同环境特征对于场地"文脉"产生的综合影响，从而适应环境影响下的生成设计问题。

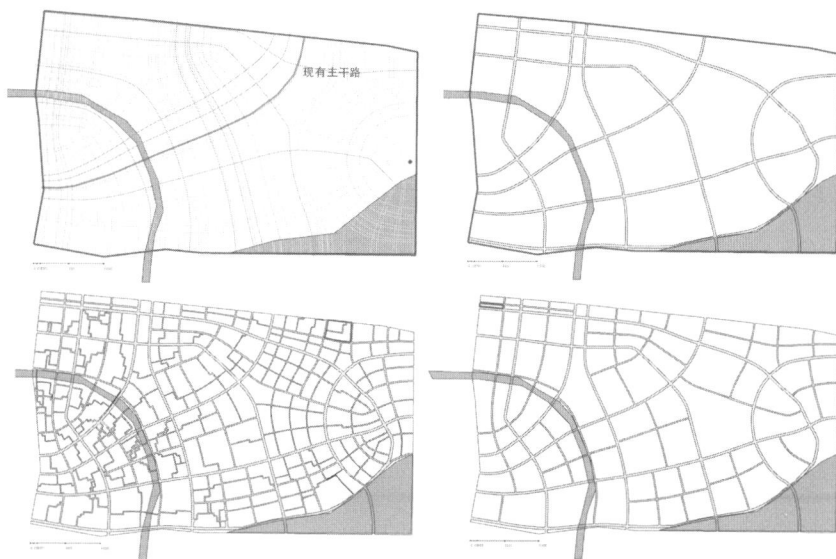

图3-8 张量场物理模型在肌理特征上的表示与应用
（图片来源：东南大学建筑学院建筑运算与应用研究所Inst. AAA）

3.1.2 程序框架与算法映射

在知识表示的基础上，建筑设计问题可以通过数理化和规则化的数学模型进行抽象，这使得计算机程序框架的建立成为可能。建立程序框架的过程需要将知识表示、数据结构与合适的程序算法相结合，形成设计规则到算法规则的映射。本小节将从规则导向下常用的程序框架进行分类。

1）参数系统与几何运算

基于几何运算法则，建立参数系统来控制设计生成，是一种规则导向的基础程序框架，其既可以独立实现设计应用，也常纳入其他类型的框架。参数系统与几何运算一般适合于规则明确定义的设计问题，其通常采取自上而下的控制机制，将设计规则提炼为若干交互参数，继而由设计者进行参数调节来控制对应的规则，最后通过计算机几何运算来模拟和转译设计规则，以呈现设计结果。

参数系统通常扮演建筑师与计算机之间交互媒介的角色。从内容上而言，参数系统的核心在于分析并拆解建筑设计问题中的可变量，并以可变量的参数化调节来得到丰富多样的设计结果输出。参数来源于设计问题的表示，包括空间尺寸、关系连接、形态变量等，这些参数应由建筑师针对设计过程中可能影响设计结果的变量进行梳理和归类。从形式上而言，参数系统应当以相对友好的人机交互模式来辅助设计行为，从设计过程中解构操作方式，并即时反馈可视化的数据结果。上述形式可由设计变量组成的参数控件来呈现，包括数值变量范围，布尔逻辑开关、规则选项菜单等，也包括利用鼠标键盘等输入设备来实现点击、拖拽等交互操作形式。这些控件在智慧设计领域均有常用的软件与程序平台可供调用，例如基于Rhinoceros的Grasshopper平台、基于Processing的ControlP5程序库等。

几何运算则在设计规则的算法实现过程中起到关键作用。在计算机图形学领域，存在大量经典的二维与三维几何学算法，已被广泛应用在不同行业，针对建筑学而言，几何运算的实际应用往往与具象的建筑问题相关。一方面，其可以从某些常见的算法模型出发，将几何和数学原理迁移至建筑设计问题上。[8]例如Voronoi、Metaball等几何原型可用于建筑空间原型的生成，直骨架（Straight Skeleton）等多边形中轴算法可用来模拟交通形态以及屋顶形式（图3-9）。另一方面，也可以通过设计模式和空间特征的分析，直接编码建筑生成的算法规则。例如参照现实街区的布局模式，根据最小有向包围盒（OBB）和射线规则编码地块的划分规则，以模拟城市肌理[9]（图3-10）。无论何种实现方法，几何运算均涉及大量基本的图形学几何算法，包括向量法则、矩阵变换、几何关系判断、距离与相交计算等。在不同的开发平台上，上述大部分基础算法均有成熟且完备的开源API和程序库，因此，了解其数学原理并灵活选用辅助工具，是建筑师走向智慧设计过程中的基本技能。

2）多智能体与群体演化

尽管自上而下的系统在很多情况下能够达到设计生成的目标，但建筑问题的复杂性会导致其在部分情况下难以全局控制。与之相对的，若将设计过程中的复杂规则进行分解，分布编码至各个智能体（Agent），则可通过智能

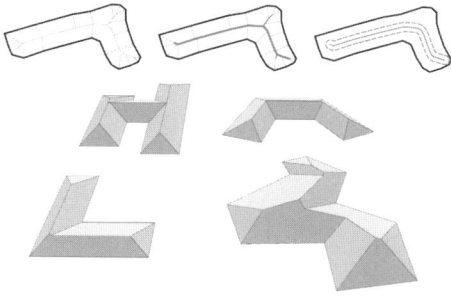

图3-9 利用直骨架算法模拟平面轴线以及坡屋顶形式
（图片来源：东南大学建筑学院建筑运算与应用研究
所Inst. AAA）

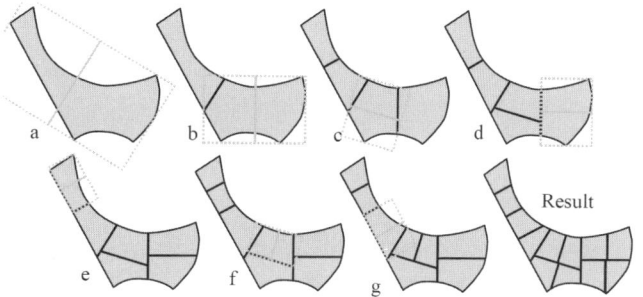

图3-10 根据剖分语法来进行地块剖分的参数建模
（图片来源：参考文献[9]）

体与环境信息之间的相互协作和竞争，实现自组织的设计过程。这种基于多智能体规则的程序框架能够通过自下而上的机制来适应难以明确定义的、可演化的、具有群体特征的复杂设计问题。从建筑设计的视角来看，可以借助多智能体系统来映射的设计任务主要分为两类：

一类是通过群体演化来模拟复杂的环境要素，例如人群是一种常被转化为多智能体模型的要素。人的部分行为特征可以被简化为智能体运动，可根据年龄、身份、活动目标等特点，编写集聚、分散、漫游、点对点等不同运动模式的智能体规则，并合理调节其移动速度、随机倾向等参数。由此可以在建筑场地中模拟人的活动，并进行空间生成或优化。[10]例如根据智能体在不同场地区域的活跃度信息得到不同的建筑功能，并根据功能模块的规则建模来生成建筑群落（图3-11）；结合流动性、可达性、舒适性等人流特性仿真来定量描述空间感知体验，并由此优化建筑平面的布局；另有部分研究借助人流智能体来进行疏散仿真分析。

另一类是将建筑空间单元建模为智能体，将建筑师推敲方案时需平衡的各类限制条件视为智能体的运动规则，从而实现自组织的空间生成或优化。[11]空间单元智能体可以是一个房间的二维或三维模型，并演化为建筑内部空间分配的生成结果。例如，以建筑设计"泡泡图"所表示的功能拓扑作为约束，建立圆形和胶囊形的空间模型，并编写相应的智能体规则（图3-12）。每个智能体所代表的房间单元自身拥有空间位置、半径、功能属性等信息，且包含了竞争、交换等运动规则。最终经过优化，

图3-11 根据人群多智能体演化结果来生成对应功能属性的建筑
（图片来源：东南大学建筑学院建筑运算与应用研究所Inst. AAA）

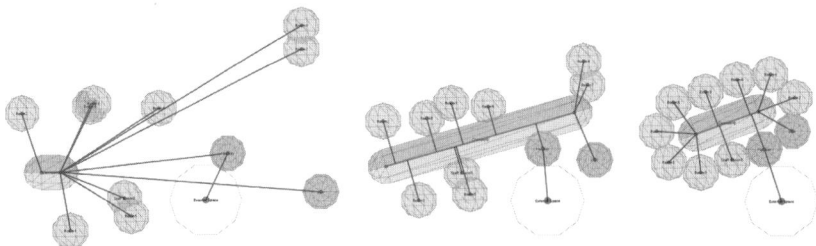

图3-12　以连接关系为限定优化功能拓扑的多智能体系统
（图片来源：东南大学建筑学院建筑运算与应用研究所Inst. AAA）

全部智能体达到相对均衡的稳态，实现功能布局的生成。在更大的尺度上，作为地块单元或建筑单体的智能体可实现场地乃至城市街区的自动布局。例如将多栋住宅或办公楼单体建立为多智能体系统，建筑单体之间的日照间距、集聚组团、边界控制等设计要素可转化为智能体规则，从而在保证满足各个建筑单体之间限制的前提下，得到宏观的布局结果。

3）进化算法与评价迭代

进化算法的相关模型模拟了生物学中种群迭代、变异、进化的自然选择过程，从而逐步逼近最优解，典型的算法包括了遗传算法、模拟退火算法、蚁群算法等。进化模型的框架遵循着设计过程"评价—优化"的循环机制，其一般需要建立在合适的建筑模型编码，以及恰当的评价体系基础上。因此，进化算法适用于复杂的、搜索空间较大且定义有困难的建筑设计问题，例如拓扑限定下的功能优化、城市网络中的路径优化、绿色节能导向的建筑形体优化等。

利用进化算法进行建筑生成和优化，历来是智慧设计技术的研究热点。这一类问题的解决一般需要在计算机程序中构建"评价—优化"的循环机制，良好的生成结果往往建立在大量循环迭代基础之上。因此，进化算法框架能否有效优化建筑设计方案的关键在于这一循环机制的作用效率。在评价系统上，宜结合基本公式和简单几何运算等策略来确定合适的评价指标（图3-13），避免使用物理模拟或复杂算法等可能耗费较长时间的方式来进行结果评价。[12]而在空间模型的定义上，可以借助网格等离散的或简化的模型来限制搜索范围（图3-14），或是从建筑设计的角度对于变量的取值范围进行界定，从而在明显不满足设计需要的情况下跳过迭代。

进化算法在建筑设计优化上的应用案例较为丰富，绝大部分均需要考虑前文所述的合理迭代机制。以建筑体量层级的形态优化为例，建筑模型可采用模数化的正交体块单

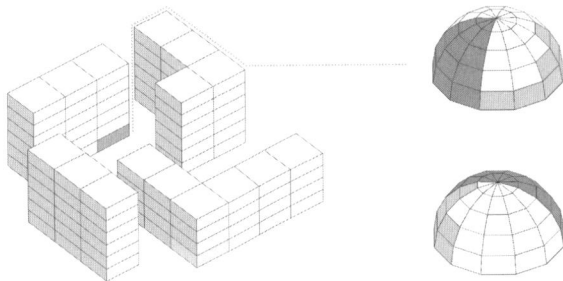

图3-13　通过天空半球和模数化的空间建模来简化计算采光指标
（图片来源：东南大学建筑学院建筑运算与应用研究所Inst. AAA）

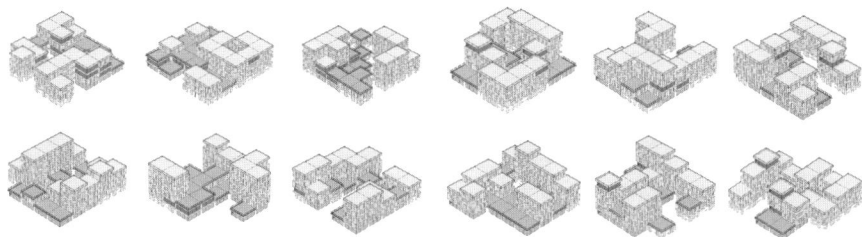

图3-14　基于网格模型和绿色性能指标的公共建筑形态优化
（图片来源：东南大学建筑学院建筑运算与应用研究所Inst. AAA）

元，借助网格模型进行编码，并根据单元格的组织来确定每个体量的占据情况和相邻情况等，由此构建出系统的体量关系数据结构，在此基础上可确定评价指标体系以及优化的目标。首先，建筑的体形系数、建筑密度、容积率、形式限定规则等因素可以作为基本评价指标，这类指标通常能够借助简单的几何知识直接进行计算，且能够保障设计结果尽可能符合建筑设计相关原则；其次，根据具体优化问题的不同，可进一步设定指标来限制体量形式，例如自然采光评价可通过程序编写半球形的模拟天空区域，根据天空单元和体量单元连线的被遮挡（即与其他体量相交）的检测来简化计算其采光情况的评价。其他类似指标例如通风评价、可达性、朝向、活力程度等各个维度的评价均可采取简化策略来计算，从而得到综合评价体系，并实现设计方案的迭代与优化。

4）数学规划与约束条件

数学规划通过制定一系列以函数表达式为载体的约束条件来寻找最优解。相较于进化算法，数学规划通常更加适用于具有清晰数学结构和约束条件的建筑问题，且根据问题的不同，需建立不同的数学模型。在这一过程中，建筑问题向函数表达式的转化是一个抽象的过程，一些建筑问题例如面积、数量、密度等要素能够通过数值进行优劣判断，相对更易于转化为函数表达式；而对于建筑设计中不便用数学公式表述的问题和特征，则需要在一定程度上转变思考问题的方式，寻找其合理的衍生问题，从而重新组合目标函数和约束条件以解决实际设计需求。在建筑方案设计的视角下，数学规划常被用来解决两类问题：以距离和连通为目标的路径、交通类问题；以填充、占据为目标的空间分配问题。

路径和交通类问题有一些基于实际经验的标准，例如路线应该允许人群方便地从一栋建筑物步行到另一栋建筑物，并考虑场地出入口的通达程度，以及尽可能减少转弯次数等（图3-15）。这类问题的一个解决策略是，首先构建缩小计算范围的网格模型，继而依据网络密度、旅行时间、网络长度和交通类型等不同需求来设计约束条件的不等式，也可利用斯坦纳树等图论算法的结合，构建符合0~1整数规划模型的约束条件。模型的收敛目标则可设

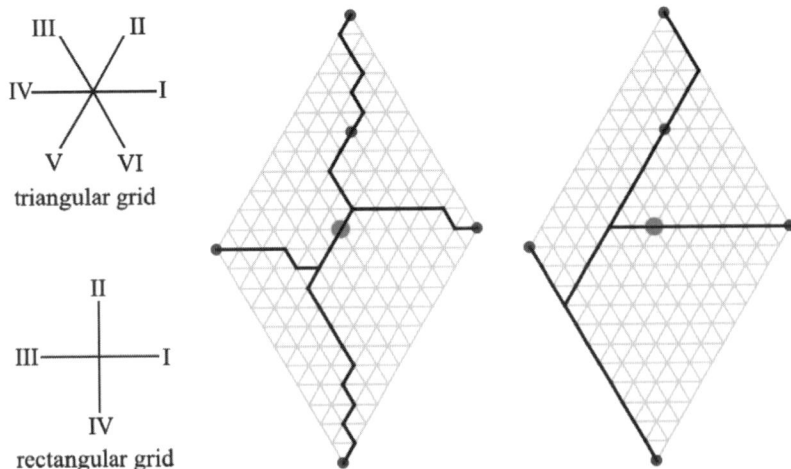

III II

IV I

V VI

triangular grid

II

III I

IV

rectangular grid

图3-15 无限定的路径求解与加入转弯次数限制的求解
（图片来源：东南大学建筑学院建筑运算与应用研究所Inst. AAA）

置为一些可被明确判断的极值，例如最小网络距离或最小通行距离等。[13]

在空间分配问题中，一种常见的做法也是将场地离散为网格模型，并将布置房间或建筑体量的网格单元与空白单元分别视作1和0，由此建立整数规划模型。房间或建筑体量则可被归纳为若干种占据不同网格单元的"模板"，空间分配的问题即被转化为"模板"如何在空间密排、日照控制等需求下填充场地网格（图3-16）。模板之间的重叠与否可通过记录网格单元的占据数量来建立约束，而日照控制则可以将日照阴影同样构建为不可重叠的网格模板来代入到整数规划的模型中。另一方面，采用连续模型配合数学规划来进行空间分配的研究也有出现，[14]采用了适用于连续模型的线性规划、二次规划等数学模型（图3-17）。例如将地块布局的设计问题转化为矩形装填

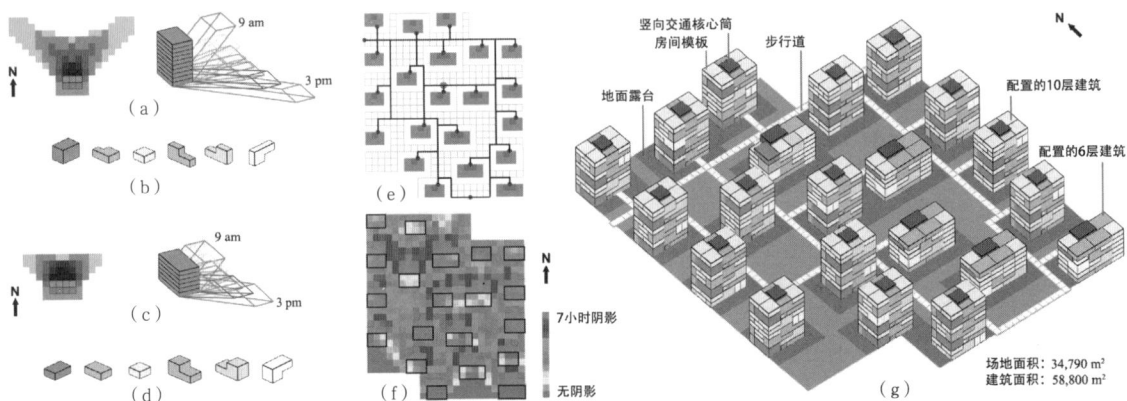

图3-16 在网格上建立整数规划模型实现日照限定下的住区排布
（a）10层建筑；（b）10层建筑的房间模板；（c）6层建筑；（d）6层建筑的房间模板；（e）根据优化后的建筑位置生成步行路线；
（f）优化结果的阴影状态；（g）布局结果的三维视图
（图片来源：东南大学建筑学院建筑运算与应用研究所Inst. AAA）

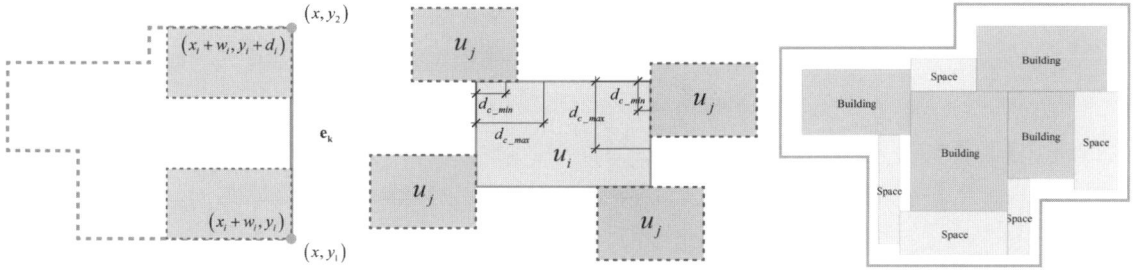

图3-17　建立临边和相邻等约束条件的场地布局规划
（图片来源：东南大学建筑学院建筑运算与应用研究所Inst. AAA）

（Rectangle Packing）的问题，通过面积约束、长宽比约束、临边约束、相邻约束等限制条件，使用二次规划进行求解。

3.1.3　规则实现与应用演绎

智慧设计的规则实现应当落实于具体的设计应用。本小节将从一些独立的、局部的应用角度来举例说明规则导向智慧设计方法如何应用于特定的设计任务。下述实验案例以一些设计的原型问题作为切入点，具有一定程度上的普适性，但仍然应当充分考虑具体应用的实现需求，迁移并补充到更加明确的设计研究中。

1）形状剖分优化

形状剖分与优化是规则导向智慧设计的典型原型，可在城市尺度的地块划分或是建筑尺度的房间剖分问题上得以应用。从建筑学的角度，形状的剖分需要一定程度上的均匀以及规整，从而保证剖分结果具有可用性。

Voronoi剖分是一种用途较为广泛的剖分方法，在大量参数化建模平台以及几何程序库中均有便捷的生成模块，可供直接使用。然而，由于本身数学原理的限制，Voronoi默认剖分结果通常存在大量异形多边形，无论是作为地块还是房间划分，均难以直接应用。因此基于多智能体系统对于初始剖分的地块进行形状优化是一种可行的解决策略（图3-18、图3-19），其基本思路始于针对每个多边形建立智能体模型。多边形的数据结构一般由按照顺序记录的顶点和线段组成，在优化过程中，多边形的顶点不断尝试随机移动，若移动的结果满足所有规则或有所改善，则试错结果将保留并置入下一轮的优化，否则该次结果将被丢弃。常用的智能体规则可包括面积规则、长宽比规则、角度规则。[15]

面积规则可通过预设每个形状面积的阈值，计算每一轮迭代中更新的多边形面积并与预设阈值进行比较。若该规则权重过低或参数取值不合理，会出现部分多边形面积被挤压的情况；而若取值过于严格，则会由于随机成功

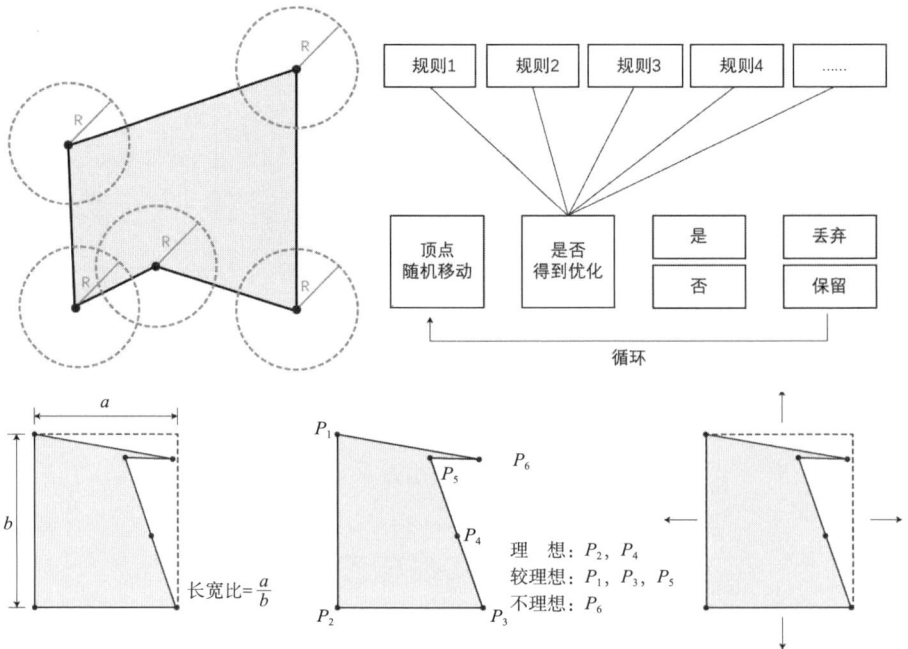

图3-18　地块优化的规则示意
（图片来源：东南大学建筑学院建筑运算与应用研究所Inst. AAA）

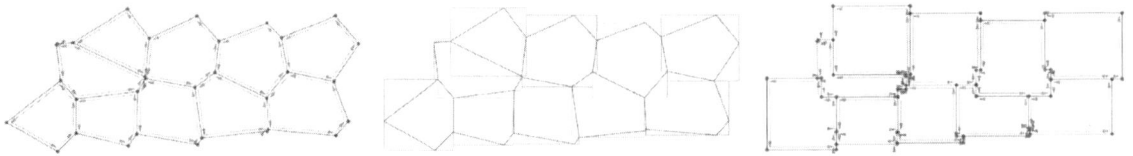

图3-19　由初始 Voronoi 剖分优化到正交的形状
（图片来源：东南大学建筑学院建筑运算与应用研究所Inst. AAA）

几率下降而导致运算缓慢。

　　长宽比规则需对于每个形状的理想长宽比设定范围，在迭代中计算多边形最小外接矩形的长宽比并与理想范围比较。该规则应当注意长宽比数值的规格化，例如，1∶2和2∶1的比值应当统一处理为0.5。

　　角度规则用于处理多边形可能出现的尖角，从而尽量保证形状趋近于方形。首先通过对于每对相邻顶点构建平面向量，可以依据三角函数计算得到形状每个内角的角度；进而对于所有角度进行加权平均可得到针对整个多边形内角状态的评价值，并与理想状况下趋近于方形的理想评价值进行比较，从而取舍每次迭代的结果。

2）体块参数建模

　　参数化建模在规则导向的设计问题中应用广泛，从城市模型的过程式生成，到立面样式模型的规则编写，参数化三维建模一直是最有效且直接的

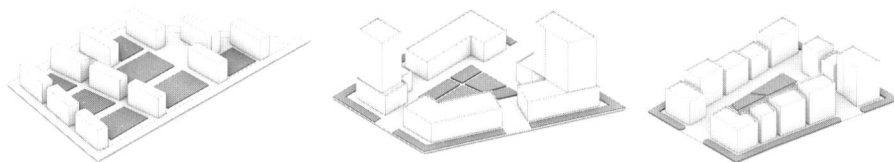

图3-20　不同功能类型的原型分析
（图片来源：东南大学建筑学院建筑运算与应用研究所Inst. AAA）

手段之一。在这一应用过程中，针对建筑对象的类型分析以及抽象化原型提取是必要的前提工作，由此可以将相对简化的生成逻辑转化为可控的生成参数。这里以城市街区中集聚式、塔楼式、行列式三种类型的建筑体量生成为例来剖析其过程（图3-20）。

集聚式和塔楼式的建筑组合通常在新建产业园、科创园、商业街等功能类型中出现，具有相对明确的围合属性。对于集聚式的类型，首先可以通过红线退线与建筑进深的设定，将基地形状偏移得到可生成建筑体量的环状区域。进而设定合理的阈值，对于环状区域切分为一定随机面宽的子地块，并根据出入口数量的设置来剔除部分子地块作为主次入口。其余子地块的即作为生成建筑体量的基底，可根据预设的容积率预期值反推其层数和高度的阈值，生成集聚式的体块组合。与之类似，塔楼式的类型也从建筑区域的偏移以及主次入口的确定开始，随后可根据塔楼布局的特点，在偏移得到的建筑区域中计算长宽比合适的矩形区域，并生成塔楼体块，其余建筑基底则生成为群房体块。

行列式的建筑组合则在一些住区、商住混合、办公等功能类型中出现。首先可根据基地的形状特点生成控制线，并在控制线上生成基本的矩形建筑轮廓，从而尽量保证行列式的建筑排布与基地的形状走向一致。随后根据基地的最小包围矩形确定基地的朝向，并统一建筑轮廓的朝向。进而纳入简单的多智能体规则，判定并优化轮廓与基地边界的位置以及建筑轮廓的数量，最终生成对应的行列式建筑体块以及周边的绿地区域。

根据上述简化的生成逻辑以及参数设置，即可在一片城市街区中快速生成三维体块模型，生成的模型随基地形状的各异而变化（图3-21）。由此可见，参数建模的核心在于建筑设计和城市设计规则的梳理，更多的是一种设计过程的思维方式。无论是建筑退界的控制、出入口的选取、体量高度的控

图3-21　根据几何规则参数化生成的街区结果
（图片来源：东南大学建筑学院建筑运算与应用研究所Inst. AAA）

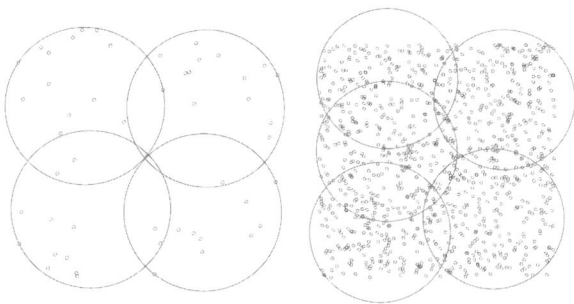

图3-22 模拟大量坐标点的圆覆盖结果
（图片来源：东南大学建筑学院建筑运算与应用研究所Inst. AAA）

制，均需要设计者从类型解读和量化分析中理性分析得出，并在计算机程序中通过参数控制来实现生成逻辑。

3）设施覆盖选址

在设计任务中经常存在服务设施的布局和选址问题，通常要求在一定程度上覆盖被服务区域。例如在商业建筑中，扶梯点位的规划通常会受到服务半径的限制，扶梯的位置应当能够充分覆盖整层的公共空间；再例如在城市规划设计层面，医疗设施或教育设施等建筑类型具有一定的辐射范围，一个城市片区中的此类设施应当相对均匀覆盖尽可能多的街区或是居民区。这类问题在数学层面可以被视作一个典型的圆覆盖问题，即对于一系列需要覆盖的坐标点，给定一定数量的圆和圆的半径，要求这些圆尽可能覆盖更多的坐标点，且圆和圆之间的分布尽量均匀（图3-22）。这类问题是一种在数学层面定义较为明确，目标较为清晰的问题，且是一个NP-hard问题，即不能通过基本的几何运算得到固定的解，而适合采用数学规划的方法或是进化算法的框架来进行解决。

首先，定义问题的变量，在这个问题中变量很明显应当是各个圆的圆心(x, y)坐标，即对于n个圆，应当有$2n$个变量。变量的取值范围即圆心的位置边界，在这里可以采用点集的四至边界，即点集的Xmin、Ymin、Xmax、Ymax作为每对变量的取值范围。其次，定义约束条件。定义问题的目标，本问题的目标有两个：覆盖点数尽可能多、圆分布尽量均匀。覆盖点数可以通过计算每个点和每个圆心的距离，并与半径比较大小来计数，要求这个数值取最大值；而分布均匀则可以通过每两个圆之间圆心距离的方差来表示，要求方差尽可能小。至此已实现了基本的建模思路，可通过不同平台的优化器编写程序进行计算。计算结果应当得到优化过后的圆心坐标，可进行可视化绘制并评判其优化结果。

4）路径模拟生成

路径模拟生成是智慧设计的常见解决方案之一。无论是室内的走道空间还是室外的交通路网，其规划设计均需要在一定程度上考虑便捷性与可达性，因此也为路径系统的数字化生成提供了发挥的空间。

最小生成树（Minimal Spanning Tree）是图论相关的一个经典算法，能够生成经过数个指定节点的树状路径系统，因此在城市及建筑路径生成中具有一定应用价值（图3-23）。例如在场地与景观设计中，便会面临类似的问题：对于包含数个关键景观节点的区域，在可布置道路的网络中，如何选择一个

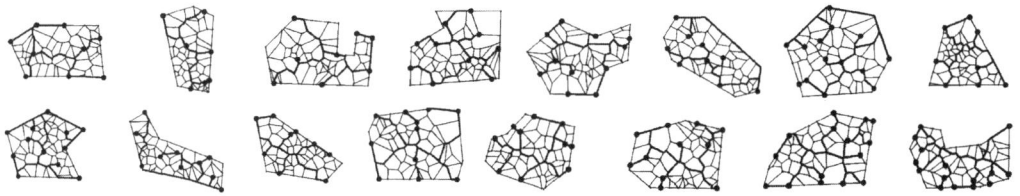

图3-23 最小生成树在任意网格上生成路径的结果
（图片来源：东南大学建筑学院建筑运算与应用研究所Inst. AAA）

能够连通所有景观节点，且总路程尽量小的游览路径？以Voronoi生成的网络为例（在现实中可视为所有允许布置道路的潜在选择），通过指定路径需要连通的节点（可视为重要景观节点），使用Prim算法或Kruskal算法即可计算出最小生成树结果。[16]

另一类路径生成的应用是点到点的寻径问题，一些典型的应用场景包括可达性优先的道路设计、疏散距离的优化等。例如在城市步行系统中，流线的设计往往需要兼顾通行的效率和景观轴线，同时避开区域中的建筑物等不可通行区域（图3-24）。这里可以引入A*算法来在场地中进行寻径，与前面最小生成树方法不同的是，A*算法是一种启发式搜索算法，通过评价函数的设置来计算从上一个节点到下一个节点的代价来逐步寻得最优解。首先将整个场地设置为离散的网格模型，并定义起终点以及不可通行的建筑物区域；继而综合距离、视线、绕行逻辑等因素，为寻径算法设定恰当的评价函数，迭代并计算寻径结果；最后将生成的路径线简化，即可作为步行系统的初步设计结果，后续可进行设计深化，或是进行参数化建模生成道路与天桥等三维模型。

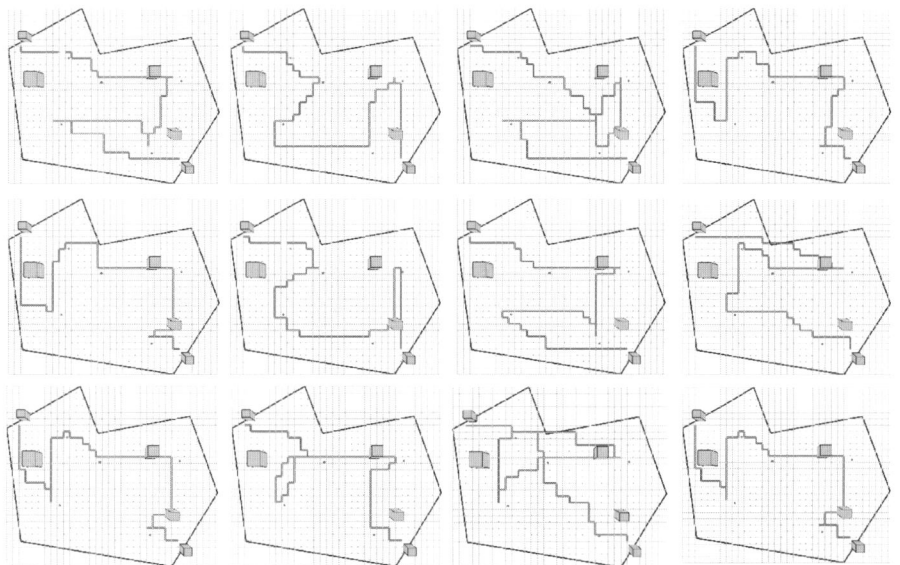

图3-24 寻径算法在建筑物之间进行道路设计的方法模拟
（图片来源：东南大学建筑学院建筑运算与应用研究所Inst. AAA）

此外与路径模拟生成相关的Djikstra算法、D*算法等，均可根据其数学原理，迁移应用至不同的路径与交通设计问题中。但值得注意的是，上述算法仅是在数学上达到某一个或几个角度的理想状态，并非设计最优，而是现实世界中的设计问题的理想化模型。因此，仍需进一步添加更多限制约束以平衡生成条件，或是人为进行设计深化从而得到恰当的设计结果。

3.2 数据导向的智慧设计

数据导向的模型在当今大数据时代被推上智慧设计的舞台。数据导向的智慧设计与规则导向的智慧设计相比，数据与运算模型的关系发生了显著变化。数据可"被观察"是规则导向模型建立的前提，首先观察、提取和表征对象和现象，以此作为信息编码方法，建立以属性和属性关联为主体的运算模型，最终用数据验证与优化模型。简言之，在规则导向的智慧设计中，首先观察数据抽象出普遍因素或规律，再建立猜想模型，最终由数据对模型进行验证和优化，用这样的方式处理模型与数据关系（图3-25左）。

数据导向的智慧设计以一种更为激进的视角和方法应对非结构化的数据洪流，将非结构化数据置于首要位置，舍弃对现象的简化和抽象步骤，模型与数据成为彼此共存的关系而非先后验证的关系。基于数据洪流本身承载着知识和复杂规律的理念，模型的运算方法并非依赖预先建立的公式、规则、搜索、演化的系统，而关乎包容多样实体数据的不同方面，建立实体数据与所在数据空间的映射和关联。纷繁复杂的现象融于多样异质的数据，以特征提取作为通用的信息编码机制，运算模型的内容以特征向量及其与数据空间的关联为主体，模型的整合、反馈与优化过程与非结构化数据的传输和运算同时发生（图3-25右）。由此，数据导向的智慧设计由数据观察验证转变为与数据共存，对现象的编码方式由表征转为特征提取，模型的内容由属性转为特征向量，模型的运算由基于逻辑确定性转为基于概率可能性。

数据导向与规则导向的智慧设计互为有益补充。在智慧设计中，运算模

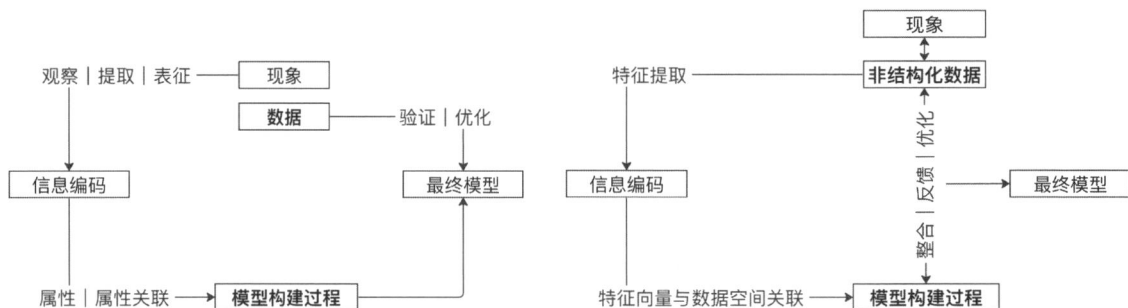

图3-25 规则导向的智慧设计（左）与数据导向的智慧设计（右）中运算模型的构建逻辑
（图片来源：东南大学建筑学院建筑运算与应用研究所Inst. AAA）

型的演进为智慧设计延伸新的理念与方法。多样的建模方法促进了在城市研究和建筑设计领域的应用。规则导向的方法以明确定义的要素与规则，帮助建筑师高效完成设计的属性构建与优化，这也是其在智慧设计的发展历程中占据重要地位的原因。同时，数据导向的方法深度解析与标识巨量数据中非数理明确定义的规律，为建筑师在设计决策阶段提供技术支撑。因此，基于海量数据的深度解析与处理，支撑完备的设计决策，继而引导数理模型精准关联设计元素与设计目标，完成设计评价反馈与设计决策支持，是完整传达和演绎数字设计方法的有效途径（图3-26）。

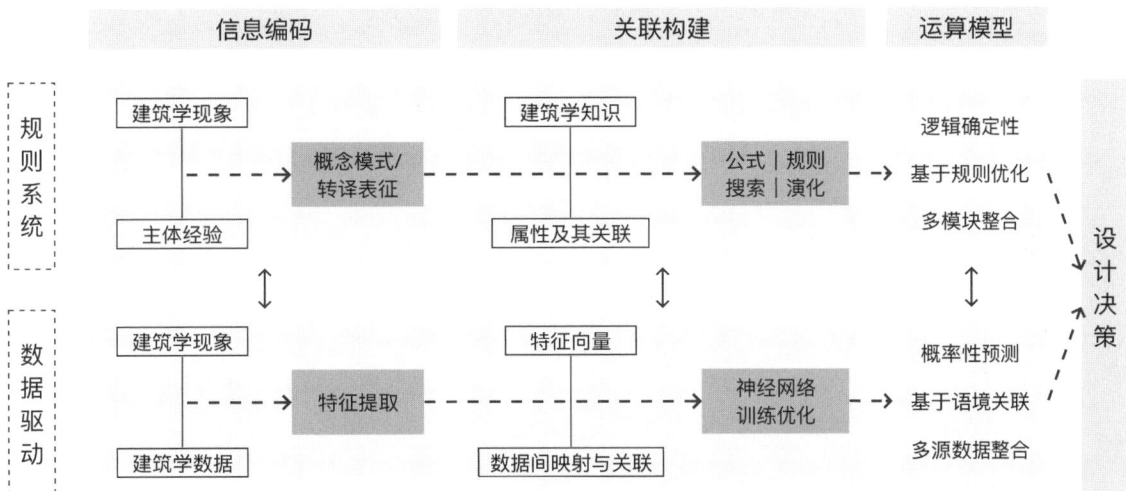

图3-26 数据导向与规则导向的智慧设计方法互为有益补充进而支撑完备的设计决策
（图片来源：东南大学建筑学院建筑运算与应用研究所Inst. AAA）

3.2.1 数据类型与信息编码

1）多源数据类型

在数据导向的数字设计过程中，首先需要认知数字模型中常见的数据类型，包括：空间几何数据、图像数据和语义数据等。

城市空间几何数据包括各类城市指标。城市指标系统的建立基于对物质环境现状中相关指标的计算，间接反映城市经济、环境或文化等方面的情况，进而可以对城市各方面进行评价。相关指标包括经济指标（如人均实际生产总值等）、环境指标（如建成区绿化覆盖率等）、公共服务指标（如万人拥有邮政局数等）、文化品质指标（如万人拥有剧场影院数等）、生活品质指标。城市形态相关的指标多集中于几何指标，这些指标衡量城市形态中离散元素之间的数学关系（如尺寸、体积、面积、方向、百分比和连接图等），从而描述形态、几何与类型。可分为关于道路、地块、建筑和公共空间等的几何形状的测量指标，街道指标常包括街道网络配置计算，如连接度、整合度、中心度、可达度、可视度等，场地指标通常基于面积计算，如开敞度、密度、多样性等，建筑指标分为基于体积、垂直的或水平的计算，如表面积、平面密度、容积率、高度、建筑表面积与场地面积比等，公共空间指标也包括水平向和垂直向的计算，如水平角度变化、开放度、空隙高宽比、垂直天空开阔度、垂直粗糙度、孔隙率等。除了对建成环境中城市形态的体量进行直观的计算以外，视觉分析也是常用的几何指标测量方法，常用于街阔形态界面的分析，如视域分析法（ISOVIST）、极角空间分析法、街道切片分析法等，从而计算出描述几何特征的参量。

城市的各个方面能够用图像媒介呈现出来，而城市本身也作为一种图像存在。在大数据环境中，图像是城市形态的重要媒介。图像反映的信息与上述指标截然不同。指标通常明确但抽象，而图像直观又含糊。尺寸、材料、结构、颜色、功能、风貌、品质、氛围等信息直观而丰富地体现在图像中，也反映社会空间的精神、活力、阶层和幸福感等。这些信息通过视觉即可直接地获取，而这些信息也很难用具体而精确的数字或语言描述，因此很难用数字或语言区分图像间的异同，换言之，相同的数字或语言描述下的城市图像也可以多种多样。此外，即便是同一物体，视角、焦距、旋转方向的不同都会形成不同的图像，这些特点让富含直观视觉信息的城市图像，即便量化信息对等，也有多样的呈现结果。

大量带空间位置的图像是刻画城市物质空间和社会空间的有效来源。目前主要的图像来源包括街景图像（谷歌、百度、腾讯等地图商）、卫星图像、社交网站（Twitter、微博、Instagram等）、专业图片交互网站（Flickr、Panoramio等）和其他途径（搜索引擎等）。大量的可获得图像为城市形态相关的各类研究带来了更多的视角与可能。

从技术上讲，图像中内容和信息的挖掘是计算机视觉领域的难点，也是长久以来的瓶颈，但伴随着深度学习技术的突破，图像处理技术取得了空前的进展。卷积神经网络是图像处理和计算机视觉中最突出的深度学习方法之一，对图像的物体识别、语义分割、图像生成等深度学习技术被广泛应用于各类城市图像的处理中，为多样的城市研究提供技术支持。图像可以被预训练的神经网络编码为高维（如2048维或4096维）的特征向量，也可以记录图像中识别出的物体标签作为特征向量，还可以将语义分割的标记结果作为特征向量，这些具体的技术选择可视具体任务而定。

文字是城市物质生活和社会生活不可或缺的记录媒介。城市相关的文字包括图像标签文字、社交媒体文字、网络评论、报刊、调查问卷等，通过语义分析法支持诸多研究，包括了解和认识公众在城市空间中的空间感知、集聚偏好和空间情感等方面，从而为城市规划和设计提供参考和依据。自然语言处理是一个细分的专业领域，多种先进的处理"文本符号"的运算模型在逐渐接近认知智能。基础的语言模型如主题模型（Topic models）、词向量技术（Word2Vec）提取文本中的主题和关键词并转为向量表示。在笔者撰写本书的当下，以ChatGPT、GPT-4为代表的多模态语言模型，因其快速的更新换代和出色的文本生成表现，正在引发一场深度的变革。

2）特征提取

在机器学习领域，特征向量是指对一个事物，通过描述其不同的特征，组成了一个特征值形成的向量，被称为特征向量。例如可以通过尺寸、重量、产地和成熟度描述一个牛油果，那么一个牛油果可以表示为公式（3-1），同理，另一个牛油果可以表示为公式（3-2）。

$$A\_1= (10.4, 150, 1, 3) \qquad 公式（3-1）$$
$$A\_2= (11.4, 160, 2, 2) \qquad 公式（3-2）$$

其中，第一个特征值表示长度（单位：cm），第二个特征值表示重量（单位：g），第三个特征值表示产地（例如，1表示墨西哥，2表示巴西），第四个特征值表示从1~5的成熟度。计算二者的欧氏距离为10.0995则可以用来比较这两个牛油果相比于其他牛油果的相似程度。特征向量除了可以设定为客观条件以外，也可以根据具体任务设置为感性的评价，如用户的偏好从1~10，对A_1的偏好程度P_1=(1)，对A_2的偏好P_2=(2)，而通过机器学习算法，如神经网络，则可以建立集合A与集合P的关联，因而可以跨越异质的数据，建立指标与偏好之间的映射。

诸多的特征提取方法可以根据其在特定任务中的具体表现进行选择。除了从对象外观指标提取特征以外，也可以根据图像颜色提取特征。在图像的特征提取中，边缘检测、借用预训练的神经网络等都是常见的方法。基于颜色的特征提取根据颜色的RGB值描述样本特征。基于边缘检测的方法检测图像边缘后将切分图像，统计切片中黑色像素与白色像素点的数量。大量预训练的成熟神经网络也可以支持图像的特征提取，通常取神经网络瓶颈层前输出的高维向量作为特征向量使用。上述特征提取方向的示意详见图3-27。需要意识到具体特征值本身对于描述该样本并没有具体的意义，尤其体现在基于边缘检测的特征提取与基于预训练神经网络的特征提取这两种情况。而所有特征值的集合以及某个特征值集合在所有样本空间里的比较，才能够表达样本的特征。

3）特征向量

样本的特征向量也会因数据空间而异，也就是说特征提取与样本所在的数据空间息息相关。数据空间指参与训练的样本组成的数据集，特征向量提

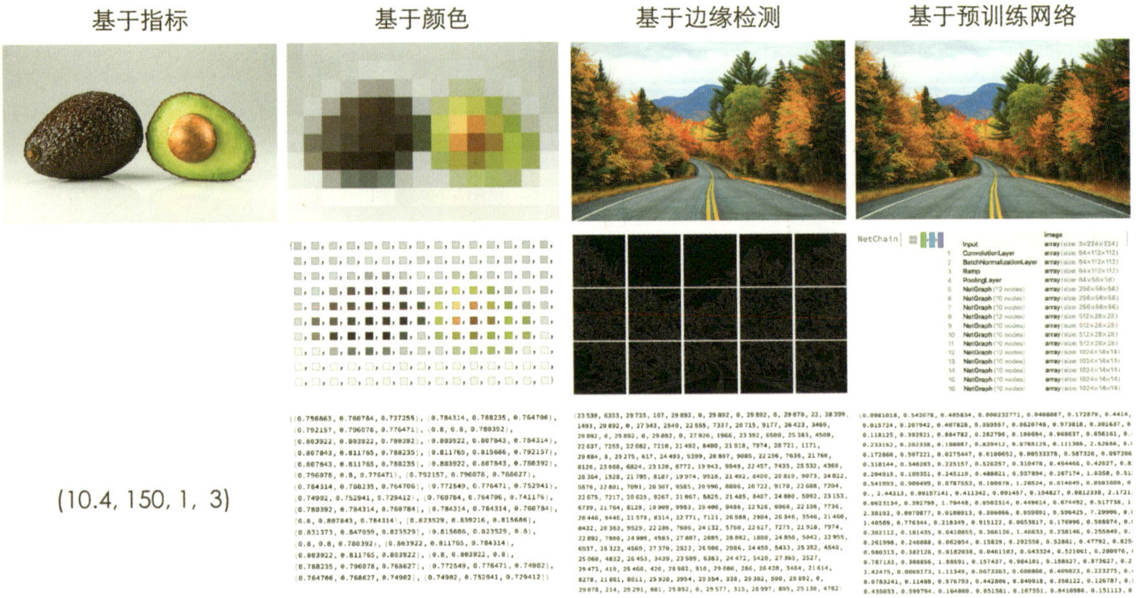

基于指标　　　　　　　基于颜色　　　　　　基于边缘检测　　　　基于预训练网络

(10.4, 150, 1, 3)

图3-27　不同的特征提取方法以及所得特征向量示意
（图片来源：东南大学建筑学院建筑运算与应用研究所Inst. AAA）

取的是某样本在数据空间中相比于其他样本的相对位置，反映的是数据空间的总体特征与样本相对的独特特征。如图3-28所示，样本在不同的数据空间中提取出不同的特征向量，因此特征提取的意义依赖于数据空间，而非特征值本身。数据空间中的特征提取完成后，特征向量的欧氏距离反映样本的相似程度，如图3-29所示，样本1相比于2或3，与4更近，即更相似。

样本　　　　　数据空间1　　　　数据空间2　　　　数据空间3

(0)　　　　(33.619, -2.33004, -2.7301)　　(20.627, -24.240, -4.8144)

图3-28　同一样本在不同的数据空间中提取出的特征向量并不相同（图片下方数据为特征向量）
（图片来源：东南大学建筑学院建筑运算与应用研究所Inst. AAA）

样本1　　　　　　样本2　　　　　　样本3　　　　　　样本4

25.2489　　　　　　25.8382　　　　　　22.1723

图3-29　特征向量间的欧氏距离反映样本间的相似程度（图片下方数据为欧氏距离）
（图片来源：东南大学建筑学院建筑运算与应用研究所Inst. AAA）

3.2.2 神经网络模型与相关研究

1）经典监督学习模型

根据文献研究，监督学习的方法相比于无监督学习方法在城市领域的应用更为广泛，这表明在大多数情况下，在收集数据时就已经有了精确的和已知的目标。监督学习模型的目的可以是分类，也可以是回归（预测）。

在监督学习中，常见的模型有决策树（Decision Tree）是一种以树形结构为形式的分类模型，结构包括节点和分支，有助于研究属性集合指向的结果。它是一种简单、易操作且透明的方法。它被应用于研究城市空间模式，如城市增长过程中土地使用的变化。

逻辑回归（Logistic Regression）可以说是最古老的机器学习模型之一。该方法由伯克森（J. Berkson）在1944年首次提出，待预测变量Y={0, 1}和解释变量X={x_1, x_2, ..., x_n}基于以下基本的公式假设从而解决二元分类问题。回归模型在城市形式主导影响下的用地性质预测，城市微气候（温度、湿度等）预测，空气质量预测等方面均有广泛的应用。

K–最近邻算法（k-nearest neighbors algorithm，KNN），其原理是根据样本点距离的接近程度将样本分配为K个邻居组群，K的取值是可以改变和优化的。它被应用于研究土地价值的大量潜在影响因素中的主导影响因素、城市肌理的拓扑结构分类等问题。

支持向量机（Support Vector Machine）是一个非线性的分类器，通过将二维平面内无法线性分类的数据样本，转化到更高维空间内进行线性分类，从而实现二维空间非线性分类的目的，它被应用于城市肌理的拓扑结构分类，城市土地覆盖的动态变化预测等。事实上，上述模型的任务目标非常接近，只是运算机制略有差异，因此在很多研究场景和问题中能够同时适用，上述提到的研究中，也包含不同的模型的表现对照研究。

2）无监督学习模型

在模型的学习过程中，当只有输入数据而没有对应的输出目标变量时，该学习模型称为无监督学习。无监督学习非常适用于描述性的分析，无监督学习的目标不是训练和预测正确的答案，没有预先知道的目标，是对数据集本身的结构或者分布进行建模，因此在城市形态相关研究中经常使用。聚类方法（Clustering Methods）是无监督学习中最成熟的子类别，基于样本特征的相似性和差异性对未标签的数据集进行处理。

K-means是其中非常主流的聚类模型，相应的研究例如根据民宿的房间数、价格、评分和容量等属性将新加坡的民宿分成了4类，或根据街区的形态学指标自动划分出街区的拓扑结构类型。

除此之外，具有噪声的基于密度的聚类方法（Density-Based Spatial Clustering of Applications with Noise，DBSCAN）也是常用方法之一，它具备位置敏感的特点，适用于空间数据和分解光谱式的聚类，例如城市"生产—生活—生态"的空间模式分布和渐变式蔓延特征的空间格局研究中用到了该方法。

本杰明（Benjamin Dillenburger）的Raumindex是一个基于索引的城市地块搜索引擎。[17]他将苏黎世既有环境中的超过10000个地块进行了编码索引和聚类。编码的考虑包括了定义地块形状，方向以及相邻建筑之间的开放空间和面向街道的方向，如位图中像素的占比，连续网格中每点的可见视域等。该基于案例的搜索引擎允许用户直接从地图上选择一个样本地块，如果对显示的搜索结果不满意，可以通过用户界面调整预定义的搜索选项。

3）神经网络的基本原理

1943年，神经科学家麦库洛赫（Warren McCulloch）与数学家皮茨（Walter Pitts）首次基于电流提出了最早的简单神经网络的雏形，在该模型中，一个神经元细胞可以被描述为"开"和"关"两种状态。神经元的状态受到邻近细胞的输入刺激，在预设条件下可以将状态切换为开而表示被激活，此外，一个神经元也可以被给予激活抑制而使得无论输入怎样都不会被激活。

1958年，康奈尔大学的心理学家罗森布拉特（Frank Rosenblatt）提出了感知机（Perceptron）的概念，[18]称为Mark I Perceptron，成为首个能够从每个类别中的输入样本中学习到权重，进而用于定义类别的模型（图3-30左），而权重这个概念在神经网络模型的计算中尤为重要。在该模型中，感知机的输出为0或者1。输入值与相应的权重做线性求和计算后，将结果与某个阈值进行比较，如果结果超过阈值，感知机的输出为1，表示被激活，否则，输出为0（图3-30右）。线性计算的权重可以被修改，以便感知器代表不同的输入输出模式。一个网络由相互连接的多个感知机集合组成，为了匹配模式，感知机的权重集合可以从一组样本数据中学习获取。感知机的运算方式是机器学习模型中辨别模型的先驱，根据输入的标记实例，学习和更新权重值，进而将模型应用于新输入样本的类别辨别任务。

自组织映射网络（Self-organizing Map，SOM）由芬兰学术协会的科霍宁教授（Teuvo Kalevi Kohonen）提出。SOM通常被认为是一种非监督学习方法，在SOM的二维网络中，每个聚类中心都有一个权重值和一个坐标，以便在优化的同时保持网络的拓扑结构。这种将聚类中心的拓扑结构存储起来并且相互影响的聚类方法，使SOM区别于其他聚类算法，因为聚类中心间的欧氏距离也反映了SOM网格节点的空间距离。因此，SOM作为一种降维技

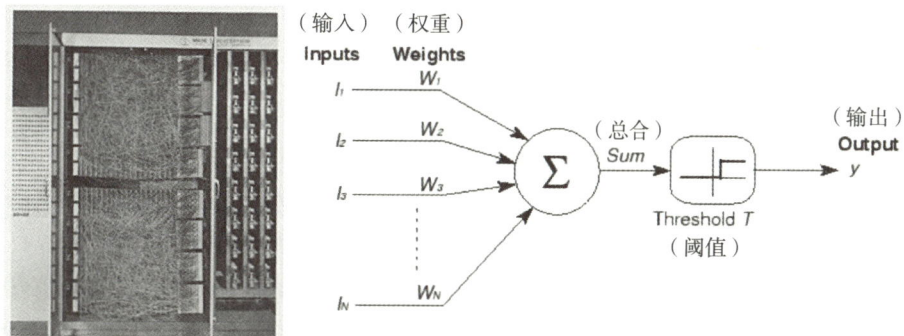

图3-30　第一个 Mark I Perceptron的实现（左）与感知机的基本计算原理（右）
（图片来源：参考文献[18]）

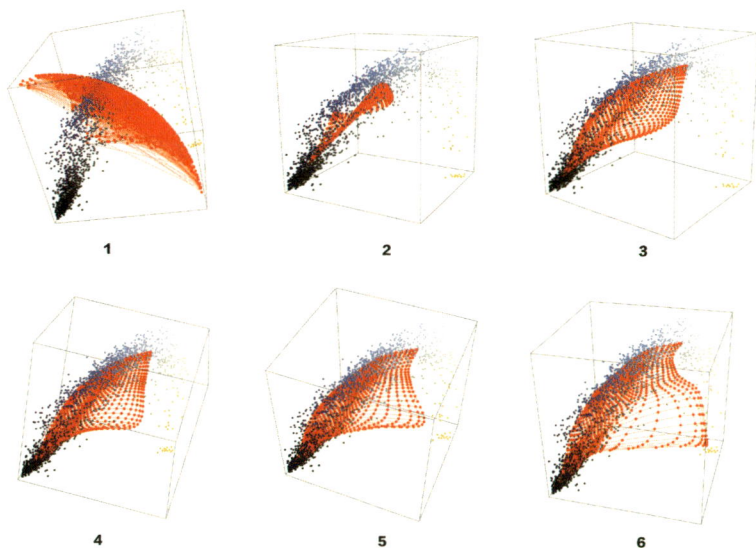

图3-31　以图片像素点为例，6代的 SOM训练过程可视化
（图片来源：东南大学建筑学院建筑运算与应用研究所Inst. AAA）

术，可将具有高维特征的对象转化为低维平面，而对象之间的相邻关系仍然存在。在SOM的优化过程中，SOM的二维网络会被延展从而尽可能地覆盖训练数据集。图3-31展示了以图像的像素点（三维数据）为例，6代的SOM训练过程，红色网络为SOM网络的扩张优化过程。

4）基于神经网络模型的研究

基于神经网络（Neural Networks，NN）的深度学习算法发展迅速，在视觉、语音、自然语言和生物医学等领域都取得了很大成功，各类神经网络模型活跃在非常广泛的研究领域。神经网络模型依然是机器学习模型大类中的一员，也可被细分为监督学习型神经网络模型和非监督学习型神经网络模型。

人工神经网络（Artificial Neural Network，ANN）受生物神经元功能的启发，神经元用于接收和处理信号，信息在神经元之间传递。在模型的运算过程中，数据的传播计算发生在每对神经元之间，神经元是一个数学运算器，执行加权和，经过称为激活函数（如sigmoid函数）的非线性函数后，再继续向前传播。神经网络的训练过程可以简要解释为神经网络的输出与实际值之间误差逐渐缩小的过程，而这一过程中误差反向传播与梯度递减等优化方法起到了关键作用。人工神经网络的应用场景大多与监督学习模型的应用场景类似，被应用于更为高效和精确的预测任务中。

传统ANN的缺点之一是参数量很大，计算量也指数级增长，因此训练数据的容量有限。卷积神经网络（Convolutional Neural Network，CNN）通过"滤波器"的机制显著减少了网络的参数运算量。在减少参数量的同时，滤波器的优势在于能从输入数据中提取正确和有效的特征。事实证明，CNN在大型应用中是有效的，包括图像和视频识别、推荐系统和自然语言处理等。各种各样的深度卷积神经网络被广泛用于完成物体检测（Object-based Detection）、语义分割（Semantic Segmentation）的任务，而在建成环境中，这些技术在城市要素检测、用地性质分类、城市感知等领域都有较多的研究和应用，如卫星地图的精确语义分割，高精度地辨别出城市元素（水系、建筑、农田等），以及在此基础上的建筑高度预估研究等。街景图像也被大量应用于城市场景理解等相关的研究中，解析城市场景的构成元素，街道空间品质测度，绿化水平的评价、空间质量相关的视觉特征影响等。CNN模型在像素级别的数据集（图像、视频）上识别和标识物体的出色表现催生了很多从图像数据出发的研究问题。

生成对抗网络（Generative Adversarial Network，GAN）无疑也受到大量研究者的青睐，图像到图像（Image-to-image，Pix2Pix）的算法模型有合成高质量图像的强大能力，能够帮助设计师合成建筑模型、图纸、效果图等。ArchiGAN应用程序基于已标记样本实现场地限定下建筑轮廓与建筑平面图纸的生成。生成对抗网络（GAN）被应用于基于像素学习住宅平面的平面排布方式，并完成了限定建筑边界下的新的住宅布局图像的生成。也有学者通过训练既有环境图像的数据集，实现在新的城市地块中生成相似的肌理、初期城市设计方案或将生成的2D图像延伸为3D模型。

除了检测与识别城市视觉元素从而促进城市物质环境认知的研究以外，CNN模型被应用于城市和建筑性能模拟相关的研究，计算流体力学（CFD）模拟、洪水预测、城市微气候等。根据文献，以性能模拟结果为数据集训练的神经网络模型，也称为物理模拟模型的"替代模型"，能够帮助增强湍流模拟，既加速性能评估过程，也能够获得较高的耦合模拟精度。

3.2.3 数据学习与设计应用

1）建筑空间形态的分类与识别

以下将以建筑学空间形态的分类研究为例，进一步阐释神经网络在建筑学空间形态分类研究中的应用。建筑学空间形态的组合方式多种多样，从平面空间组合原型的角度看，有集中型组合、线型组合、放射型组合等，以此抽象原型为参照，有多种多样的具体平面形态。神经网络在建筑形态应用研究可见两个关键点：①样本形态特征的提取方法；②可供使用的高质量训练样本。本案例结合规则系统和数据驱动的方法，用合成数据训练神经网络模型，再将其应用于实际建筑平面组合模式的识别[19]。

首先，研究选择了建筑空间组织原型的五个类型，基于此生成了建筑形态模式的合成样本数据。然后，生成样本的特征被映射成特征向量用于输入神经网络。接着，分别训练简单的全连接神经网络与LeNet深层卷积神经网络用以作对比（图3-32）。最后，使用40个实际的建筑平面图来测试神经网络在形态原型识别和分类中的表现。在本实验中，生成的样本的大小为像素。为了使神经网络的操作更加有效，并防止图像特征的损失，图像信息的编码方法使用大小为4×4的滤波器对图像进行两层扫描。由于样本是黑白的，因此在单通道的基础上对其进行编码，取亮度强度的平均值，最后将样本中的建筑形态学信息编码为特征映射数据（图3-33）。实验取每种类型的

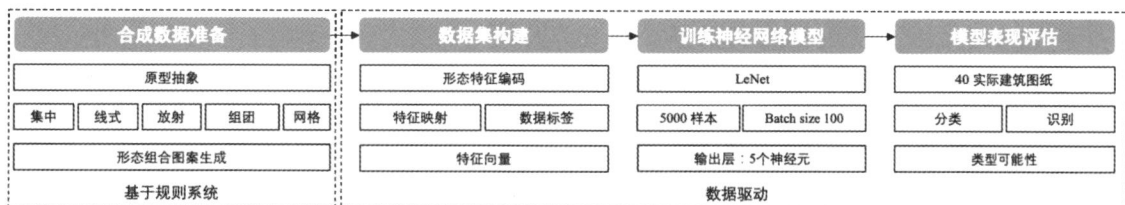

图3-32 基于神经网络的建筑形态模式分类的工作流程
（图片来源：东南大学建筑学院建筑运算与应用研究所Inst. AAA）

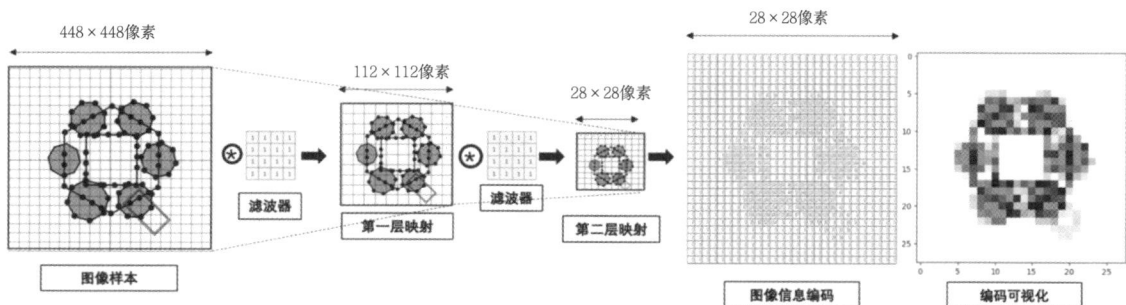

图3-33 合成样本的形态到信息编码过程图示
（图片来源：东南大学建筑学院建筑运算与应用研究所Inst. AAA）

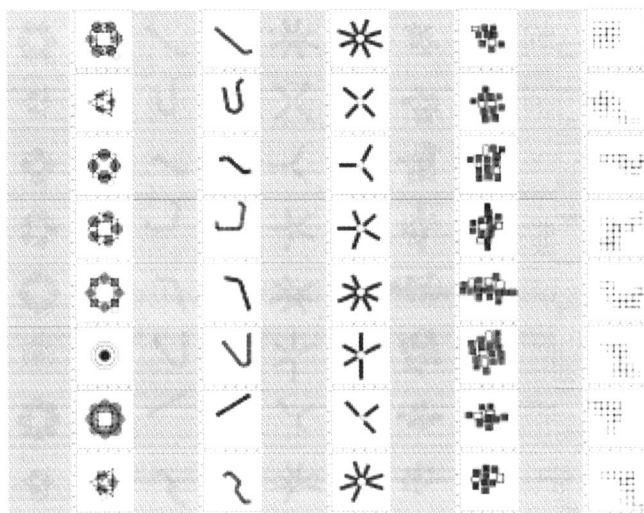

图3-34 部分合成形态数据的特征向量可视化
（图片来源：东南大学建筑学院建筑运算与应用研究所Inst. AAA）

1000个合成样本。根据模式类型，用数字0~4标记，作为训练神经网络输出的目标。因此，本实验的数据集由5000个的特征向量数据构成。图3-34显示了建筑形态学编码信息的可视化。

在完成神经网络的训练后，本案例共选择了40个实际建筑平面来测试神经网络的表现。作为对比研究，经过训练的全连接神经网络和LeNet分别用来测试这40个样本。神经网络预测5个输出神经元各自的概率，并最终将最高概率作为输出结果。测试结果如图3-35所示，全连接神经网络在40个样本中识别正确25个，深度卷积神经网络LeNet正确识别了40个样本中的39个（准确率97.5%）。唯一识别失败的案例是案例19，正确标签为放射式组合，但被程序识别成了线式组合。但有趣的是，它确实具有线性的特征。很明显，深度卷积神经网络比简单的全连接神经网络表现更好。最终结果说明合成的形态数据，一方面既保证了足量的数据和相对准确地携带了决定模式类型的结构性拓扑特征，另一方面又保持了形态分类问题本身的模糊性和多义性。

2）城市地块形态相似分析与聚类

在数据驱动的城市设计中，机器学习方法可以基于多源和多维数据，从大量数据中有效地建立空间索引，从而快速索引到与目标任务在类似城市环境下的案例，提供考虑了肌理、环境和经济因素的方案。由于机器学习算法对样本的特征映射机制与训练机制不因数据源的不同而改变，因此可以整合多源的数据如空间形态，与形态有关的交通网络、能源性能、经济条件等，进而提供综合了多维度信息索引后的参考。

本案例以城市住宅区形态为切入点，基于深度卷积神经网络自动地提取

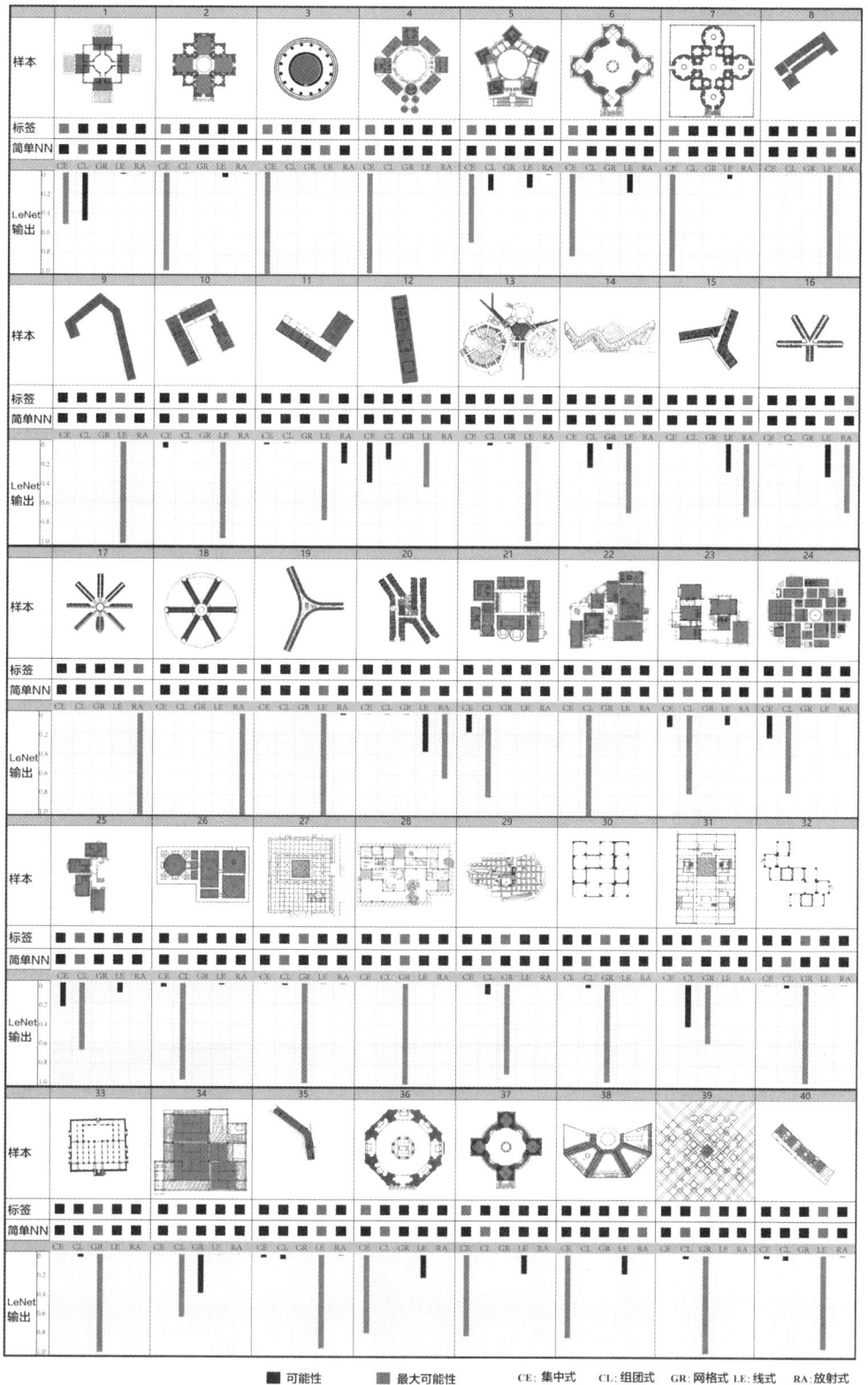

图3-35 简单全连接神经网络和 LeNet对组合模式类型的识别结果对比
（图片来源：东南大学建筑学院建筑运算与应用研究所Inst. AAA ）

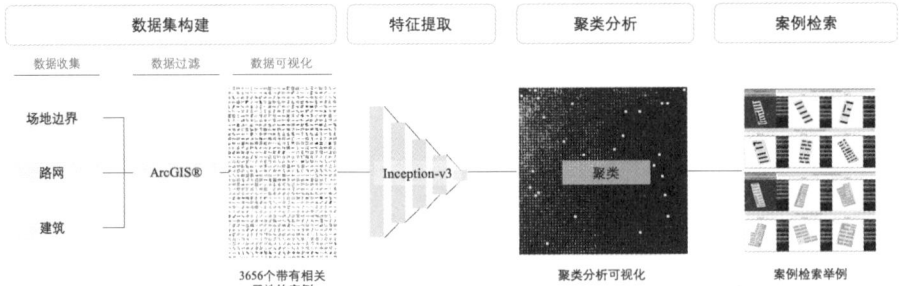

图3-36 整体工作流程图
（图片来源：东南大学建筑学院建筑运算与应用研究所Inst. AAA）

地块形态特征，根据所提取出的特征向量进行聚类与相似性分析，构建住宅区案例推荐系统的雏形[20]。

本案例的整体工作流程包括四个步骤（图3-36）：数据集建构、特征提取、聚类分析、案例检索。首先以南京市的几何地图数据和POI数据构建数据集，通过带有Inception-v3模块的深度卷积神经网络自动提取地块形态特征，将其转化为高维特征向量（High Dimensional Feature Vectors，HDFV），接着基于t-SNE算法将聚类分析在二维平面上可视，然后采用欧氏距离计算案例之间的相似性，最终构建案例检索的雏形。

案例的数据包括南京市的兴趣面、建筑轮廓与路网的地理数据。基于ArcGIS平台完成数据集构建，每个住宅区的属性包括：名称、标识号（ID）、详细地址、经纬度、面积等。除此之外，我们获取了相关的兴趣点（POI）。最终获取4172个南京市住宅区的三维模型。其中一些住宅区仍在建设中或没有建筑信息，最终具备有效信息的住宅区为3817个。图3-37显示了数据集所包含的信息。地块被导出为图像，作为深度卷积网络模型的训练数据。

实验以GoogLeNet多层特征映射将住宅区的形态特征表征为2048维向

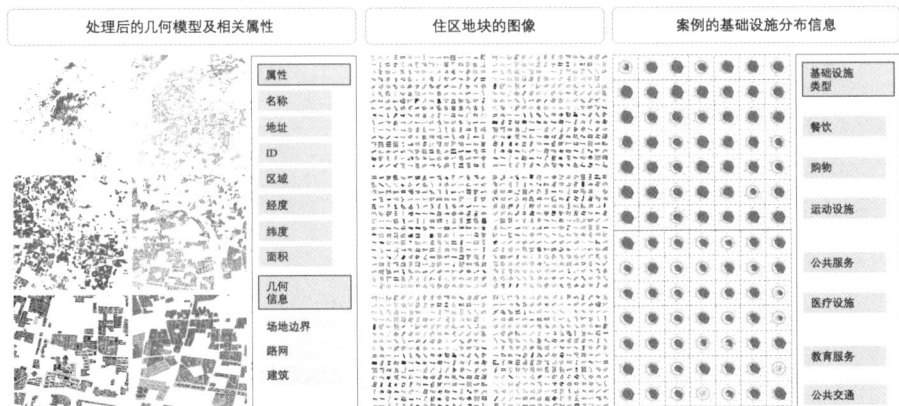

图3-37 数据集中的案例相关属性内容
（图片来源：东南大学建筑学院建筑运算与应用研究所Inst. AAA）

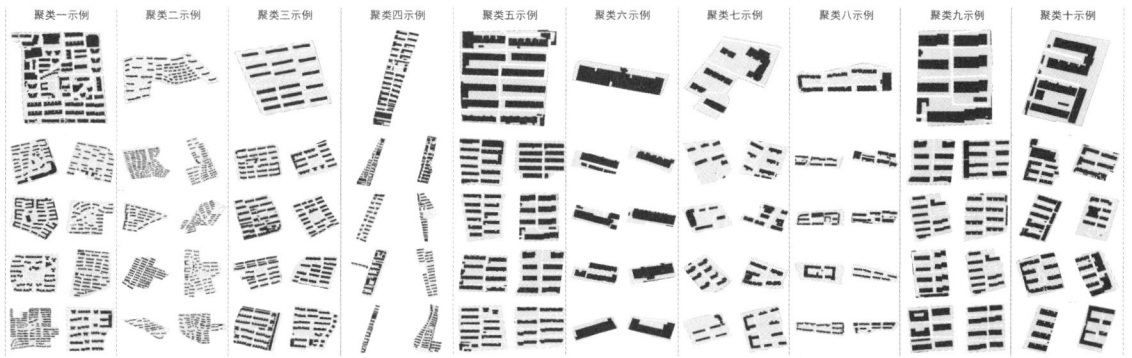

图3-38 城市地块形态的聚类结果举例
（图片来源：东南大学建筑学院建筑运算与应用研究所 Inst. AAA）

量。继而做数据降维（Data-reduction），完成聚类的可视化。具有相似形态特征的住宅区平面自动聚合为聚类组团，如长形、方形、不规则形地块分别聚集，以及联排住宅、点式住宅、别墅区等不同布局方式的分别聚集。图3-38列举了10个聚类组团中的案例样本。神经网络基于像素的分布特征判断图像的相似程度以实现自动聚类，可见单栋建筑、横向的狭长联排住宅区、纵向的狭长联排住宅区、中心密集型住宅区以及不规则形的联排住宅区等聚类组团。

图3-39显示了3817个案例的聚类结果。左图以案例的地块形状表示聚类结果，右图则是有建筑物的案例地块。案例在聚类图上就越接近，意味着的相似度越高。在图3-39（左）中可以直观地看到方形、狭窄或不规则场地形状的聚类。图3-39（右）中的结果则与前者不同，建筑物的分布影响了聚类结果。可以观察到不同的住宅类型，比如有少量建筑的地块、排列紧密的住宅楼以及松散排列的别墅等。属于同一集群的地块具有相近的形态特征。这样的聚类结果实际上是为每个样本添加了索引，可以根据目标对象例如：场地形状、建筑肌理、基础设施分布等和指定距离即相似度，索引到对应的案例，为设计师提供可探索的设计空间。

空间索引系统基于特征数据的相似度，案例的相关属性可一并获得，其街景图像等其他相关信息可通过ID或名称关键字获取。图3-40是分别基于场地形状与建筑肌理的索引结果。该方法亦适用于各类场地形状与建筑肌理作快速的推荐反馈，可见深度卷积神经网络的特征提取与聚类结果，与建筑师对场地文脉、建筑布局的认知具备较好的契合度。在没有预设住宅区形态标签的情

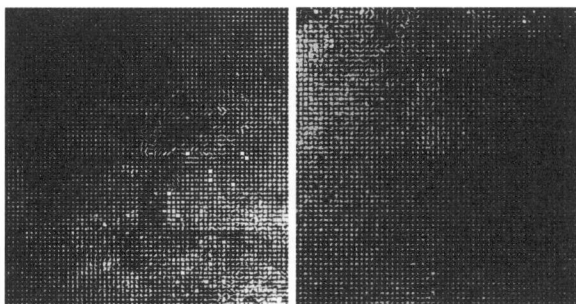

图3-39 住宅区形态的地块形状（左）与整合建筑肌理的地块（右）聚类图集
（图片来源：东南大学建筑学院建筑运算与应用研究所 Inst. AAA）

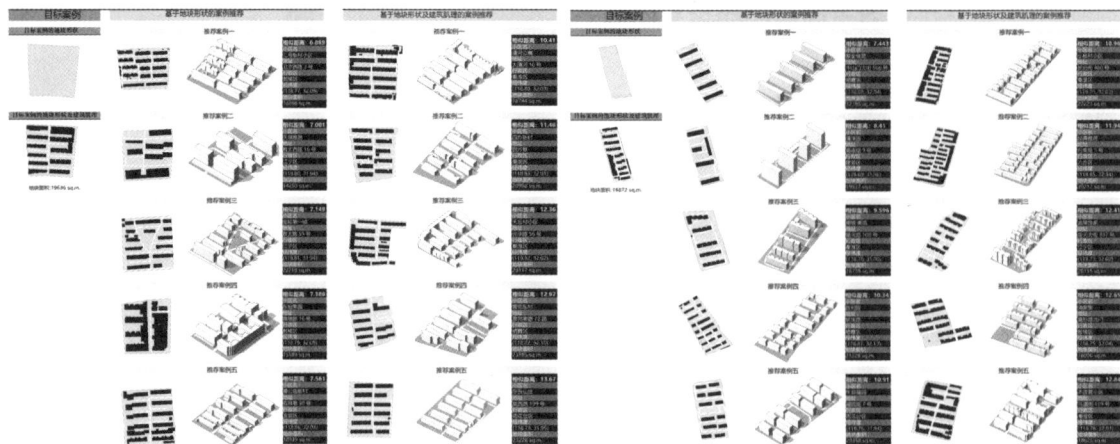

图3-40　基于地块形状与地块形状结合建筑肌理的案例推荐结果举例
（图片来源：东南大学建筑学院建筑运算与应用研究所 Inst. AAA）

况下，深度卷积神经网络通过无监督学习，高效地完成与设计目标接近的案例检索，能够在特定的设计任务中为建筑师做有效的参考，为设计决策提供支持。

3.3 智慧设计应用与转化

建筑学学科的诸多控制包含建筑空间组合的多层级理性逻辑，如空间与功能使用，形态创造和演化、建造及成本控制、景观与空间品质等；部分表征为明确的设计规范限定，如功能拓扑限定、面积指标、消防间距控制、日照间距等。建筑设计过程可被描述为复杂适应性系统，由诸多形态要素和非形态要素彼此关联互动构成。这些特征使得建筑布局问题定义模糊，具有较高的不确定性和建模难度。

建筑生成设计方法具有实现复杂建筑空间自生成的潜能，使其一经出现便成为研究热点之一。这一研究方法试图借助计算机技术，对建筑学中这类定义不良问题（Ill-defined Problem）展开模型研究，将其转化为可明确定义并通过计算机求解的数理问题。其生成模型构建的基本过程为，基于模式语言、原型或范例等方法发现和分解设计问题，提炼一系列易于处理且相互关联的子问题；进一步应用数字技术进行建模，归纳相关要素规则、定义变量约束目标，并不断演绎综合阶段的设计行为和交互反馈过程，最终获得适应设计需求的大批量多样化的方案结果。其中的知识发现过程可以由人工归纳转译进行，也可通过数据挖掘等方式自动实现。

为深入探析面向城市建筑学的计算性设计方法脉络，前文已系统介绍了关键的智能设计技术，并辅以实例予以说明。本节将从设计问题出发，考虑设计应用的具体情景，将展示城市街区肌理、建筑群组布局、建筑单体布局三个设计尺度的案例研究。

3.3.1 城市街区肌理的设计案例研究

现代城市体系中包含"城市区域—街区/街道—地块/建筑"的层级结构。而肌理是对城市地面复杂道路网络和聚居场所构成的规律性形态组织表征的修辞性表达，聚焦于空间布局呈现的结构关系和整体特征。道路、地块和建筑是构成街区肌理与空间形态的三个基本要素，共同构成街区的形态逻辑系统。

一方面，相关城市街区肌理建模的既有研究，大多会涉及三类要素的定义：街道模式，如网格型、放射型、分支型等；约束条件，许多研究以基地轮廓、地形高程、人口分布图为基本输入条件，同时定义局部约束以生成合理的布局；层级结构，层级化剖分生成路网和街区。从基于L系统（Lindenmayer System）自动生成城市模型的开创性方法开始，发展出众多规则导向的城市肌理建模技术，包括拼贴可变形模板、层级化剖分构架、半边数据结构网格模型、多智能体演化模型和基于有向包围盒的细分（OBB-based Subdivision）等。

另一方面，自动知识发现能有效避免专家系统构建中设计师主观规则定义的局限，且随着近年来大量城市数据的涌现和人工智能算法的突破性发展，数据驱动的生成方法成了研究的热点和难点问题之一。如通过便捷高效地建立相关数据库，以相似搜索实现空间肌理自动织补，辅助设计决策制定；对城市案例数据进行分析、拆解、重构，建构基于案例推理的生成模型框架；逆向过程建模等。

本节将展示分别从规则导向和数据导向出发的四个案例，展现出本章中所阐述的设计知识表示和程序算法的具体实现（表3-1）。

研究问题与算法策略：案例分析与梳理　　　　　　　　　　　　　　　　表 3-1

案例研究	核心问题	模型类型	核心算法	设计要素
案例1 基于规则的街区肌理生成设计	肌理模拟 场地剖分	连续模型 不规则形式	张量场模型 规则系统	布局模式 环境特征
案例2 城市地块形态相似分析与聚类研究	特征提取 案例检索	聚类模型 多模态数据	形态特征提取 自组织映射神经网络模型	几何特征 街景
案例3 城市量形映射机制视角下的城市运算模型研究	特征提取和 量形互动	聚类模型 三维体量数据	形态特征提取 自组织映射神经网络模型	形态指标
案例4 基于神经网络的城市功能节点预测实验	城市功能和 布局预测	格网模型 正交体系	马尔科夫链 神经网络模型	用地类型 功能关系

1）案例1：基于规则和张量场的街区肌理生成设计

作者：张琪岩 陈宇龙 李飚

生成算法：张量场方法，规则系统

南京老城肌理在山水圈层、人为规划、社会文化等因素的博弈中不断演进。针对其形态的研究积累了大量成果，但尚未提出实践性的设计策略，并具有智能化、数字化的前景和需求。本案例将老城街区形态研究的成果切实应用于数字化生成设计，探索如何在众多要素和规则的限定下自动生成符合地域特色和老城风貌的街区肌理。

以中观尺度的道路和地块肌理为研究对象，探索街区肌理与空间布局的生成方法，实现多要素限定下肌理模型的自动构建和优化，为延续老城肌理提供技术参考和方向拓展（图3-41）。主要内容包括：

首先基于南京老城风貌和地域环境，提炼影响肌理形态的关键规则；应用张量场方法、将水系、高程、轴向等复杂要素的作用机制转化为场的信息，基于定义的网格模型生成光滑的张量场（图3-42）；在场的控制下实现街区路网及地块肌理的自动生成和优化，灵活控制肌理形态。

进一步加入路网和地块布局的优化生成建模（图3-43）。提炼和筛选南京街区形态生成有共通性、关键性作用的约束规则，对提炼出的规则进行算法转译，通过程序方法综合复杂规则之间的相互作用、自动生成街区肌理（道路

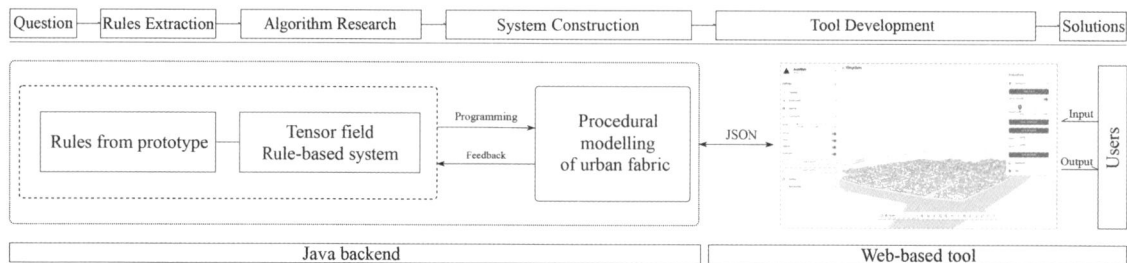

图3-41 整体工作流程图
（图片来源：东南大学建筑学院建筑运算与应用研究所Inst. AAA）

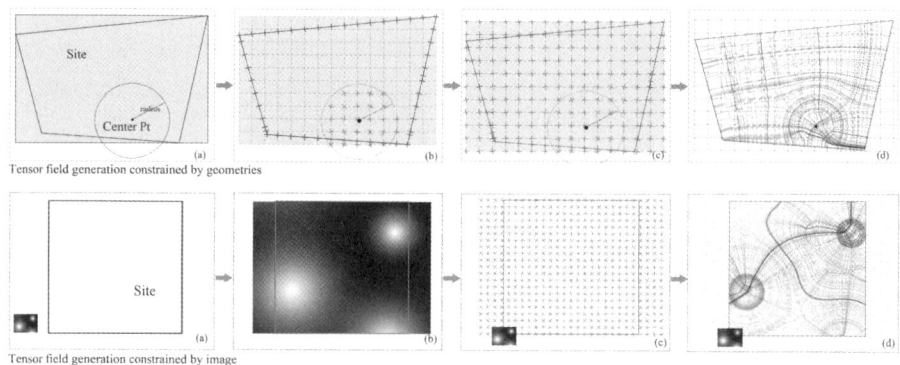

图3-42 张量场的建模方法
（图片来源：东南大学建筑学院建筑运算与应用研究所Inst. AAA）

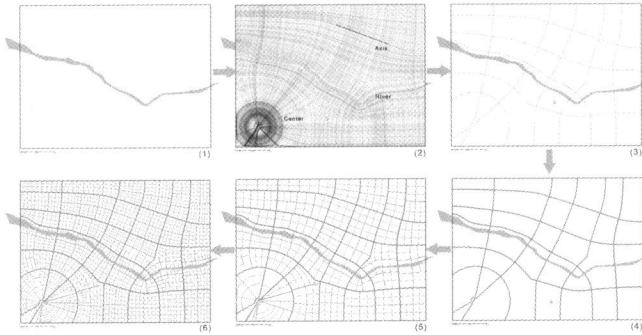

图3-43　基于张量场的多层级街道肌理生成实验
（图片来源：东南大学建筑学院建筑运算与应用研究所Inst. AAA）

图3-44　多元要素限定下的街区肌理生成实验
（图片来源：东南大学建筑学院建筑运算与应用研究所Inst. AAA）

肌理和地块肌理）的参数化模型，在生成设计的反复实验过程中对规则的设计进行反馈和优化。张量场方法即为完成规则转译的基础和主要技术手段。针对传统肌理形态、构建具有实践价值的街区肌理生成设计系统（图3-44）。

2）案例2：城市索引——多维度数据驱动的城市设计工具

作者：蔡陈翼 李飚

生成算法：基于神经网络的特征提取和聚类分析

以南京市的数据为例，城市索引提出整合多维异质数据、实现相似性分析、数据互通关联、多维多向检索的运算建模方法，助力城市形态、感知的复杂关联和运算研究，也为性能等其他方面的整合提供可能。实验整合了视域分析、平面地图、卫星地图、街景图、街景要素文本与三维模型等多源异质数据，通过不同的特征提取方法分别应对多样数据类型，再通过自组织映射网络（SOM）建立多层关联的模型，也基于SOM将异质数据转换为同质特征向量作为各异质数据的中间向量，从而建立一个探索式和启发式的灵活运算模型系统（图3-45），支持用户灵活定义以及与模型的互动与快速反馈，助力城市形态量化分析、多要素演绎、形态设计决策等。该系统可以灵活地整合更多其他维度的数据（如城市性能），以此探索城市运算建模的新视角和方法[21]。

技术路径包括数据集构建、特征提取、异质数据整合与多层数据的多向关联。数据集包括南京城的建筑、路网和AOI的矢量图；以地块为主体的卫星图像；地块边界上所取观测点的街景全景图；地块和相应建筑群的三维模型。数据构建的结构包含以下几个层面：根据几何地图切片地块，根据地块获得卫星地图和三维模型，根据地块分布观测点，根据观测点获得街景图像并进行空间分析。特征提取包括以Isovist视域分析射线描述地块边界上所取观测点的空间几何特征；通过深度卷积神经网络提取街景图像的图像特征；通过语义

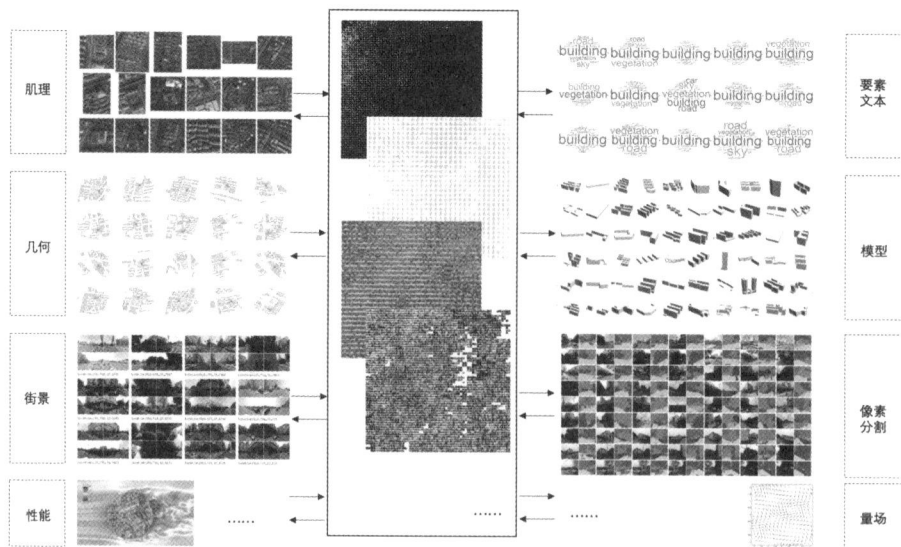

图3-45 基于多源数据流的城市运算模型系统整体框架示意
（图片来源：东南大学建筑学院建筑运算与应用研究所Inst. AAA）

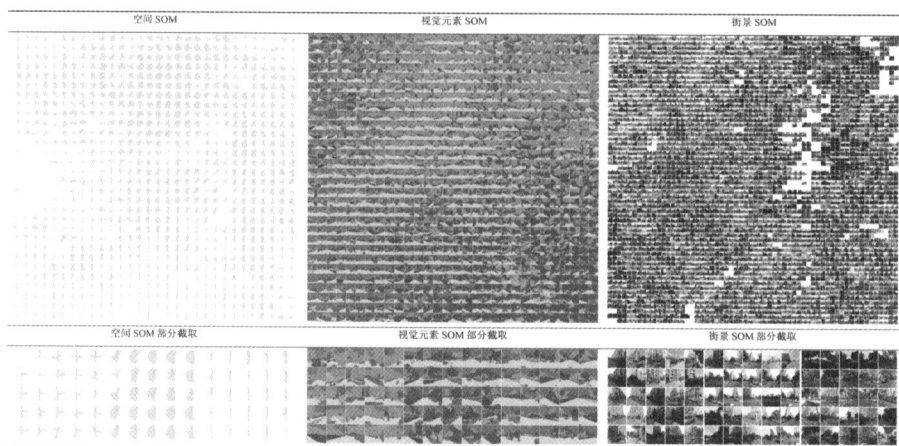

图3-46 空间 SOM（左），视觉元素SOM（中）和街景SOM（右）可视化
（图片来源：东南大学建筑学院建筑运算与应用研究所Inst. AAA）

分割模型提取街景图像的语义视觉元素特征。基于上述特征向量分别训练街景SOM、空间SOM和视觉元素SOM（图3-46）。基于SOM嵌入向量同质化各层数据的特征，最后根据SOM嵌入向量实现多维整合与多向检索（图3-47）。

3）案例3：城市量形映射机制视角下的城市运算模型研究

作者：蔡陈翼 李飚

生成算法：基于神经网络的特征提取和聚类分析

在城市和建筑设计中，"量"与"形"的互动和复杂关联是一项关键技术，也是一如既往的重要课题。本案例以面向街区建筑的设计指标、形态学

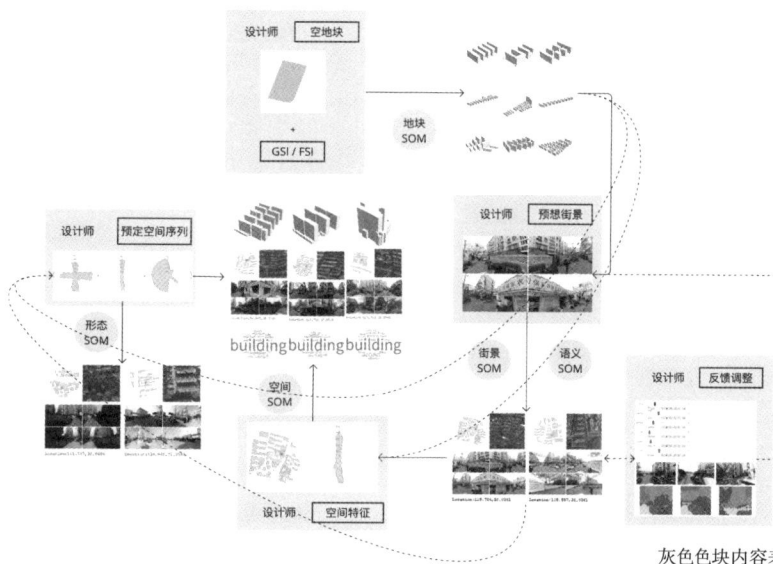

灰色色块内容表示输入

图3-47　设计师与案例检索模型的互动反馈过程
（图片来源：东南大学建筑学院建筑运算与应用研究所Inst. AAA）

参量与具体形态之间的互动机制为例，试图将人可读指标作为一种"用户界面"，助力实现"人可读指标—机器可读指标—机器运算—候选方案—人可读指标"的显隐显式正向设计运算框架。

案例实验基于Open Street Map获取的纽约地理信息数据，以六组参量集编码城市形态，分别训练自组织映射网络（Self-Organizing Map，SOM），根据SOM嵌入向量的相似度检索街区地块，观察所得结果与目标的形态在"型"与"形"上的相关度，实验以六组参量集作为平行对照，归纳得出结论。

案例实验的技术路径包括数据集构建、形态学参量提取、训练SOM和匹配结果对照。首先，收集了Open Street Map上纽约城的地理信息数据，进行地块切片和高度信息异常处理（图3-48）。其次，提取形态学参量并分别产生6组集合，具体参量是高度、面积、体积、距离等相关计算及其各类变体。接着以6组参量集分别训练6个SOM（例如图3-49展示了高密容扩展参量集的SOM聚类结果）；再分别基于相关SOM获取对地块形态的6种类型的再编码，从而基于

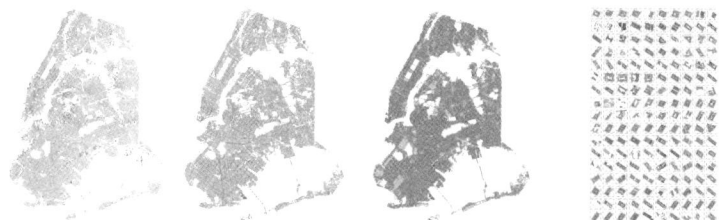

建筑轮廓信息（左）　道路网络信息（右）　地块多边形切割（左）　街区建筑切片信息（右）

图3-48　纽约城市数据集展示
（图片来源：东南大学建筑学院建筑运算与应用研究所Inst. AAA）

SOM嵌入向量进行相似度匹配。具体形态与地块的高密容指标与匹配结果同时呈现，根据六组参量集的结果对照，总结提取精简而有效的形态学参量体系。

本实验验证了所提出的形态学参量集在描述地块形态上的有效性。如图3-50所示即为5个形态参量集的匹配结果对比。实验结果表明，复合形态参量集在准确描述地块形态特征上的表现最佳，能较好地描述不同模式的地块建筑形态，在不同案例的相似性匹配上都有较稳定的表现，检索结果表现出"型"相似而"形"多样的优势。

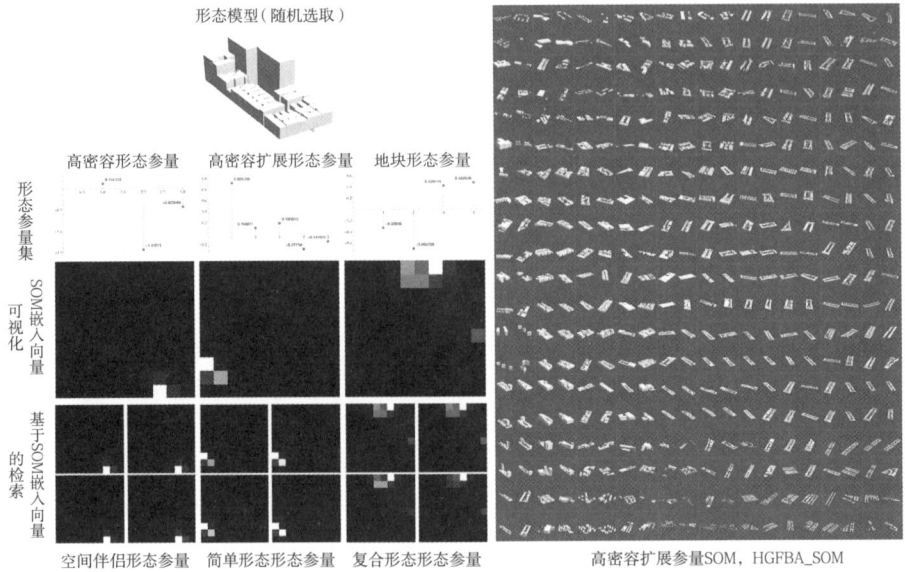

图3-49　形态学参量集与具体形态模型的映射（左）和高密容扩展参量SOM（右）
（图片来源：东南大学建筑学院建筑运算与应用研究所Inst. AAA）

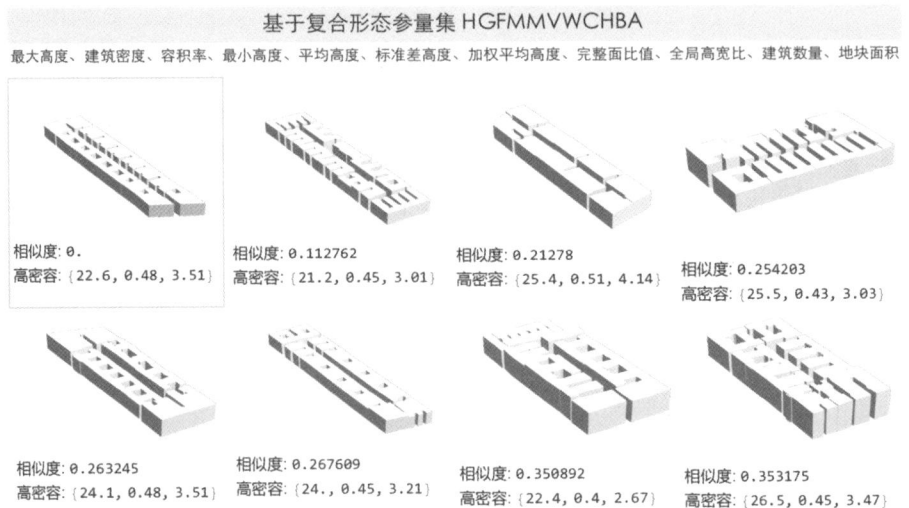

图3-50　城市形态指标与三维街区模型的量形匹配结果
（图片来源：东南大学建筑学院建筑运算与应用研究所Inst. AAA）

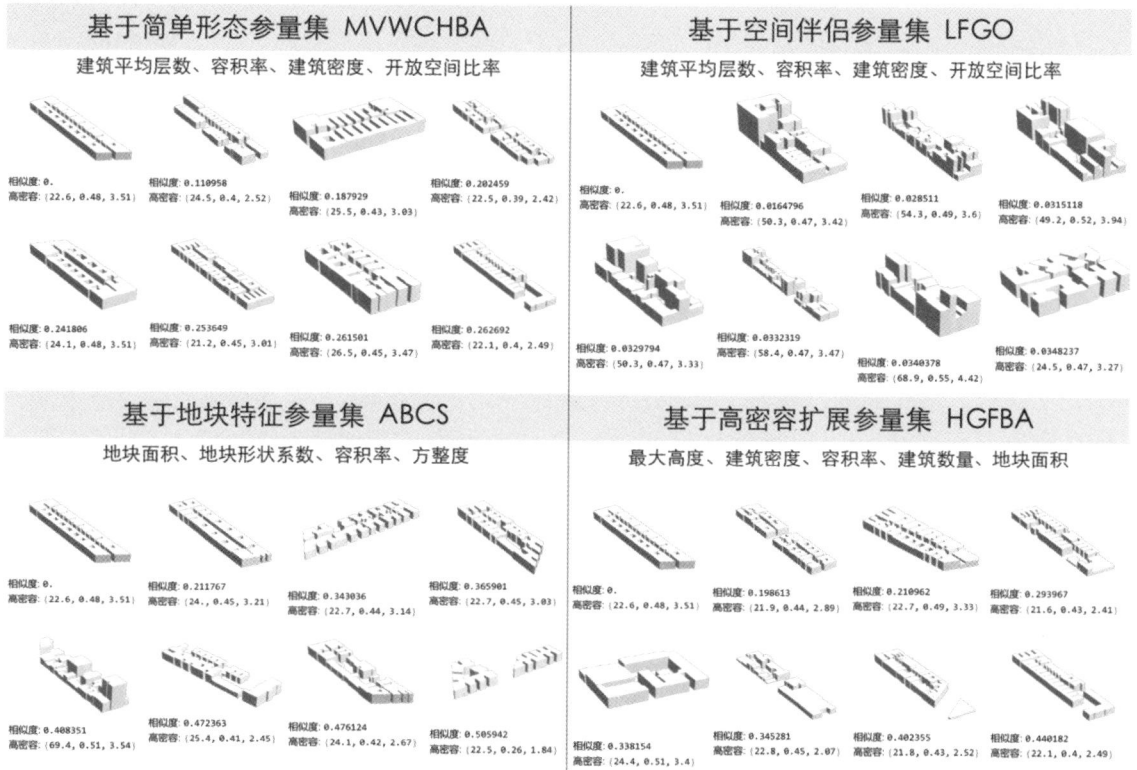

基于简单形态参量集 MVWCHBA
建筑平均层数、容积率、建筑密度、开放空间比率

基于空间伴侣参量集 LFGO
建筑平均层数、容积率、建筑密度、开放空间比率

基于地块特征参量集 ABCS
地块面积、地块形状系数、容积率、方整度

基于高密容扩展参量集 HGFBA
最大高度、建筑密度、容积率、建筑数量、地块面积

图3-50　城市形态指标与三维街区模型的量形匹配结果（续）
（图片来源：东南大学建筑学院建筑运算与应用研究所Inst. AAA）

4）案例4：基于神经网络的城市功能节点预测实验

作者：陈允元 李飚

生成算法：自然语言处理，神经网络

本案例研究功能节点预测问题，将收集到的大量城市数据信息作为数据支撑，探索应用神经网络模型与描述城市功能节点间存在的抽象关系，并利用其进行相关功能节点的预测实验、得到城市肌理的建模结果。[22]选取基于自然语言处理方法的神经网络模型说明相关实现方法，包括三个主要步骤：数据集准备和训练样本处理，模型训练，功能节点预测实验。

训练样本处理需要应用自然语言处理（Natural Language Processing，NLP）将文本中的词汇处理成神经网络能够理解的数据形式，其中比较常见的方法是以one-hot编码的形式来处理这些文本词汇。将城市功能节点类比为词汇，可以把每个功能节点描述成由3个参数决定的某种状态，每种状态都代表着一个节点词汇。故可以把切片类比为一个包含6个词汇（功能节点）的小型词汇表，最终编码的功能节点类型数量共计1536个，图3-51b中展示了相应的one-hot编码表。进一步通过CBOW和Skip-gram模型将one-hot编码形式转换为低维度高密度的词向量形式（word2ve），以实现降维和减少计算量；选

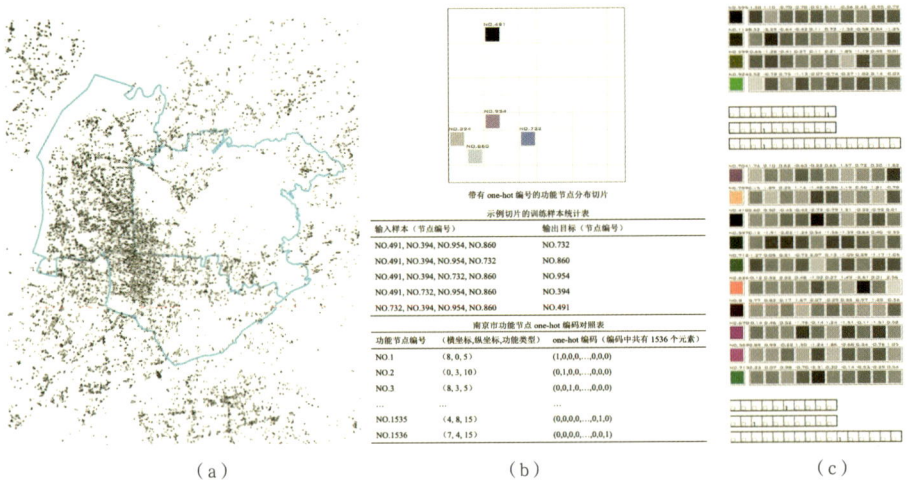

带有 one-hot 编号的功能节点分布切片

示例切片的训练样本统计表

输入样本（节点编号）	输出目标（节点编号）
NO.491, NO.394, NO.954, NO.860	NO.732
NO.491, NO.394, NO.954, NO.732	NO.860
NO.491, NO.394, NO.732, NO.860	NO.954
NO.491, NO.732, NO.954, NO.860	NO.394
NO.732, NO.394, NO.954, NO.860	NO.491

南京市功能节点 one-hot 编码对照表

功能节点编号	（横坐标,纵坐标,功能类型）	one-hot 编码（编码中共有 1536 个元素）
NO.1	(8, 0, 5)	(1,0,0,0,...,0,0,0)
NO.2	(0, 3, 10)	(0,1,0,0,...,0,0,0)
NO.3	(8, 3, 5)	(0,0,1,0,...,0,0,0)
...	...	...
NO.1535	(4, 8, 15)	(0,0,0,0,...,0,1,0)
NO.1536	(7, 4, 15)	(0,0,0,0,...,0,0,1)

图3-51　城市功能节点编码方式和数据集示例
（a）南京市功能节点分布平面可视化结果；（b）样本编码方式；（c）训练样本可视化结果
（图片来源：东南大学建筑学院建筑运算与应用研究所Inst. AAA）

代每张切片内的各个功能节点，对于每个节点，取其作为输出目标，取该节点以外的其他所有节点作为输入样本，即将切片转换为符合模型要求的数据格式，图3-51（c）展示了部分训练样本的可视化结果。

实验选取用于自然语言处理的卷积神经网络结构，可以处理不定长度的文本信息处理；采用了非对称的卷积层，以及通过特殊的最大池化层来处理前序非对称卷积层的输出结果。针对横坐标、纵坐标和功能类型，分别训练3个模型作为分类器，对每个模型挑选其中正确率和损失值都较优者作为最终实验的神经网络模型。训练中，需要调整的超参数包括批大小以及卷积层中的卷积核配置，其中包括卷积核个数和各个卷积核的大小。将处理好的功能节点的词向量输入该卷积网络模型，即可进行不定输入数量的功能节点预测实验。图3-52（a）中案例为不限定功能节点数量情况下的预测结果，图3-52（b）则是大量功能节点输入的预测结果。

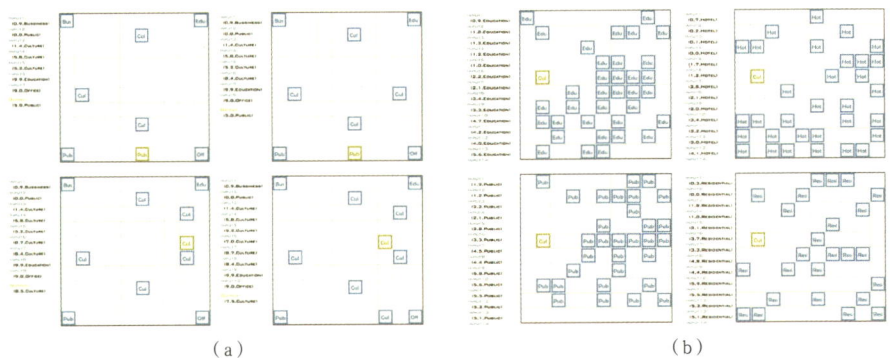

图3-52　功能节点的预测实验结果示例
（图片来源：东南大学建筑学院建筑运算与应用研究所Inst. AAA）

106

图3-53 基于功能节点预测的城市街区肌理生成实验结果
（图片来源：东南大学建筑学院建筑运算与应用研究所Inst. AAA）

上述系统能够有效应用于城市肌理的生成设计。即基于功能节点的预测生成结果，通过填充、切割、扩充、修正四个步骤，进行地块肌理的剖分和优化，依据地块中功能节点的类型和数量，从准备好的建筑模型数据库中搜索相关性最高的建筑模型进行匹配，最终城市生成结果如图3-53所示。

3.3.2 建筑群组布局的生成案例研究

中观尺度下，街区内建筑群组布局的尺度层级，是城市肌理和单体形态尺度层级之间承上启下的关键。其设计目的在于使建筑群体组合适应环境，在空间组织中综合考虑开发需求、设计原则、环境文脉等复合要素。

由量到形的转化是其设计生成的关键，即聚焦街区内平面布局和形体组合，以相关量化指标为约束条件和优化目标的生成过程，从而研究并运用这种复杂的互动机制，探索高质量的布局方案和空间组织模式。中观尺度下，形态包括地块平面、地块内建筑群体组合与地块界面等属性特征，关系到城市风貌和环境质量等方面；开发容量要求、既有的控制性详细规划指标等是设计基本的约束条件；周边环境文脉的影响多数情况下也可通过量化指标反映在街区形态中，如微气候表征指标等，直接关系着外部空间舒适度和建筑能耗水平。

从建模思路出发，一部分研究会首先布置建筑体量并优化布局，再配置内部的街道或流线，另一部分的方法则是首先剖分平面，再对简单形体组合和体量高度等参数进行优化。例如，郭梓峰等（案例1）采用基于三维格网系统和优化模型，考虑面积、采光、噪声控制和景观视线需求，实现不规则形体的街区建筑布局；吴佳倩等（案例2）基于矩形装填（Rectangle Packing）问题，以混合整数二次规划（MIQP）模型和概率模型，定义多约束限定的布局优化求解方法；案例3中展现了李思颖等提出的居住区建筑群组布局的优化实验，构建了整数规划模型综合处理形态要素（拓扑关系、几何约束、容积率等规划控制指标）和环境性能约束（日照需求）的复杂限定；张佳石等（案例4）则探索了中小学校园规划中多智能体系统的应用可能性。此外建筑群组布局的优化过程还需要考虑综合功能业态和人流等因素，以及结合城市数据和深度学习模型等的技术方法。

同时，本节所展示的四个案例是第一节中所提出的设计知识表示和程序算法的具体应用的展现。在空间与模型方面，案例2和3的实现基于正交格网模型，案例1和4则面向不规则平面布局，不同的是案例1以Voronoi图为建模基础，案例4是在智能体优化中赋予其不同的角度参数。功能关系方面，案例1和2展示了功能关系模糊定义下的建筑群组形体建模方法，案例3和4的研究中功能关系则是明确定义的，分别针对居住区和中小学校园展开了探索。环境特征方面，为了支撑优化过程中高频快速迭代机制的实现，需要高效的环境性能评价方法，在案例1、2、3中均有体现。本节展示的案例都采用能够快速计算的形态指标替代耗时的模拟方法。表3-2展示了上述案例的研究问题与算法策略。

研究问题与算法策略：案例分析与梳理 表3-2

案例研究	核心问题	模型类型	核心算法	环境要素	评价指标
案例1 功能关系模糊定义的建筑群组布局生成	空间分配 性能评价	连续模型 不规则形式	进化算法	采光 噪声 景观	功能连接数，采光条件，噪声等级，景观视线
案例2 微气候视角下建筑群组布局的生成优化	空间分配 性能评价	正交体系	混合整数二次规划（MIQP）概率模型	通风 日照	高密度和高容积率天空开阔度，分散度，迎风面密度
案例3 日照因子限定下的居住区布局生成设计	空间分配 性能评价 路径模拟	格网模型 正交体系	整数规划（Integer Programming）Dijkstra寻径算法	日照	日照间距系数
案例4 面向中小学校园的建筑群组布局生成	空间分配	连续模型 不规则形式	多智能体系统 简单进化算法	—	间距，形体比例，朝南面长度，与边界的平行度

1）案例1：功能关系模糊定义的建筑群组布局生成

作者：郭梓峰 李飚

生成算法：简单进化算法

评价函数：功能连接数，采光条件，噪声等级，景观视线

本实验以建筑中的功能分配为例，阐述不定连接对象的建筑生成，设计师确定建筑中功能的数量及其比例关系，优化程序实现功能分配。优化模型基于三维格网系统和进化算法，功能以细胞的方式填充于三维格网当中，并通过进化算法筛选，逐渐逼近最优功能布局。

功能间的连接与比例分配通过预定义的三维格网系统实现。三维格网系统由二维格网垂直叠加构成，其层间距即为建筑层高，层数则决定了建筑的最大可建高度。二维格网则由程序在建筑基地当中预先生成，并覆盖整个基地。格网的尺度和具体设计项目相关，亦由设计师预先确定。其形状无须局限于正交系统，可依据设计项目灵活选择。在本研究当中的格网采用了Voronoi图形。

每种功能包含了最佳连接数和其他若干属性。最佳连接数由上下界组成，表示可与该功能连接的其他功能的最少和最大数量。其他属性则由功能

需求而定，如面积、最低采光需求、最大允许噪声和景观视线等。在实际的程序实现当中，属性由一个描述性字符串与一组双精度浮点数共同构成。前者通常为属性的名称。后者则包含属性的具体数值，以及上下界。

格网系统的优化基于简单进化算法，父代布局将被复制并修改，产生子代布局，之后对子代布局进行评价，若其优于父代，则它将替代原有的父代布局，反之子代将被丢弃。通过不断筛选子代，实现良性变化的累积，以逼近最优建筑布局。子代布局通过评价函数进行评估，每个被占用的格子均会得到一个独立的评价结果，所有格子的评价结果相加即为建筑布局的整体评价（图3-54）。

设定相似参数可以在不同地块中生成多样的结果，尽管地块形状各不相同，但生成结果依然产生了功能分化，符合预设的建筑功能需求。图3-55为城市片区的生成实验，演示了该方法在大范围设计当中的应用。

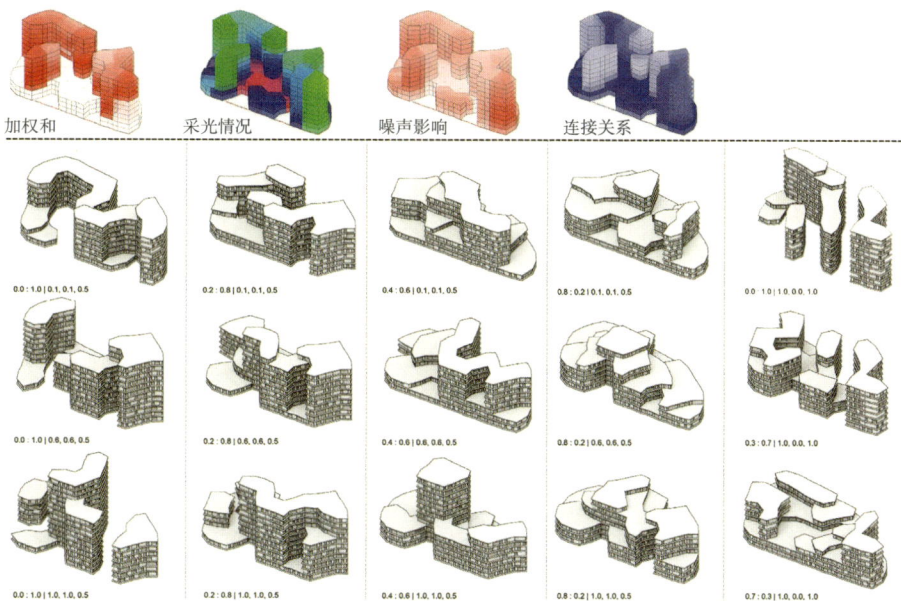

加权和　　　　采光情况　　　　噪声影响　　　　连接关系

0.0 : 1.0 | 0.1, 0.1, 0.5　　0.2 : 0.8 | 0.1, 0.1, 0.5　　0.4 : 0.6 | 0.1, 0.1, 0.5　　0.8 : 0.2 | 0.1, 0.1, 0.5　　0.0 1.0 | 1.0, 0.0, 0.5

0.0 : 1.0 | 0.6, 0.6, 0.5　　0.2 : 0.8 | 0.6, 0.6, 0.5　　0.4 : 0.6 | 0.6, 0.6, 0.5　　0.8 : 0.2 | 0.6, 0.6, 0.5　　0.3 : 0.7 | 1.0, 0.0, 1.0

0.0 : 1.0 | 1.0, 1.0, 0.5　　0.2 : 0.8 | 1.0, 1.0, 0.5　　0.4 : 0.6 | 1.0, 1.0, 0.5　　0.8 : 0.2 | 1.0, 1.0, 0.5　　0.7 : 0.3 | 1.0, 0.0, 1.0

图3-54　评价函数控制下相同地块、不同参数的建筑群组布局生成成果
（图片来源：东南大学建筑学院建筑运算与应用研究所Inst. AAA）

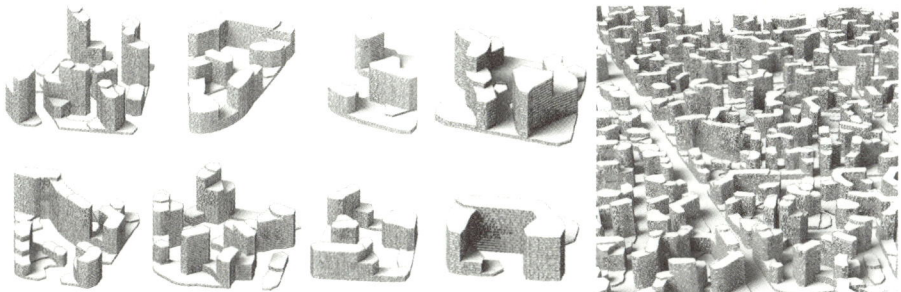

图3-55　生成系统应用于大片区的建筑生成
（图片来源：东南大学建筑学院建筑运算与应用研究所Inst. AAA）

2）案例2：微气候视角下建筑群组布局的生成优化

作者：吴文明 李飚

生成算法：混合整数二次规划，概率推断

评价因子：天空开阔度，分散度，迎风面密度

建筑布局问题从某种程度上可以简化为对给定形状的平面图形或三维体积进行占据，同时满足基本的使用需求等限定条件，或是寻求特定衡量指标下的最优方案。在这一视角下，布局问题同时具备约束条件、目标函数、最优化等规划论的基本要素。本案例将微气候视角下建筑群组布局的生成优化过程分成两个阶段的建模实验，即将问题拆解为二维布局生成和三维高度运算两个步骤，分别处理平面和空间上的量化指标。具体步骤如下：第一，依据建筑密度指标和给定的体块数量生成多种二维布局方式；第二，在确定的平面布局基础上，综合容积率、分散度、天空开阔度和粗糙度四个空间量化指标，计算相应的体量高度，获得最终的地块布局形态（图3-56）。

图3-56 研究问题的步骤拆解图示
（图片来源：东南大学建筑学院建筑运算与应用研究所Inst. AAA）

本实验依据矩形装填（Rectangle Packing）问题，采用吴文明等提出的建模方式，通过二次规划（Quadratic Programming，QP）进行求解。[23]

具体方法为：给定大的包络矩形作为计算域，将小矩形作为计算单元，规划其在包络矩形内部最大化填充的排布方式。此外，将计算域扩展为带洞正交多边形，从而支持对非矩形正交地块的求解。定义两种矩形单元对场地进行占据，即体块（Building）和空地（Space），对于每个计算单元，将其基准点位置、面宽及进深表征为变量；加入约束条件限定求解过程，包括不重叠约束、面积约束，建筑密度约束，长宽比约束，是否临边约束、功能关系约束（邻接关系约束）等（图3-57）；最大化计算域中单元的总占据面积，作为优化目标；基于Gurobi运算器构建混合整数二次规划模型，优化求解得到生成结果。

针对三维体量高度优化问题，本实验采用的是概率推断算法，运用因子图模型表述变量及约束关系，然后通过吉布斯采样求得较优解集和对应的边缘概率分布。因子图基于空间量化指标而构建，包含形态及微气候两个层

是否临边约束

约束建筑物与城市规划道路红线保持一定的退距。
结合基本模数，本研究以**建筑物退距10m、空地
单元退距5m**为例。

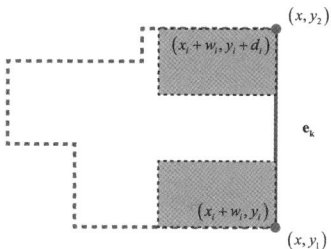

是否相邻约束

通过限定**体量**与特定数目的**空地相邻**，获得更为
分散、舒展的布局形态。

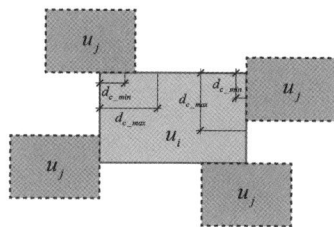

是否相邻约束

对于**体块单元**b_i，满足与任意m个**空地单元**s_j相邻。

引入一组**二元变量**$\rho_{i,j}$($j = 1,2,...,n_s$)表达逻辑**或**门关系。

限定**每个建筑体块至少**与**两个空地单元**相邻，

其中一个至少邻接**三个空地单元。**

$$\begin{cases} u_m \cdot x_i \le u_m \cdot (x_j + w_j) - d_{c\_min} \cdot \sigma_{i,j} + M \cdot (1-\rho_{i,j}) \\ u_m \cdot (x_i + w_i) \ge u_m \cdot x_j + d_{c\_min} \cdot \sigma_{i,j} - M \cdot (1-\rho_{i,j}) \\ u_m \cdot y_i \le u_m \cdot (y_j + d_j) - d_{c\_min} \cdot (1-\sigma_{i,j}) + M \cdot (1-\rho_{i,j}) \\ u_m \cdot (y_i + d_i) \ge u_m \cdot y_j + d_{c\_min} \cdot (1-\sigma_{i,j}) - M \cdot (1-\rho_{i,j}) \\ \sum_{j=1}^{n_s} \rho_{i,j} = m \end{cases}$$

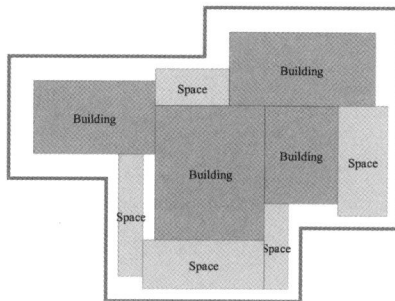

图3-57 模型的定义和约束设置示例
（图片来源：东南大学建筑学院建筑运算与应用研究所Inst. AAA）

面，具体涉及四个指标：容积率、分散度、天空开阔度和迎风面密度。定义
因子函数表示布局样本的量化指标与目标值的差距；通过马尔可夫链蒙特卡
洛进行大量采样，筛选接近设定数值的布局方案，并求解相关变量的概率分
布情况，通过定义不同的能量函数可以控制各因子间的强弱关系。图3-58展
示了方法架构和实验优化结果。

3）案例3：日照因子限定下的居住区布局生成设计

作者：李思颖 李飚

生成算法：整数规划，图模型，最小生成树

评价因子：日照

住区规划是整个住区设计中的重要组成部分，在这一设计部分设计师关
注的是建筑群，街道网络和公共空间的布局问题。设计需求可以被分为定性
规则（比例，对称性，肌理特征等）和定量规则（几何特征，物理性能，空
间使用效率等）。为了满足这些需求，需要对建筑物位置及三维特征，建筑
物的比例和类型，日照规范，交通路网及公共空间等问题进行设计。本实验
基于整数规划模型实现日照因子限定下的居住区布局生成设计，并针对多层

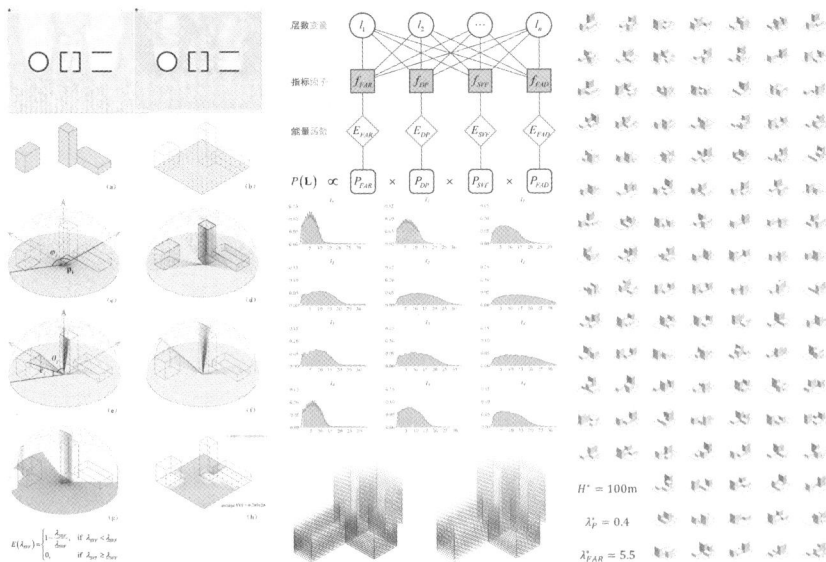

图3-58 整合微气候相关形态参量的建筑形体生成优化结果
（图片来源：东南大学建筑学院建筑运算与应用研究所Inst. AAA）

住宅和高层住宅的不同日照规范等设计规则展开探索。[24]

在整数规划模型的建立中，正交体系下限定计算域的平面布局可以被转化为格网系统中的拼贴问题。即首先以格网覆盖场地作为计算域，建立N种建筑模板，将被放置在场地内；对于每一个单元格只能被一种模板占据，记录其是否被占据及对应的模板类型；设计的目标是尽可能最大化占据场地，提高空间占有率。为了获得合理的布局，需要加入一系列约束条件，包括内部约束，非重叠约束，2D和3D障碍物约束，模板比例数量约束，以及日照规划约束。

多层住宅布局规划中，多利用日照间距系数进行日照计算，以控制日照间距和时间。除建筑主要采光方向需保持一定距离以保证日照需求外，住宅建筑也需保证侧面间距。由此，定义的多层住宅的建筑模板如图3-59（a）所示，图3-59（b）展示了对应的约束条件表征，优化结果示例如图3-59（c）所示。

高层建筑的日照计算更为复杂，需要进行累积计算。本实验通过计算当日太阳直射光造成的阴影区域范围，建立建筑及周边区域的覆盖模板，如图3-60（a）所示；为了平衡计算精度与运算效率，将一天中接受日照的时间区间以固定时长为间隔划分为多个时间点，以时间点的阴影计算代替全天连续日照计算。图3-60（b）展示了约束限定下多种模板布局的生成结果。

在住区规划布局中，交通系统作为一个主要组成部分影响着整个空间组织的拓扑关系和几何形态。本实验以路网形态和层级关系作为描述变量，与寻找最短路等经典数学问题相结合，建立交通网络生成的数学模型（图3-60c）。图3-60（d）的住区生成结果来自所构建的大规模正交格网交通路径生成模型，模型的定义基于网络最大流问题。

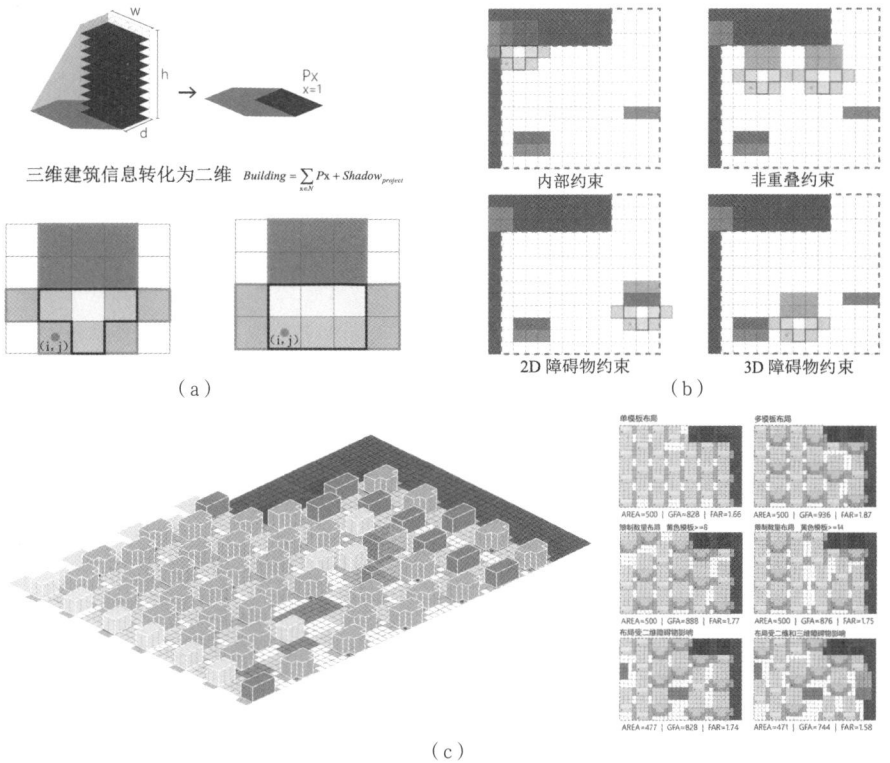

三维建筑信息转化为二维　$Building = \sum_{x \in N} Px + Shadow_{project}$

（a）

内部约束　　　　　　　非重叠约束

2D障碍物约束　　　　　3D障碍物约束

（b）

（c）

图3-59　基于整数规划的多层住宅布局生成模型及实验结果
（a）模板区域表示图；（b）建筑模板的四种约束条件示意；（c）大规模多层住宅布局实验结果
（用地面积=125440m² FAR=1.59 Time=75s）
（图片来源：东南大学建筑学院建筑运算与应用研究所Inst. AAA）

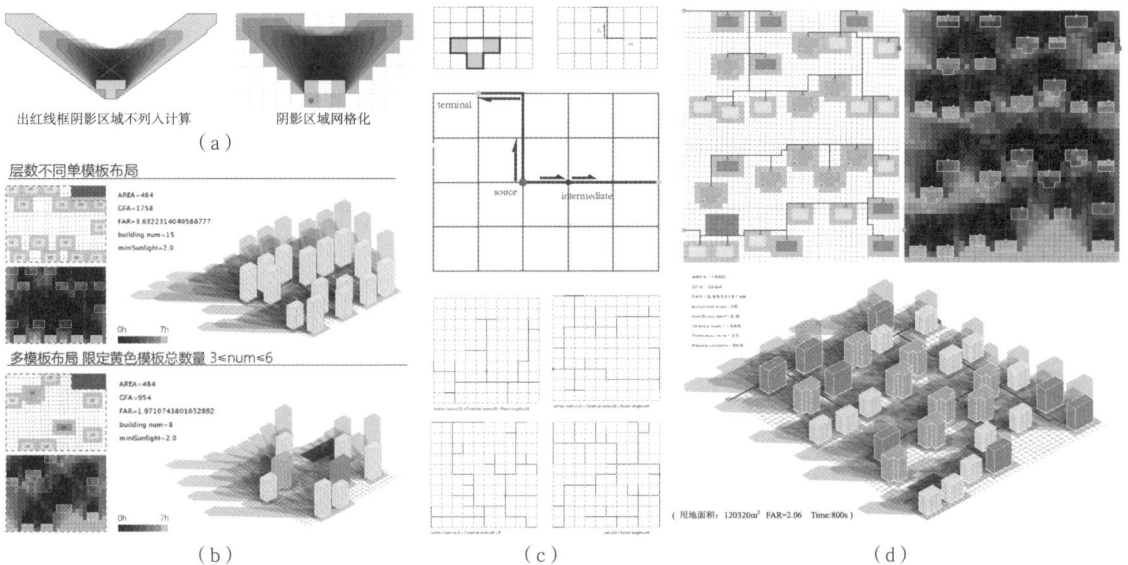

出红线框阴影区域不列入计算　　　阴影区域网格化

（a）

层数不同单模板布局

多模板布局 限定黄色模板总数量 3≤num≤6

（b）　　　　　　　　　　　　（c）　　　　　　　　　　　　（d）

图3-60　基于整数规划的高层住宅布局和路径规划的生成模型及生成结果
（a）高层建筑阴影区域图；（b）条件限制下的多种模板布局实验；（c）路径连接实验；（d）大规模住区与正交格网交通路径连接实验
（图片来源：东南大学建筑学院建筑运算与应用研究所Inst. AAA）

4）案例4：面向中小学校园的建筑群组布局生成

作者：张佳石 李飚

生成算法：多智能体系统，简单进化算法

评价因子：间距，形体比例，朝南面长度，与边界的平行度

本案例旨在将明确的场地信息和任务书要求转化为多智能体系统中的规则限定，通过智能体之间自下而上的相互作用导出合理的建筑体量布局。以多智能体系统模拟建筑体量在场地中通过竞争得到最优的策略，关键在于通过多智能体的规则与评价体系的设计使系统从整体无序演化到局部有序，实现对复杂环境中的建筑形体的数理抽象过程。其核心为两方面：一方面是局部优化的满足，通过限定规则的定义来实现，例如建筑间距采光等可以准确描述的限定以及肌理、拓扑关系等较难明确定义的限制；另一方面是整体布局的最优，通过对整体评价体系的加入实现，使多智能体系统从局部有序向整体有序发展。

本案例定义如下所示的多智能体系统，由智能体集合与智能体之间的限定关系组成；智能体通过作用于其上的各种规则进行其内部属性的调整，通过"规则—评价—更新"的迭代计算过程，使系统达到稳定状态（图3-61a展示了迭代过程中的布局演化）。各智能体的总体积被预先设定，其内部可变的属性包括三项：即三个维度上的长度、空间位置以及方向；智能体的长宽高尺度会随着智能体之间的相对位置、角度关系进行变化，以得到其在空间中的最佳形态；生成结果将满足不同的拓扑关系设定（图3-61b）。

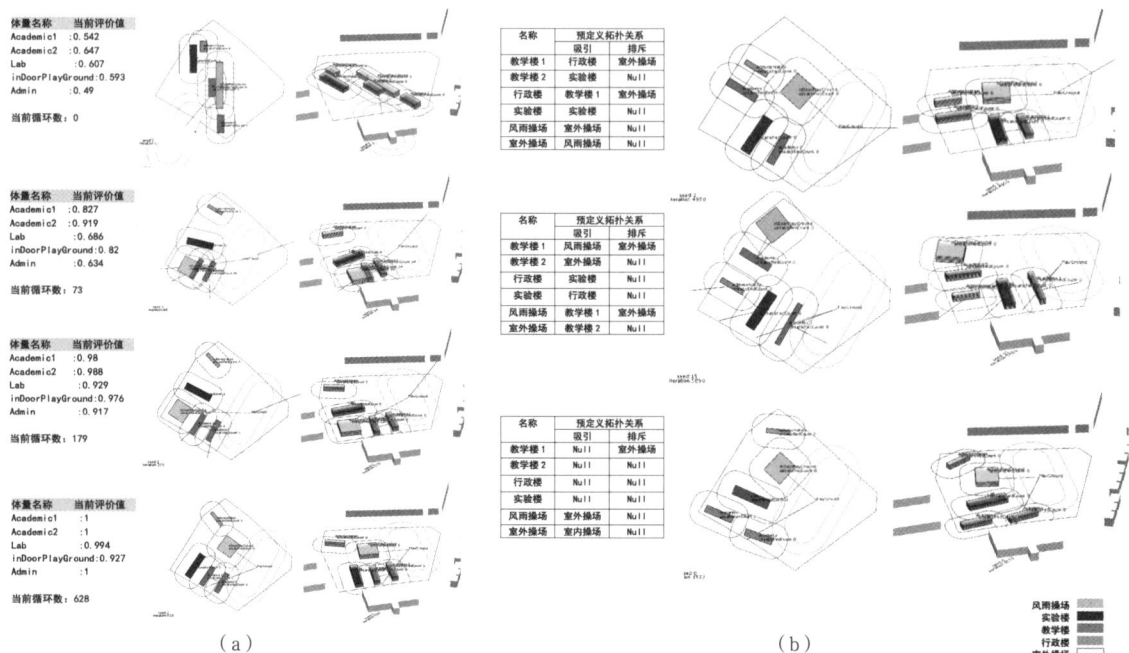

（a）　　　　　　　　　　　　　　　　　　（b）

图3-61　基于多智能体系统的校园布局优化方法
（a）智能体的优化过程；（b）相同场地中3种不同拓扑关系的建筑形体排布结果
（图片来源：东南大学建筑学院建筑运算与应用研究所Inst. AAA）

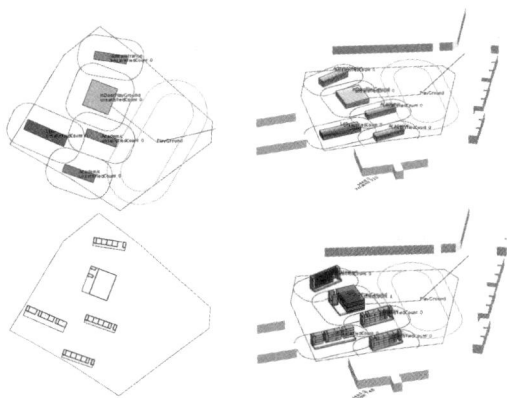

图3-62　校园整体布局及建筑空间组织的生成实验结果
（图片来源：东南大学建筑学院建筑运算与应用研究所
Inst. AAA）

智能体的属性调整通过三种基本操作实现：①位移；②旋转；③挤压。实际应用中，用户可以根据设计需要，例如建筑间距、采光需求、建筑肌理等，自行组合应用上述三种操作设计多智能体系统的演化规则。规则作用下的每一步操作结果都需要一定的评价，若相对上一步表现更差，则舍弃当前操作。案例主要采用了四项评价规则：①间距控制：判断型评价，保证体量不相交且满足间距限定；②与边界平行的程度：数值型评价，衡量智能体与场地形状的契合程度；③朝南向长度：数值型评价，衡量智能体南向采光的优劣度；④形体的比例：复合型评价，判断智能体的比例优化结果是否合理。本案例应用上述方法实现校园整体布局及建筑体量内部空间组织的一体化设计实验（图3-62）。

3.3.3　建筑单体形态的生成案例研究

建筑单体的生成设计是其平面布局和体量形式的演化过程。通常研究会分别对建筑单体的平面、立面、体量组织、外部形式等展开针对性探索；而形式与平面的生成逻辑在一定程度上是共通的，故一些系统性的生成架构倾向于联动考虑几部分的交互演化过程。功能拓扑关系、面积指标和高密容指标是限定布局建模过程的基本约束条件，建模过程还会涉及几何约束（边界限定，不重叠，占据程度，退让比例等）和空间质量评价，甚至拓展到环境性能、人流分布等其他非形态因素。

建筑生成设计方法使用数理模型描述建筑功能关系和建筑空间。模型的优劣直接影响算法的选择和结果的质量，故如何建立恰当的数理模型、选择合适的优化算法始终是研究重点之一。建筑平面布局的建模常以正交矩形作为组织空间的基本单元，常用的建模思路包括，自上而下迭代剖分，体块参数建模，几何模板填充，数据驱动的生成等，已在本章前两节详细叙述。随着建模方式的多样化，涌现出大量相关生成算法。大量基于L-system、形式语法（Shape Grammar）、分裂语法（Split Grammar）的建筑生成实验，基于案例推理（Case-based Reasoning）的设计生成，应用遗传算法进行的形体优化。其中，立面形式比其他子问题相对明晰和容易定义，逆向过程建模方法的典型实验即以立面为例。而非正交不规则平面的建模则成了研究的难点之一，除上述方法外，不规则模板拼贴、借助弹簧和粒子系统的物理模拟等方法能够有效支撑相关研究。

115

本节所展示的四个案例是3.3.2节中所提出的设计知识表示和程序算法的具体应用表现。案例1和案例2分别针对一般性住宅和办公类公共建筑展开研究，都以格网模型和正交体系为建模基础。不同的是，案例1以功能拓扑关系的定义为建模的核心导向，将不同房间单元组成多智能体系统，驱动布局模型的优化过程；而案例2以绿色性能优化为建模的核心导向，故以基于机器学习模型的性能预测方法实现高效性能评价，链接多目标遗传算法构建优化系统。案例3和案例4则分别针对中小学建筑和传统民居展开研究，聚焦于探索如何在数理模型中巧妙定义布局设计的类型或模式问题。表3-3展示了上述案例的研究问题与算法策略。

研究问题与算法策略：案例分析与梳理 　　　　　　　　　　　　表3-3

案例研究	功能类型	模型类型	核心算法	设计要素
案例1 拓扑关系限定下基于多智能体系统的建筑空间布局设计方法	住宅建筑	格网模型 正交体系	多智能体系统 进化算法	功能拓扑关系
案例2 基于遗传算法和机器学习的绿色建筑优化生成方法	办公建筑	格网模型 正交体系	遗传算法 机器学习	功能拓扑关系 日照热辐射
案例3 面向中小学校建筑的类型化布局生成方法	学校建筑	连续模型 不规则布局	整数规划 图模型	功能拓扑关系 布局模式
案例4 赋值际村：基于空间模式的传统民居生成建模	传统民居	连续模型 不规则布局	规则系统 模板匹配	安徽传统民居原型

1）案例1：拓扑关系限定下基于多智能体系统的建筑空间布局设计方法

作者：郭梓峰 李飚

生成算法：基于多智能体系统的演化模型，图模型，格网模型

评价函数：拓扑限定

本案例提出基于多智能体的拓扑关系优化方法，将功能拓扑关系作为根本的限定条件，实现功能拓扑关系明确定义下的建筑空间生成。空间布局生成由房间拓扑位置确定与房间形状优化两部分构成。

第一部分基于功能拓扑关系优化吸引——排斥的原理，并通过多智能体系统实现。多智能体系统$G=(V, E)$由智能体集合V和连接关系集合E构成，每个智能体对应一个房间，由代表房间类型的几何对象和表示空间大小的缓冲半径构成。智能体在预设拓扑关系的限定下，通过预定义的规则相互作用调整其几何对象的位置与属性，完成拓扑优化过程。当多智能体系统达到稳定状态，所有房间的位置便可确定（图3-63）。多智能体系统不包含体量和形状等额外信息，它将被转换为建筑布局模型，如格网模型或半边模型，并做进一步优化，以满足房间面积、形状等额外的约束条件。

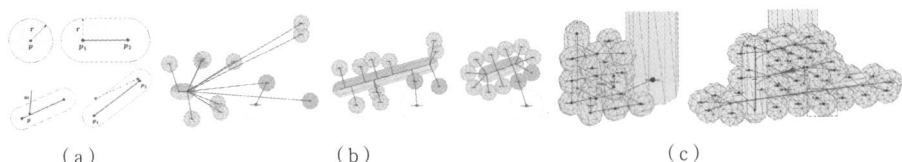

（a）　　　　　　　　　　　（b）　　　　　　　　　　（c）

图3-63　基于多智能体系统的拓扑图生成方法
（a）智能体定义；（b）智能体系统的演化过程；（c）基于智能体的拓扑关系演化结果示例
（图片来源：东南大学建筑学院建筑运算与应用研究所Inst. AAA）

　　房间形状优化以前者的运行结果作为输入条件，包括模型建构和评价优化两个主要步骤。建筑单体模型的定义基于三维格网模型，采用Voronoi图形的原理，实现智能体模型与格网模型之间的转换。格网中所能容纳单元格的最大数量以及单元格的尺寸均由设计师指定，并且应当覆盖整个建筑基地。每个单元格使用一个整数记录它所属的房间的索引号，索引号相同的单元格所构成的集合即为一个完整的房间。每个房间中，位于房间边缘、连续且共面的所有单元格构成一个面，房间包含的所有面构成房间的边界。与"半边结构"类似，每个面会记录其所在的房间，并引用位于它对面、属于另一个房间的面，以便房间之间可以相互检索，从而降低相邻关系探测所耗费的时间。增加推动操作以实现对空间布局的修改和优化。

　　空间布局优化过程通过评价函数评判布局的质量。评价函数对应不同的约束条件，其返回值越小表示布局质量越高，越大则反之。每项评价函数可包含多项条件，且具有不同的权重。所有评价函数的评价结果加权求和后即为空间布局的最终评价结果。当前纳入考虑范围的约束条件共有四条：拓扑关系、尺度、形状及建筑形状。设计师可以通过函数的不同的实现方式增加额外的约束条件，以应对具体的设计问题。如图3-64所示是基于多智能体系统（a），生成建筑空间体块（b）并输出为三维模型（c）的生成结果。该方法也可应用于大型建筑的高效生成。

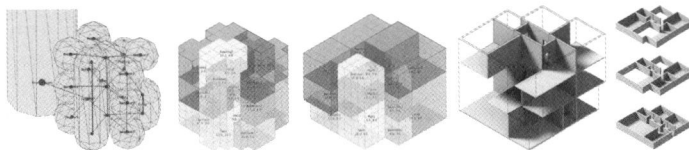

图3-64　拓扑关系限定下建筑空间布局的优化生成结果
（图片来源：东南大学建筑学院建筑运算与应用研究所Inst. AAA）

2）案例2：基于遗传算法和机器学习的绿色建筑优化生成方法

作者：赵文锐 李飚
生成算法：格网模型，RVD矩形，Voronoi图，机器学习，遗传算法
评价函数：日照热辐射

117

本案例基于遗传算法与机器学习方法，进行绿色建筑单体的正向设计。[25]
研究主要分为两部分，第一部分根据所构建的建筑形体提取形态参数，并基于机
器学习方法建立空间形态和建筑性能之间的映射关系；第二部分根据所构建的映
射关系对生成的建筑形体进行性能预测，并与多目标遗传算法结合生成满足性能
优化要求的建筑形体和平面模型，供设计师依据高层级信息筛选并进一步深化。

研究所采用的三维形体定义在三维正交网格上展开；将不同几何图元以
体素的方式进行表示，并进一步转化为连续几何形体。地块内的布局通过三
维矩形Voronoi图（Rectangular Voronoi Diagram，RVD）定义；为实现形体优
化和对场地区域的完全占据，应用推动、合并等形体操作。图3-65展示了所
定义的建筑生成模型。

为实现建筑布局性能表现的高效预测，研究进一步推进了形态特征编码、
数据集构建和形态性能映射关系构建。数据集生成流程、所构建的ResNet 18神
经网络模型架构及预测结果示例见图3-66。基于上述形体描述方式和性能预测

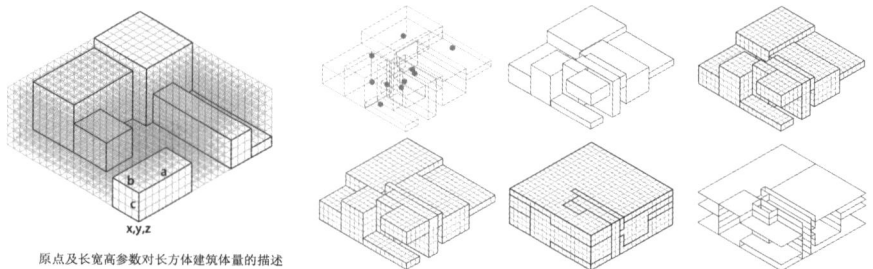

原点及长宽高参数对长方体建筑体量的描述

图3-65 基于格网模型和RVD的生成模型定义
（图片来源：东南大学建筑学院建筑运算与应用研究所Inst. AAA）

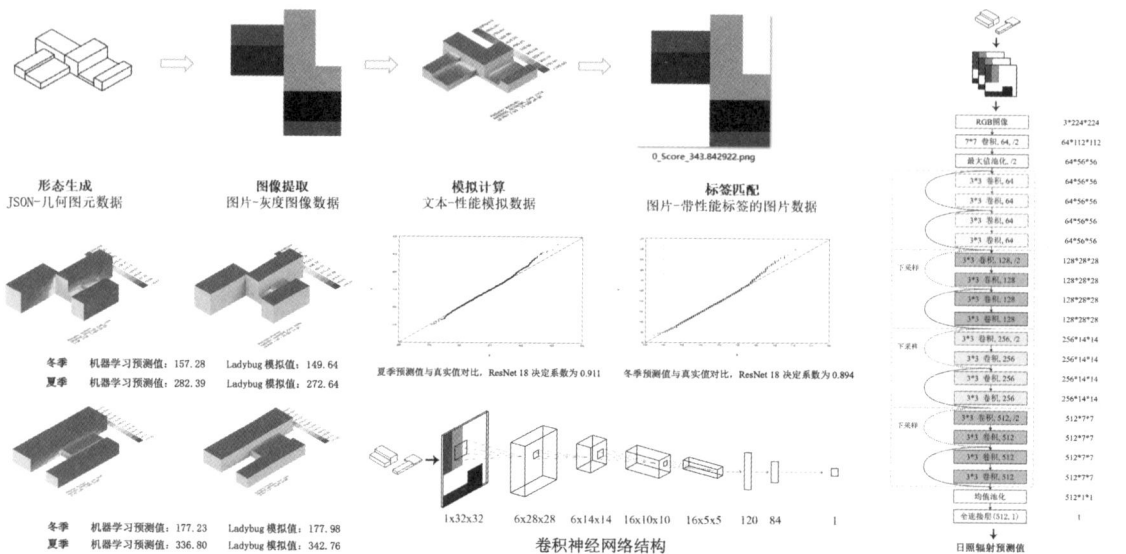

图3-66 基于机器学习的建筑布局性能表现预测方法
（图片来源：东南大学建筑学院建筑运算与应用研究所Inst. AAA）

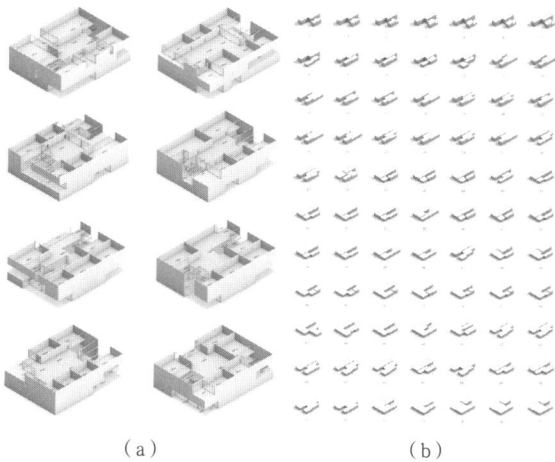

（a）   （b）

图3-67 该模型分别应用于建筑平面布局生成和建筑形体优化实验
（a）建筑平面布局生成结果；（b）从夏季最优到冬季最优建筑形
体生成结果（1-77号）
（图片来源：东南大学建筑学院建筑运算与应用研究所Inst. AAA）

路径，以NSGAⅡ算法进行优化求解，得到满足日照热辐射目标的解集。所提出的算法框架能够同时应用于建筑形体和平面布局两个不同尺度的设计问题（图3-67），为绿色建筑的正向设计模式的实现提供了有价值的技术路径。

3）案例3：面向中小学校建筑的类型化布局生成方法——从房间配置到空间布局

作者：李飚 史季 施远 李东耘 张超 王炎钰 朱雪融

生成算法：图模型，整数规划

这一案例以中小学校建筑为例，首先针对其以线性为主的形态特征（此处称为"走道—房间"式），建立独创性、类型化的建筑形体描述性程序模型；[26]继而以建筑规范、行业标准、设计惯例等必要参照为依据的功能房间属性计算流程，借助数学规划作为算法工具，将功能房间分配至形体空间，形成了可高效生成多样建筑空间布局方案的数字运算方法（图3-68）。

案例参照半边数据结构图模型，提出面向"走道—房间"式空间模式的图结构模型（Typology Graph Model）。以节点（Node）记录转角始末位置，以边（Edge）表示走道，以半边（Half-edge）表示走道旁侧可用空间。设立图管理器（Graph Manager）以建立不同图间的联系，图管理器中每层可储存不同建筑或同一建筑的多个图。

进一步以房间配置指标（房间功能、数量、面积）和形体基本限定（跨

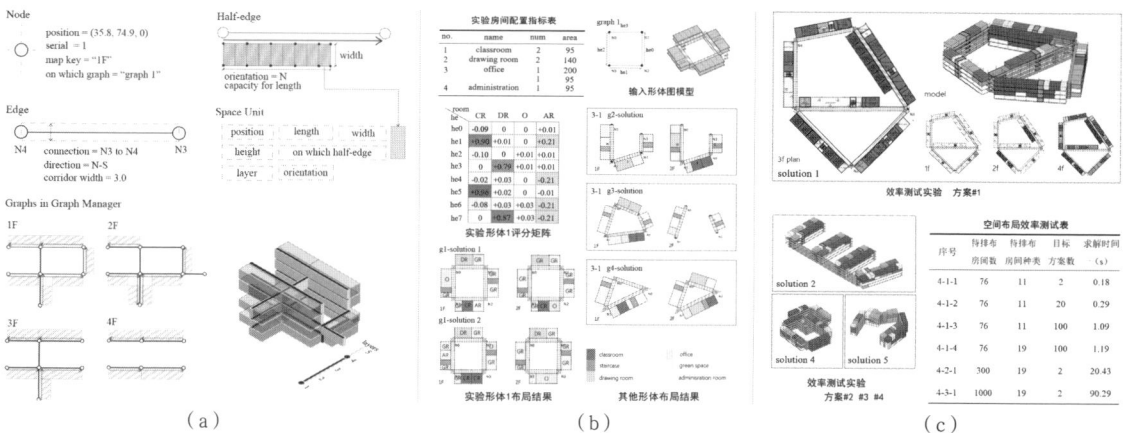

（a）   （b）   （c）

图3-68 类型化布局生成模型的系统框架
（图片来源：东南大学建筑学院建筑运算与应用研究所Inst. AAA）

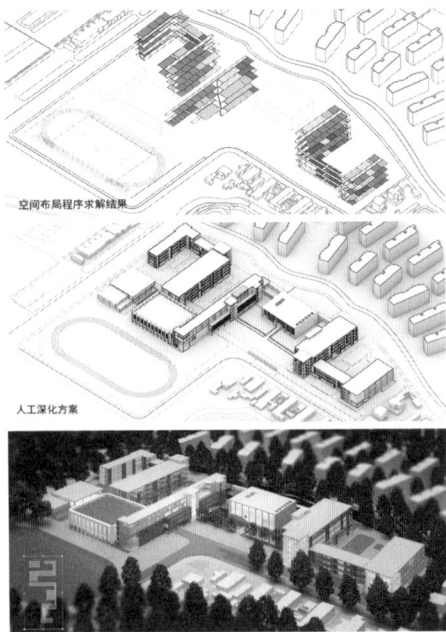

空间布局程序求解结果

人工深化方案

图3-69 生成实验结果和透视效果图
（图片来源：东南大学建筑学院建筑运算与应用研究所Inst. AAA）

距、进深）作为输入条件，推导房间配置要求中各功能房间的具体形态，生成相应的建筑图示，并为各房间赋予排布属性。计算结果将作为下一步应用整数规划生成布局形体模型的输入条件和约束限定。

最后使用两次数学规划求解最佳排布的若干可行方案。第一次计算以功能房间的常用朝向、常用楼层和排布优先级计算房间——半边的一一对应的综合评分矩阵，以最高评分作为目标值，求解房间到半边上的若干分配方案。第二次计算则基于建筑形体描述模型中设定的柱跨，以最多柱点被房间占据作为求解目标，确定各房间的具体位置的同时，令房间布置尽量与柱网相协调。

本案例以房间配置要求作为初始输入条件，提出一个可由设计师交互调整的走廊式建筑形体的计算性模型及其设计工具，图3-69展示了将这一生成方法应用于中小学校园设计的方案结果，所构建的交互设计工具的用户界面如图3-70所示。[27]

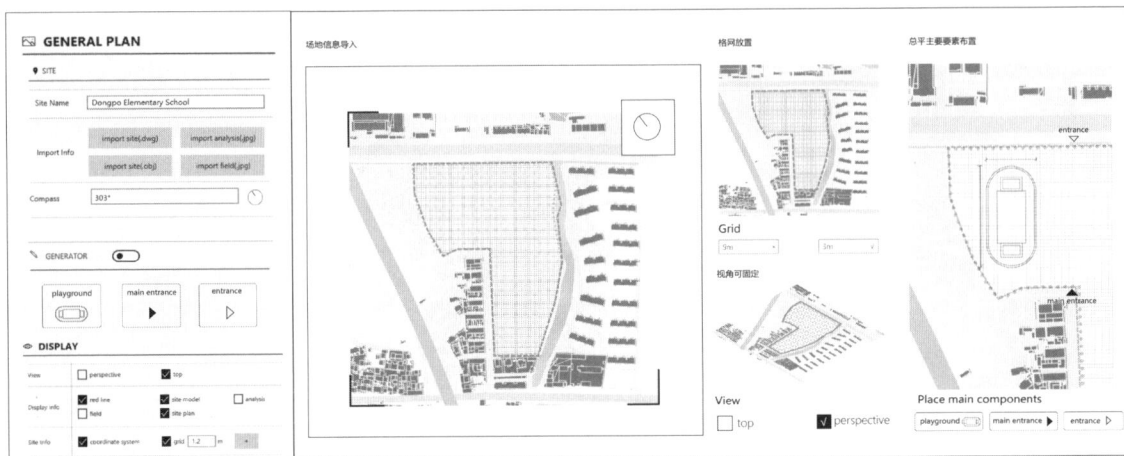

图3-70 工具界面和操作展示
（图片来源：东南大学建筑学院建筑运算与应用研究所Inst. AAA）

4）案例4："赋值际村"——基于空间模式的传统民居生成建模

作者：郭梓峰 季云竹 李飚

生成算法：规则系统，多智能体系统

传统徽州民居的外在表现通常与内部功能和建构方式息息相关，可以借助相应的"生形文法"规则完成。实验提出一个以地块及理想朝向为输入参数的、包含建筑内部功能组织的徽州民居生成系统。该系统由三部分构成，即地块剖分、木构架构建、徽派围护结构的模式识别。

120

地块剖分部分包括四步规则：地块简化、地块一次划分、地块二次划分以及平面布局确定。对于简单的地块程序经过预处理将其简化成四边形；复杂形状的地块则将其剖分为四边形子地块，程序评判并筛选出最佳的剖分结果（最适宜建筑建造的剖分），若出现得分并列则根据朝向和道路等因素做决定。当所有四边形中的开间和进深数确定后，便根据其具体尺寸和合院的类型放置建筑平面，得到平面布局。所提出方法能够适应不同地块形状的变化。

木构架构建以屋顶为单位进行设置，将模数作为结构计算的重要依据。具体操作时首先根据平面的进深以及徽州民居中相关的模数关系来确定步架数目和开间数目，进一步得到空间结构的布局网格，作为设置梁柱的基准。在空间网格的基础上，对不同的结构构件进行相关位置的计算，以屋脊的位置作为参照基准，依次加入檩条、枋等构件形成完整稳定的结构体系。立面的生成，则是在平面的基础上进行纵向的垂直延伸，控制关键形态变量并加入风格化的要素生成；屋顶平面的标高通过面积大小以及"进"的前后来确定。

规则系统在输入参数变化的情况下所生成模型发生对应的变化，支持生成大量多样化的民居建筑样式（图3-71）。进一步将上述系统与半边数据结构等其他模型相结合，实现传统村落肌理的生成设计（图3-72）。

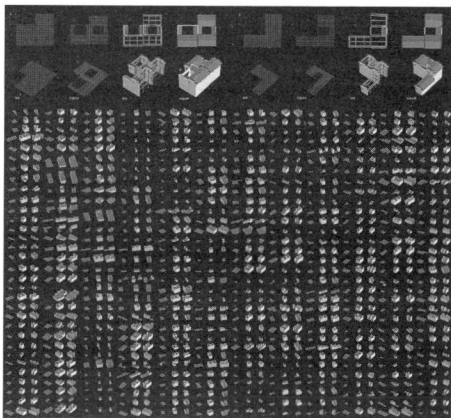

图3-71 大量多样化的民居建筑生成结果
（图片来源：东南大学建筑学院建筑运算与应用研究所 Inst. AAA）

图3-72 际村村落肌理的模拟结果
（图片来源：东南大学建筑学院建筑运算与应用研究所 Inst. AAA）

参考文献

［1］ 张佳石. 基于多智能体系统与整数规划算法的建筑形体与空间生成探索——以中小学建筑为例[D]. 东南大学，2018.

［2］ PENG C H, YANG Y L, WONKA P. Computing layouts with deformable templates[J]. ACM Transactions on Graphics, 2014, 33(4): 99:1-99: 11.

［3］ 郭梓峰. 功能拓扑关系限定下的建筑生成方法研究[D]. 东南大学，2017.

［4］ ROTH J, HASHIMSHONY R. Algorithms in graph theory and their use for solving problems in architectural design[J]. Computer-Aided Design, 1988, 20(7): 373-381.

［5］ ZHANG B, MO Y, LI B, et al. SIMForms: A Web-Based Generative Application Fusing Forms, Metrics, and Visuals for Early-Stage Design[C]//ACCELERATED DESIGN – Proceedings of the 29th CAADRIA Conference, Singapore, 20–26 April 2024, Volume 1. CUMINCAD, 2024: 373–382.

［6］ 陈石，刘洪彬，张伶伶. 形态参数视角下城市空间肌理特征解析[J]. 建筑学报，2021(S2): 106–111.

［7］ 张琪岩. 基于规则和张量场的街区肌理与空间布局生成方法探索[D]. 东南大学，2021.

［8］ ZHANG B, LI B. From knowledge encoding to procedural generation for early-stage layout design: A case of linear shopping centres[J]. Frontiers of Architectural Research, 2024.

［9］ VANEGAS C A, KELLY T, WEBER B, et al. Procedural Generation of Parcels in Urban Modeling[J]. Computer Graphics Forum, 2012, 31(2pt3): 681–690.

［10］ 吴佳倩，李飚. 结构性与进程性策略的算法探索——以低层高密度住区生成设计为例[J]. 城市建筑，2018(16): 113–116.

［11］ GUO Z, LI B. Evolutionary approach for spatial architecture layout design enhanced by an agent-based topology finding system[J]. Frontiers of Architectural Research, 2017, 6(1): 53–62.

［12］ 李鸿渐. 多要素限定的绿色公共建筑空间形态生成模式初探[D]. 东南大学，2019.

［13］ HUA H, HOVESTADT L, TANG P, et al. Integer programming for urban design[J]. European Journal of Operational Research, 2019, 274(3): 1125–1137.

［14］ 吴佳倩. 量形统筹视角下的建筑布局生成方法研究[D]. 东南大学，2022.

［15］ 郭梓峰，李飚. 建筑生成设计的随机与约束——以多智能体地块优化为例[J]. 西部人居环境学刊，2014, 29(6): 13–16.

［16］ 李昊. 基于多种寻径算法的路径生成研究与应用[C]//数字技术·建筑全生命周期——2018年全国建筑院系建筑数字技术教学与研究学术研讨会论文集. 全国高等学校建筑学专业教育指导委员会建筑数字技术教学工作委员会，2018: 68–73.

［17］ DILLENBURGER B. Raumindex. Ein datenbasiertes Entwurfsinstrument[D]. ETH Zurich, 2016.

［18］ ROSENBLATT F. The perceptron, a perceiving and recognizing automaton[M]. Cornell Aeronautical Laboratory, 1957.

［19］ CAI C, LI B. Training deep convolution network with synthetic data for architectural morphological prototype classification[J]. Frontiers of Architectural Research, Volume 10, Issue 2, 2021: 304–316.

［20］ 蔡陈翼，李飚，卢德格尔-霍夫施塔特. 神经网络导向的形态分析与设计决策支持方法探索[J]. 建筑学报，2020, 10(624): 102–107.

［21］ CAI C, ZAGHLOUL M, LI B. Data clustering in urban computational modeling by integrated geometry and imagery features for probabilistic navigation[J]. Applied Sciences. 2022, 12(24):12704.

［22］ 陈允元. 基于马尔科夫链和神经网络的城市功能节点预测方法研究[D]. 东南大学，2019.

［23］ WU W, FAN L, LIU L, et al.MIQP - based layout design for building interiors[J]. Computer Graphics Forum, 2018, 37(2): 511–521.

［24］ 李思颖. 基于整数规划的住区生成方法初探[D]. 东南大学，2019.

［25］ 赵文锐. 基于机器学习与遗传算法的绿色建筑生成方法初探[D]. 东南大学，2022.

［26］ 施远. 设计规则及拓扑限定下的建筑平面布局运算化生成[D]. 东南大学，2023.

［27］ 史季，李飚. 从房间配置到空间布局的数字运算方法——以中小学校建筑为例[C]//全国高等学校建筑类专业教学指导委员会，建筑学专业教学指导分委员会，建筑数字技术教学工作委员会. 兴数育人 引智筑建：2023全国建筑院系建筑数字技术教学与研究学术研讨会论文集. 东南大学建筑学院建筑运算与应用研究所，2023：5.

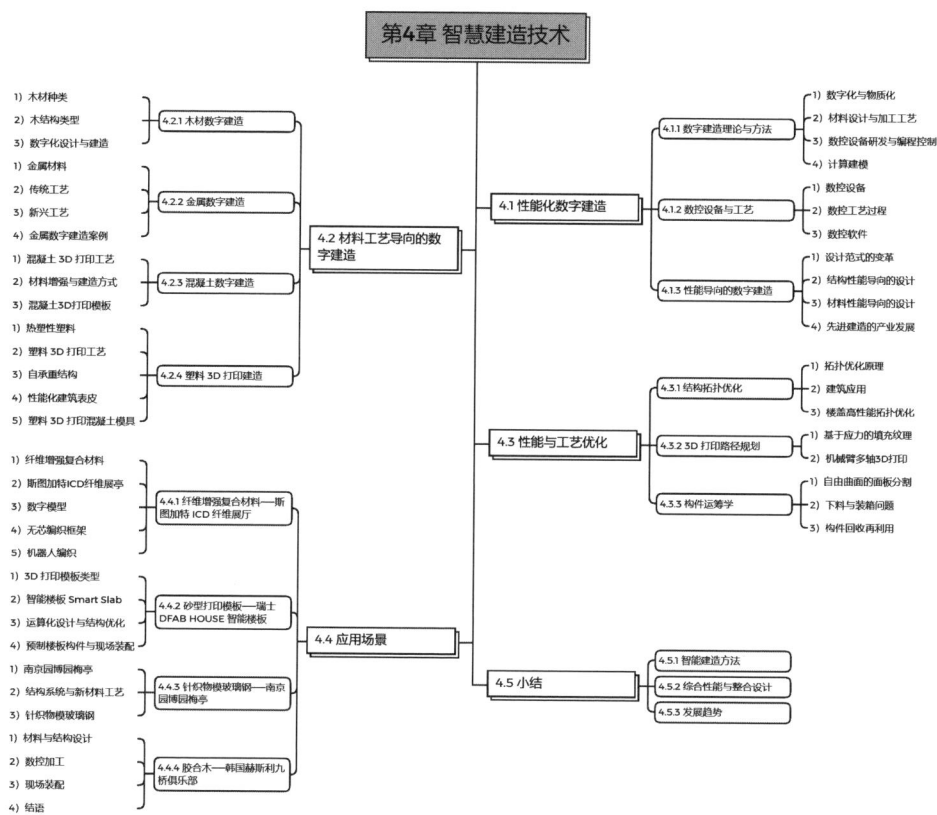

第4章 智慧建造技术

第4章 智慧建造技术

4.1 性能化数字建造

- 4.1.1 数字建造理论与方法
  - 1) 数字化与物质化
  - 2) 材料设计与加工工艺
  - 3) 数控设备研发与编程控制
  - 4) 计算建模
- 4.1.2 数控设备与工艺
  - 1) 数控设备
  - 2) 数控工艺过程
  - 3) 数控软件
- 4.1.3 性能导向的数字建造
  - 1) 设计范式的变革
  - 2) 结构性能导向的设计
  - 3) 材料性能导向的设计
  - 4) 先进建造的产业发展

4.2 材料工艺导向的数字建造

- 4.2.1 木材数字建造
  - 1) 木材种类
  - 2) 木结构类型
  - 3) 数字化设计与建造
- 4.2.2 金属数字建造
  - 1) 金属材料
  - 2) 传统工艺
  - 3) 新兴工艺
  - 4) 金属数字建造案例
- 4.2.3 混凝土数字建造
  - 1) 混凝土 3D 打印工艺
  - 2) 材料增强与建造方式
  - 3) 混凝土3D打印模板
- 4.2.4 塑料 3D 打印建造
  - 1) 热塑性塑料
  - 2) 塑料 3D 打印工艺
  - 3) 自承重结构
  - 4) 性能化建筑表皮
  - 5) 塑料 3D 打印混凝土模具

4.3 性能与工艺优化

- 4.3.1 结构拓扑优化
  - 1) 拓扑优化原理
  - 2) 建筑应用
  - 3) 楼盖高性能拓扑优化
- 4.3.2 3D 打印路径规划
  - 1) 基于应力的填充纹理
  - 2) 机械臂多轴3D打印
- 4.3.3 构件运筹学
  - 1) 自由曲面的面板分割
  - 2) 下料与装箱问题
  - 3) 构件回收再利用

4.4 应用场景

- 4.4.1 纤维增强复合材料—斯图加特 ICD 纤维展厅
  - 1) 纤维增强复合材料
  - 2) 斯图加特ICD纤维展亭
  - 3) 数字模型
  - 4) 无芯编织框架
  - 5) 机器人编织
- 4.4.2 砂型打印模板—瑞士 DFAB HOUSE 智能楼板
  - 1) 3D 打印模板类型
  - 2) 智能楼板 Smart Slab
  - 3) 运算化设计与结构优化
  - 4) 预制楼板构件与现场装配
- 4.4.3 针织物模板玻璃钢—南京园博园梅亭
  - 1) 南京园博园梅亭
  - 2) 结构系统与新材料工艺
  - 3) 针织物模板玻璃钢
- 4.4.4 胶合木—韩国赫斯利九桥俱乐部
  - 1) 材料与结构设计
  - 2) 数控加工
  - 3) 现场装配
  - 4) 结语

4.5 小结

- 4.5.1 智能建造方法
- 4.5.2 综合性能与整合设计
- 4.5.3 发展趋势

第4章 智慧建造技术

基于建筑学基本原理，智慧设计综合利用各类数字技术方法，通过"数字链"贯穿建筑设计、模拟优化、建造施工等各个环节，在数理逻辑层面上对各类建筑问题与解决方案进行整合。随着建造技术与材料工艺、绿色低碳诉求对建筑与城市发展越来越重要，面向建造的智慧设计方法逐渐成为当今建筑设计方法体系的重要组成部分。

从19世纪现代主义理论先驱勒·杜克（Viollet-le-Duc）提出的"寻找材料的理想形式"理论，到20世纪初柯布西耶等建筑巨匠对钢筋混凝土结构的探索，再到21世纪兴起的数字建造（Digital Fabrication）浪潮，都代表了从建筑物质层面出发的设计思维方式。材料、结构、建造是肯尼斯·弗兰姆普敦所述的建构文化中的基本要素，物质材料在建筑中的再现方式是建筑学的一个核心问题。

如今依托计算建模（Computational Modeling）与各类软件工具，人们可以把材料工艺与建造过程的行为特征纳入建筑设计早期过程中，有效地与建筑设计中的各类因素有机结合，旨在创造与建筑设计深度集成的高性能建造方式。面向建造的智慧设计方法虽然是从抽象的数字技术发展而来的，但其研究的直接对象是建筑的物质构成及其客观性能，因此兼具设计方法论层面的意义与生态可持续发展层面的意义。

4.1 性能化数字建造

性能化（Performance-based）数字建造是建筑学不断响应建筑技术发展与社会新诉求的新方向，集中体现了21世纪初期建筑工业技术、信息技术与建筑设计方法之间的冲突与融合。自从欧洲文艺复兴开始，建筑师与结构、施工逐渐分离；到20世纪的建筑工业化时代，结构工程、建筑材料、建筑施工领域的专业化程度更高，建筑师与各专业之间的配合日益错综复杂；而21世纪对建成环境与AEC（建筑、工程和施工）行业的诉求越来越细化，特别是对建筑全生命周期的绿色低碳要求直接影响了建筑设计范式。

如今，"建筑设计—各专业深化—施工建造"线性流程很难应对设计目标与约束复杂多变的现状；需要从各专业技术方法出发、综合各方意图与客观限定，借助数字化的模拟、生成、优化来推导建筑方案。"性能化数字建造"方法追求材料工艺与建造技术、计算建模与性能优化、建筑设计方法这三方面的深度融合，突破不适宜的既有认知系统与技术解决方案，重构各个设计要素之间的逻辑关系，针对特定设计场景来建构合理的问题分析与解决方案。因此性能驱动的数字建造方法需要打破建筑设计与各建筑领域之间的边界，才能逐渐形成范式革新的理论方法与核心技术。

4.1.1　数字建造理论与方法

　　基于建筑设计方法的数字建造以材料、结构、建造为核心，运用计算建模与软件工具推动建筑设计过程，用数据来驱动数控设备进行定制化自动建造。这种跨领域、跨学科的新型工作方式促进了建筑各领域的新一轮融合，也推动了设计师探索新的理论与设计方法。数字建造兴起于21世纪初，是以建筑学为核心的一种新的建筑设计理论与方法，同时也代表了现代工业信息技术对建筑业持续冲击并引发了建筑范式革新。因此，当代数字建造是建筑设计方法与工业信息技术双方综合的结晶。

　　经典现代主义理论往往以"空间—功能"二元关系展开叙事，而弗兰姆普敦提所倡导的"建构学"把结构与建造纳入建筑核心理论体系[1]。实际上，以维奥莱·勒·杜克为代表的19世纪法国结构理性主义、20世纪初奥古斯特·佩雷（Auguste Perret）、柯布西耶等人对钢筋混凝土结构的探索、20世纪70、80年代兴盛的高技派建筑，都拓展了基于物质层面（包括材料、结构、建造）的建筑学。而数字建造语境下的材料运算（Material Computation）[2]与数字建构（Digital Tectonics）是物质驱动思维与数字技术相结合的理论方法。

　　数字建造是现代社会"生产力"发展的客观反映。第一次工业革命鼎盛时期就出现了数控技术的雏形——雅卡尔提花织布机（Jacquard Loom），采用包含0–1信息的穿孔卡片来定制织物。20世纪后期的数控技术（CNC）、计算机辅助设计（CAD）与计算机辅助制造（CAM）技术统领了工业领域，显性或隐性地融入专业知识体系中。相比之下，建筑领域直到21世纪初才初步形成了数字化"设计—建造"技术路线。工业 4.0范式中的个性化定制、信息驱动物质等理念也成为数字建造的核心。

　　数字建造将虚拟的设计转化为物质构成，但"建造"不是设计的下游环节，而是对形式、材料、力学等建筑要素进行综合的核心环节。对建造结果（或虚拟仿真）进行多方位评价，反思其中的因果逻辑，进而改进设计流程或设计方法，乃是数字建造对建筑学的方法论贡献。现今，各类性能模拟优化已经和数字建造方法融为一体，形成了"性能化数字建造"综合设计方法。

1）数字化与物质化

　　沿袭建筑学的悠久传统，建筑包含"形式"与"物质"辩证的两面。建筑理论家阿尔伯蒂在《论建筑》中将建筑分解为"线条"（Lineaments）与"物质"（Matter），两者的有机结合需要依靠建筑师的设计推理。法国结构理性主义理论家维奥莱·勒·杜克认为建筑师需要"寻找材料的理想形式"，强调建筑学中形式与物质的对立统一。而当代数字建造方法中的"材料运算"[2]把运算化设计与材料行为对应起来，明确了"数字化"与"物质化"辩证统一的宗旨。

"数字化"过程对建筑物质部分及其行为特性进行分析与归纳，进而建立虚拟的模型或数理逻辑关系，因此人们可以用抽象的数字模型来设定与评估建筑，在无限的可能性当中探寻最理想的设计方案。而"物质化"过程利用各类数控设备执行数字模型所对应的机器代码（如G-code）实现对具体材料的加工或组装，从而把抽象的数字模型转化为具象的建筑实物；该过程衍生出的材料工艺研发、装备的软硬件改良等不仅影响建筑实物的品质与精度，而且会潜移默化地改变建筑行业的认知体系与设计流程。数字建造旨在实现数字化与物质化的双向融合，力图从一个系统化的视角重新建立形式、材料、结构等各个建筑要素之间的关联[3]。

数字化方法与物质化流程的结合对社会生产模式具有深远的意义。欧洲现代纺织工业的崛起象征着工业化生产颠覆了传统手工艺，提高了生产效率，也导致产品的设计方式发生了变革。19世纪初出现的雅卡尔提花织布机被认为是数控制造的前身，它使用穿孔卡片来定制花纹，织物的设计与制造都参照同一套数理逻辑。自21世纪初开始，数字化与物质化在建筑行业中的并行发展，将显著提高建造效率和建筑品质，提升建筑行业的生产能力，同时建筑设计流程也需要重构。

由"设计运算—数控制造"构成的数字化链条正在不断激发设计师探索新的设计哲学与方法，其中数字化与物质化的契合成为核心问题。运算化设计与建造培育了一种兼具设计范式与建造实践的建筑理论，这在文艺复兴以来的漫长时段内是很少见的。

2）材料设计与加工工艺

传统建筑师通常只关注材料的外在特征，如密度、强度、防水性和耐久性等，将其视为一个"黑箱"，然后顺应其固有特性进行运用。但在数字建造中，材料本身就是设计对象，可以根据项目需要制造新材料或转化原有材料的特性。在量子物理学中，物质与信息耦合，而并非固有的存在。在材料科学领域，纳米打印机[4]已经实现了在微观尺度中控制材料的空间构成（图4-1），实现超材料（Metamaterial）的设计与制造。通过在不同的空间尺度设置不同的材料组织方式，我们可以获得前所未有的材料性能，这为材料科学和工程师提供了更多的创新机会。

建筑师们正在积极探索数字技术在新材料研发和材料应用上的可能性。例如，阿希姆·蒙格斯（Achim Menges）在《材料运算》[2]中指出，材料运算不仅可以增进我们对材料的认识，还可以指导我们在设计中更好地运用材料。托尼·科特尼克（Toni Kotnik）认为设计师应该用统一的逻辑将力学、材料和形式三者结合起来，而不是将材料视为形式的奴隶[2]。

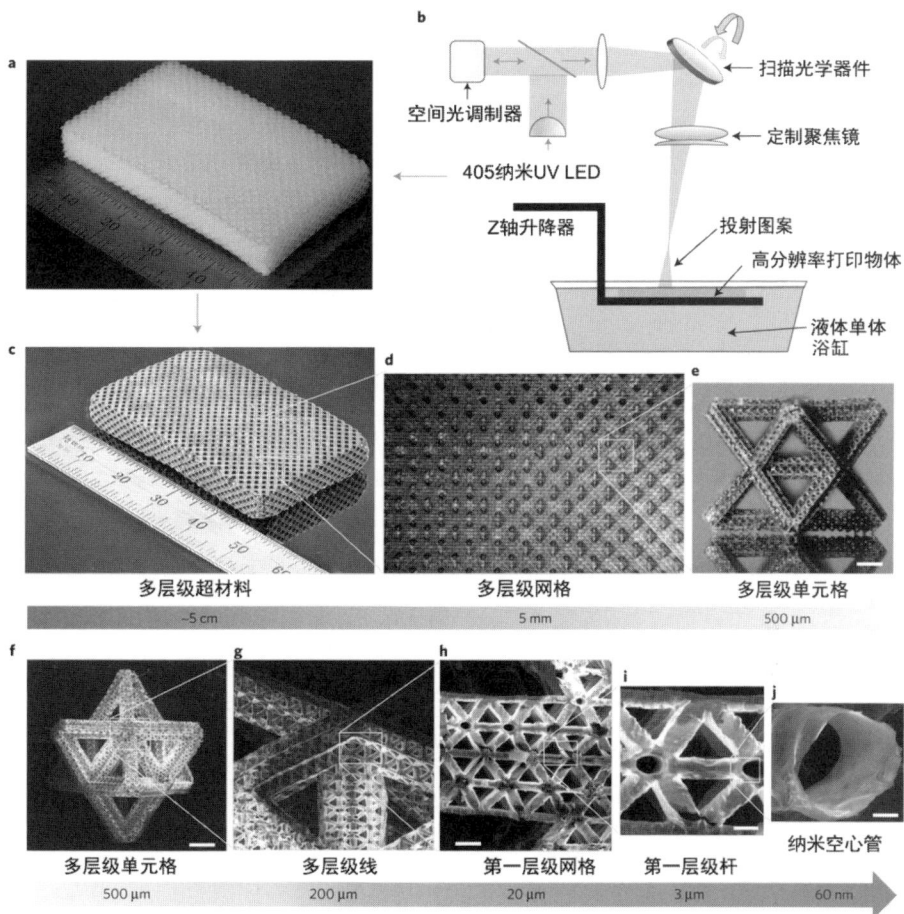

图4-1　多层级 3D打印用来制造超材料（Metamaterial）

（图片来源：参考文献[4]）

　　一些建筑师们使用数控技术来开发特殊的材料工艺，并艺术性地应用到设计当中。例如，随湿度变形的复合薄木片[5]，一对锯齿状木板咬合形成的曲面（ZipShape）[6]，充气薄钢结构（FiDU）[7]，纤维线与树脂形成的薄壳[8]等，这些都是运用数字技术创造性地运用材料的案例。数字技术极大地提升了建筑师操控材料的能力，也为建筑设计带来了更多的创新和变革。

3）数控设备研发与编程控制

　　数控设备在数控建造中扮演着至关重要的角色。个性化建造过程可能伴随着新装备的研发。数控设备的软硬件技术涉及多个领域，包括机械工程、电气与电子工程、自动化控制等。数控设备的构思、设计、定制是建筑师深入数控建造的标志。高度定制化的制造过程需要使用自制或改装的数控设备，而材料与加工设备的实际特性也会使设计师调整或重新做设计方案。因此，在数字建造中，建筑设计过程与数控设备研发是相辅相成的。

图4-2 由12×12矩阵伸缩杆组成的可变模具系统
（图片来源：东南大学建筑学院建筑运算与应用研究所 Inst. AAA）

数控设备是由数据来驱动的，具体来说是通过相应的机器代码来控制。例如，常见的三轴铣床、激光切割机、3D打印机通常是由G-code驱动的。而尖端的、特殊的数控设备则往往有自身的数控软件及其机器代码。不同品牌的六轴工业机器人一般有不同的机器语言，例如KUKA机器人研发了自己的KRL语言。

建筑运算与应用研究所通过Java编程语言，将设计信息转化为机器代码，从而可以精确地控制加工过程。例如通过自主编写的Java程序输出三维打印机的G-code，从而可以系统化地打印大量非标准化产品；或者通过Java程序输出KUKA机器人的KRL语言，实现铣削、热线切割等定制化加工工艺，并发布了开源代码库javakuka.org。

为了研发数字化的造型、制模和浇筑工艺，建筑运算与应用研究所开发了一套数控可变模具系统。该系统由144个独立的步进电机伸缩杆组成，排列成12行12列的结构（图4-2）。每个伸缩杆能够在一定范围内模拟任意曲面形状。上位机（PC电脑）将所需形状转化为坐标数据，并将其传递给主控板（基于ARM平台）。主控板再将信息传递给18个电机驱动板，每个驱动板负责控制8个伸缩杆的运动。

通过底层机器代码的编程，设计师可以最大限度地把控加工制造过程；通过硬件设备及其控制系统的研制，设计师可以实现前所未有的特殊建造工艺。因此，数控设备研发与编程控制为个性化、定制化的数字建造提供了更广阔的创新空间。

4）计算建模

计算建模（Computational Modeling）是计算机程序对所研究的问题原型的同态构建，对设计建造所涉及的核心问题的计算建模比编写程序或操作软件更为关键。计算建模包含多个层面，其中通用性的模型主要包括：

（1）数学与几何类：数学规划、计算几何学、图形学等。

（2）计算机领域的各类数据结构与算法，如并查集、A*算法等。

（3）编程中的数据组织方式，如面向对象编程（Object Oriented Programming）、λ演算等。

与数字建造相关的计算模型包括：

（1）各项性能所依据的数学模型，包括力学模型（如有限元方法）、热工性能模型、流体力学等；

（2）生成设计方案所涉及的复杂系统、形状语法、多智能体系统、参数化模型等；

（3）与机械或制造工艺相关的运动学、系统科学、路径规划（Tool Path Planning）、构件排版问题等。

智慧设计通常需要对关键设计与建造问题进行计算建模，进而通过系统化的方法来推导高性能的设计方案。在性能导向的数字化设计中有两种主要方法用来提高建筑性能。第一种方法是性能模拟和优化：首先使用数学模型描述设计的各种可能状态，然后定义一个目标函数（把任意具体状态作为输入，输出其性能得分），最终通过系统化的方法，在所有可能状态中找到性能得分最高的状态。数字建造中常见的性能指标包括力学性能、材料用量、建筑物理性能、空间适用性等。第二种方法是通过理性化的经验来实现高性能设计。例如古代经常采用拱形结构——它具有良好的力学性能，而现在可以使用悬链线等数学模型更加理性地生成纯压作用的薄壳形态。因此，建筑师的经验和理性计算是可以相互促进的。

完整的数字建造项目追求设计与建造的一体化，在最初生成设计阶段就考虑材料特性和建造流程。传统的建筑实践中，设计师通常期望施工方严格按照图纸或模型进行建造，然而数控建造带给我们新的启示：材料特性和施工规律可以成为推动设计方案的积极因素。在建筑领域，设计与建造长期分离，导致建筑师对最终实物的控制力减弱，建筑品质下降，最终导致创新受限。而数字建造提供了一种新的可能：设计师可以通过编程生成方案，模拟并优化建筑（包括结构、构件、细部等）性能，并通过控制数控设备实现建造。设计师可以通过抽象的代码精确控制最终实物的每一个细节，从设计到实物的一致性为设计师提供了更多的设计可能性。

计算几何学（Computational Geometry）是数字化设计与制造的基础，它把几何问题转化为数学与代码可以描述的对象。随着计算机技术的发展，计算几何和计算机图形学成为描述和解决现实几何问题的核心领域。在过去的十几年中，数学家波特曼（Helmut Pottmann）[9]、计算机科学家波利（Mark Pauly）[10]等人把计算几何学应用于建筑数字技术。同时，一些建筑相关的组织如Smart Geometry、Advances in Architectural Geometry、Robotic Fabrication in Architecture, Art and Design 也积极探索和应用计算几何。现今流行的建筑软件如Sketchup和Rhinoceros（以及Grasshopper插件）实际上是特定计算几何学的商业应用。通过编程（如Java、C/C++、Python等），我们可以摆脱特定软件的限制，专注于核心的几何和设计问题。

4.1.2 数控设备与工艺

数控技术（Computer Numerical Control，CNC）是一种通过计算机控制

机械设备的方法，使用数字化的指令来控制工具或机器的运动和操作。CNC系统是指实现数控技术相关功能的软、硬件模块有机集成系统。

1804年，法国发明家雅卡尔发明的提花织布机通过使用可编程的穿孔卡片控制机器编织出定制化的织物，作为数控制造的雏形启发了后续的CNC技术。20世纪50年代起，CNC系统开始得到实质性的发展和广泛应用。1952年美国麻省理工学院研制出第一台数控系统；20世纪80年代，以三菱（MITSUBISHI）和发那科（FANUC）为代表的日本企业推进了数控系统的高速发展；20世纪90年代后，CNC系统朝着基于PC机的开放式结构发展。如今CNC系统正朝着智能化、柔性化和网络化的方向发展。

CNC技术主要包含数控设备、控制系统、数控编程、传感器、工具头、数控软件及数控工艺等要素。数控设备是与材料直接接触的主要媒介，由控制系统进行运动控制。控制系统可分为开环系统和闭环系统。闭环系统能够根据实际输出与期望输出之间的差异进行自动校正和调整，而开环系统没有反馈机制。通过数控软件，可以将设计信息转化为特定的数控代码（如G-code等），控制系统读取这些代码来驱动数控设备，最终由工具头实现特定加工工艺。

随着数控技术的不断发展，CNC系统开始追求工艺灵活性和机器灵活性，以及小批量、动态化生产，出现了能快速适应市场需求的柔性制造系统（Flexible Manufacturing System，FMS）。基于工业4.0范式构思的智能工厂通过网络实现物理系统与信息系统的协同交互，实现感知条件下面向产品全生命周期的信息化制造。

1）数控设备

数控设备使数字模型在物理世界中得以实现制造，数控设备的进步也促进了制造业的自动化与智能化发展。常见的数控设备包括激光切割机、数控车床、数控铣床等、3D打印机等。3D打印机根据工艺类型可分为熔融沉积成型（Fused Deposition Modeling，FDM）打印机、光固化成型（Stereolithography，SLA）打印机、选择性激光烧结成型（Selective Laser Sintering，SLS）、激光粉末床熔合（Laser Powder Bed Fusion，L-PBF）[11]等。此外，工业机器人和无人机是通用性很强的数控设备。

自20世纪50年代末第一台工业机器人Unimate开发以来，工业机器人已经广泛应用于各类工业领域。机器人由执行器驱动的关节所连接的一系列刚体组成。机器人的轴数（自由度）通常对应于机器人的关节数量，常见的机器人构型有三轴机器人（通常在水平平面工作）、六轴机器人，七轴机器人。机器人末端的状态可以用六个变量来描述（三个位置变量和三个方向变量）。

机器人运动学研究机器人的运动特性，可分为正运动学和逆运动学。正运动学是指利用机器人各关节角来计算机器人的末端位置与姿态。逆运动学是指由已知末端姿态矩阵求解关节角度。如果机器人关节自由度存在冗余，逆运动学求解会出现多解问题，则需要通过根据添加约束条件来确定机器人各关节姿态。

机器人是空间定位工具，末端法兰盘通常配备抓手或其他工具，被称为末端执行器（End-effector），即机器人工具端。末端执行器决定了机器人的具体功能与工作方式。末端执行器通常由感应器、处理器和效应器组成。感应器负责接收信号，包括来自机器人系统内部的通信信号和外部信号。例如通过传感器接收温度、压力等环境信息，使用摄像头接收视觉信息等。处理器对接收信号进行处理，控制效应器的运动。常见的处理器有继电器、单片机和可编程逻辑控制器（Programmable Logic Controller，PLC）。效应器是接收信号执行运动路径的工具头，与材料直接接触，通常为实现制造或加工的刀具、夹具、挤出端、加热端等。

为了实现制造业从大规模生产转向大规模定制和高混合小批量生产，增加生产环境的灵活性，需要实现对机器人的实时反馈性控制。通常使用传感器进行外部数据的采集，通过实时控制算法对实时数据进行处理并执行运动路径。

随着对生产加工复杂度和精细度要求提高，可以通过机器人多机协作提高生产效率和执行任务的能力。多机协作需要实现多机之间的通信、任务分配、路径规划和协同决策。如斯图加特大学ICD研究所使用自主无人机和工业机器人的多机协作完成大跨度构筑物的编织[8]，以机器人操作系统（ROS）服务器的集中控制策略实现设备之间的任务分配。瑞士联邦理工学院（ETH）采用多个机器人协同工作[12]，可精确实现复杂的木结构组装等工艺流程（图4-3）。

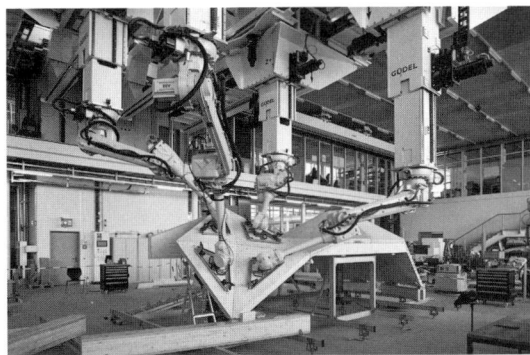

图4-3 ETH 利用多机械臂协同进行自动化建造
（图片来源：https://gramaziokohler.arch.ethz.ch/web/e/projekte/409.html，2024/09/06）

2）数控工艺过程

CNC系统的主要功能是进行工具和工件之间的相对运动控制。工具头、材料特性与计算机控制共同形成了特定的数控工艺。数控工艺在工业领域有着广泛的应用，常见的数控工艺有切割、铣削、焊接、折弯、打磨等。随着工业机器人的发展，研发特定的数控工艺可以满足高度定制化的需求。例如具有较高灵活性和可达性的无轨移动自动焊接机器人、澳大利亚Hadrian X砌砖机器人以及博智林机器人有限公

图4-4 意大利 BIESSE木材加工中心

司研发的移动喷涂机器人等。

根据使用材料和加工过程的不同，数控加工工艺可以分为以下四种主要类型：

增材建造（Additive Manufacturing，AM）是指材料在计算机控制下沉积、连接或固化形成所需的几何形体，通常为逐层构建。常用材料有金属、塑料（如PLA、PETG等）、混凝土、陶土等。MX3D公司使用金属材料3D打印了一座不锈钢桥[13]，奥克斯曼（Neri Oxman）团队使用复合生物材料进行3D打印[14]。

减材建造（Subtractive Manufacturing）去除模块化材料的多余部分，以得到所需的几何形状。这个过程通常涉及切割、铣削、车削、钻孔等工艺步骤（图4-4）。例如对木材、石材和金属材料进行铣削，对板材进行切割和雕刻，对泡沫材料进行热线切割等。

等材建造（Equal-Material Manufacturing）通常指使用模具浇筑或砌筑、不产生多余废料的建造工艺。如利用模具浇筑混凝土、使用碳纤维进行编织建造、砖墙砌筑等。

三维塑性（Forming Manufacturing）通过外力改变材料形态或特性以获得目标几何形体。例如对木材进行蒸汽加热弯曲改变其形态、对金属板进行弯折或渐进成形，以及加热塑料进行热塑成型。

3）数控软件

数控软件提供从三维模型到设备运动路径的数据转换，将信息编码为设备可执行的命令，进而将底层机器代码传输给控制系统实现对设备的驱动。数控软件包括创建设计图形的计算机辅助设计（Computer Aided Design，CAD）软件和实现图形数据到制造加工转换的计算机辅助制造（Computer Aided Manufacturing，CAM）软件。

CAD软件依靠几何内核描述三维实体，实现三维建模软件的基本功能和算法。主流的几何内核中，Parasolid开发较早，性能优秀，现主流CAD软件中SolidWorks、Sinemens NX、UG Solid Edge等都基于其开发；ACIS由于其功能性和易用性，AutoCAD、Dassault Catia等均使用该几何内核；开源几何内核Open CASCADE拥有众多使用者。

主流的CAM软件主要有Mastercam、Cimatron、Hypermill、PowerMILL、Pro/E等，在数控编程、运算速度、路径规划和防撞检测等方面各有优势。在CAD和CAM软件发展的过程中，一些公司研发了从设计到制造至仿真优化的全过程数据集成软件，如CATIA、Siemens NX等。以CATIA为例，其集成辅助设计、工程分析和制造于一身，在航空航天、汽车、电子电气等行业都得到了广泛的应用。

建筑领域的数字建造广泛使用三维建模软件Rhinoceros 3D及其内部环境下运行的插件Grasshopper进行运算化建模和运动路径模拟。建筑师通过3D建模软件或计算机编程生成目标形态，再将几何形态转换为数控设备的运动路径数据，控制数控设备完成加工。

4.1.3 性能导向的数字建造

迅速崛起的信息技术潜移默化地改变着建筑师对物质（材料）及其行为的认知，引发了围绕数字（Digital）、物质性（Materiality）、性能（Performance）等概念的讨论，而建筑设计理论也随之发生变化。

1）设计范式的变革

人与建筑之间的关系一直是建筑史和建筑理论的核心问题之一。建筑作为物质构成是服务于人的，而建筑物又是由人设计与建造的。物体导向的范式曾在建筑史和建筑论述中占据重要地位，强调物体的固有存在与性质。20世纪初的量子物理学引发了科学界对物质及其状态信息之间的辩证关系的再思考。而布鲁诺·拉图尔（Bruno Latour）等人提出的行动者网络理论认为不同行动者之间的关联网络推动了社会和自然的发展变化，人类与非人类因素（物体、概念、过程等）在发展过程中具有同等地位。建筑除了其物质构成，其广义上的行为扮演着重要的角色，它不仅满足了人们舒适、安全等心理需求，也提供了象征意义与社交氛围。

新唯物主义认为物质自身具有属性与能力，而形式的出现是一个由规则迭代的生成过程。在受到特定外界因素的影响时，物质为了达到某种极致的特性而不断自我演变，以趋近于某种特定的形式结果。建筑物质具有空间组织、承受载荷、转化能源等诸多"能力"，物体导向的设计范式依赖设计师对建筑能力的预判，但自然和社会环境中的力和需求往往是不断变化且难以预测的。性能导向的设计范式强调建筑的适应性，可以灵活地响应难以预测的环境与人为因素。

在现代建筑史上不乏以功能、效率为导向的理性思维，如19世纪迪朗（J. N. L. Durand）提出适用性与经济性是建筑设计的本源，20世纪60年代克里斯托弗·亚历山大（Christopher Alexander）提出用生成式图解（Constructive Diagram）来建立需求与形式之间的桥梁[15]。但在实践中，建筑的复杂性促使大部分设计师以专业知识和经验决策来获得设计方案，产生形式的因果逻辑并不明晰。

随着数字技术在建筑领域的不断深化，建筑设计思维正逐渐从经验决策发展为以解决问题为导向的多专业协同的设计方式：从各要素的能动性中逐步找到最有效的形式。性能相关的规则像抽象"力"一样逐步塑造建筑形态，这种性能导向（Performance based）的设计思维打破了"先设计形式，再分析结构，最后填充材料"的序列式工作模式，辩证地思考物质及其形式的因果关系，进而在设计流程中兼顾建筑设计的创新性和合理性。

性能导向的设计范式强调建筑和环境性能的优化，而不仅仅关注建筑的外观或形式。建筑中可以量化的性能主要包括结构性能、材料性能、建造性能、环境性能和行为性能等。性能导向的设计范式将各项性能信息纳入设计参数，推动形式设计、优化建造逻辑，并将信息分析、模拟、优化、三维模型构建和自动化制造统一为完整的数字信息链。完整的工作流程通常包括一体化的形态生成（Formation）、模拟、优化和建造等步骤。在此过程中人们需要充分评估诸如载荷、风环境、光环境等建筑性能，并探索它们与建筑物质之间的映射关系。当今建筑的物质构成、人们对建筑的各项需求都非常复杂，在此情况下准确而全面地预测内外环境条件与各项性能变得十分困难，因此模拟和优化成为分析并提升建筑性能的关键机制。因此，性能导向的设计范式提供了一个一致的协同的理论框架，指导从设计到建造的完整周期。

2）结构性能导向的设计

建筑与结构的协同设计具有悠久的历史传统（如欧洲哥特建筑），也是当代数字建造的核心课题。采用缩比模型的物理特性进行找形是一种经典的结构性能导向的设计方法，曾被高迪（Antoni Gaudí）、弗雷·奥托（Frei Otto）等建筑大师所采用，涌现了一批结构与形式高度统一的精彩作品。21世纪初尼尔·里奇（Neil Leach）等人提出的数字建构（Digital tectonics）提倡用力学性能来驱动建筑生形的过程[16]。当下，结构性能导向设计即是在设计过程中利用数字化工具模拟、分析和优化结构性能，寻找相互契合的空间形态与结构系统。

如今在建筑设计中有多种基于结构性能的数字化生形方法，比如数学分析结构找形、力学模拟优化等。数学分析结构找形的经典案例有皮耶尔·奈尔维（Pier Nervi）基于主弯矩应力轨线（Principal Bending Moments）设计的肋梁楼板。力学模拟优化法是基于物理力学模拟和结构拓扑优化的生形方法，在建筑领域中具有广泛的应用，可以帮助设计师和工程师改进建筑和结构的性能、可靠性和效率，同时满足设计和安全要求。典型的例子有基于结构拓扑优化算法的卡塔尔国际会议中心的异形树状结构（详见4.3.1节）。

在建筑设计领域，许多结构找形方法出现在参数化建模软件Rhinograsshopper 平台中。例如基于"粒子—弹簧"动态平衡法的Kangaroo工具包能根据外部约束条件实时调整三维模型，协助建筑师创造高效的结构形式；基于双向渐进结构优化（BESO）算法[17]的Ameba拓扑优化软件，能够基于设计区域的载荷等边界条件快速优化生形，得到用材最少、最高效的结构。此外，还有用于壳体优化的RhinoVAULT、用于结构分析与模拟的Millipede等插件。这些数字工具有助于建筑师操控结构性能，找到既符合结构力学又满足建筑美学的设计方案，达到力与形的统一。

2001年福斯特事务所在大英博物馆中庭加建的钢结构玻璃顶使用网壳结构[16]实现复杂曲面屋顶，覆盖了大范围的无柱空间（图4-5左）。该曲面结构设计与建造十分复杂，数字找形及分析模拟工具使网壳形式的合理设计成为可能。在结构生形过程中，工程师编写了用于定义几何形状和结构分析的代码：首先定义了两个函数，分别用以确定网壳结构的角度变化和拐角处的曲率；然后通过定义这两个函数之间的关联函数来约束表面的曲率进而平衡边缘梁中的张力，最终完成了钢结构网壳的性能化找形工作（图4-5右）。该项目使用数字化运算工具确保了结构性能和曲面形式的深度统一。

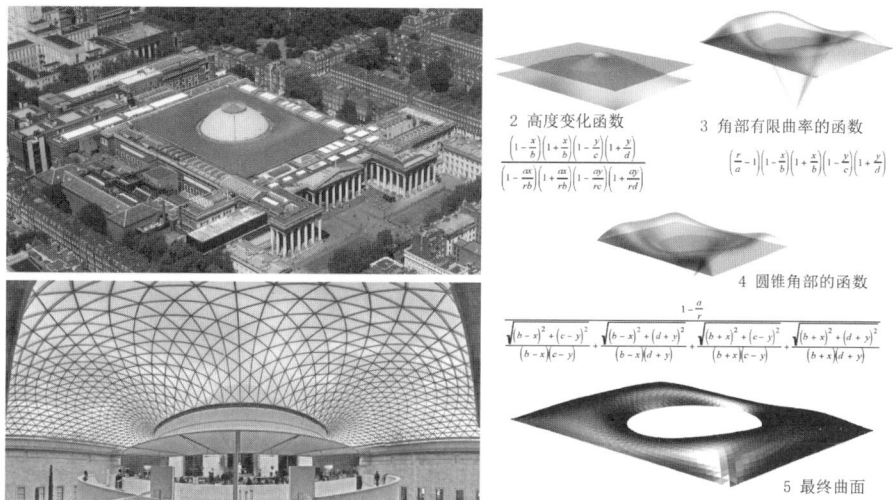

2 高度变化函数

$$\frac{\left(1-\frac{x}{b}\right)\left(1+\frac{x}{b}\right)\left(1-\frac{y}{c}\right)\left(1+\frac{y}{d}\right)}{\left(1-\frac{ax}{rb}\right)\left(1+\frac{ax}{rb}\right)\left(1-\frac{ay}{rc}\right)\left(1+\frac{ay}{rd}\right)}$$

3 角部有限曲率的函数

$$\left(\frac{r}{a}-1\right)\left(1-\frac{x}{b}\right)\left(1+\frac{x}{b}\right)\left(1-\frac{y}{c}\right)\left(1+\frac{y}{d}\right)$$

4 圆锥角部的函数

$$\frac{1-\frac{a}{r}}{\frac{\sqrt{(b-x)^2+(c-y)^2}}{(b-x)(c-y)}, \frac{\sqrt{(b-x)^2+(d+y)^2}}{(b-x)(d+y)}, \frac{\sqrt{(b+x)^2+(c-y)^2}}{(b+x)(c-y)}, \frac{\sqrt{(b+x)^2+(d+y)^2}}{(b+x)(d+y)}}$$

5 最终曲面

图4-5 大英博物馆钢结构网壳玻璃顶及其找形原理
（图片来源：参考文献[16]）

3）材料性能导向的设计

建筑传统设计方法通常基于"把形赋予材料"的基本理念，但基于材料行为来推导形式的可能性也被重点讨论与研究，包括19世纪勒·杜克提出的"寻找材料的理想形式"原则，近十几年来斯图加特大学ICD研究所提倡的"材料运算"[2]等。

建筑设计需要关注材料的加工性能和行为性能。材料的加工性能是指材料在制造和加工过程（如在切削、焊接、铆接、弯曲、铸造等）中的可操作性和适应性。材料的加工性直接影响建筑材料的制备、加工和安装过程，以及最终建筑的质量。材料的行为性能指材料在特定条件下的反应与性质，主要包括材料在受力或受环境影响时各种行为，如屈服强度、导热性能、耐久性等。

材料性能导向的设计以数字信息为媒介，建立材料体现出来的性能与其（在建筑中的）形体参数之间的关联。设计师可以通过数字化工具调整各项参数，模拟材料的成型过程、在加工过程中以及最终的性能表现，以性能数值驱动形态生成，创造兼具创新性和高性能的设计方案。数字建造方法不仅模拟材料的已知性能，更注重开发材料的多样化行为，通过数字化模拟分析由于外部环境刺激产生的材料动态响应，进而推动基于材料的创新设计，最激进的例子即是用"非建筑材料"来实现特殊的建筑空间与结构。

"把形赋予材料"的工作方法默认任一种材料的性质是给定的；而"材料性能导向的"工作方法倾向于根据特定需求来"合成"尚不存在的材料，其中包括利用高科技技术来研发新材料工艺（以下文中的MX3D桥为例），以及重组既有材料来形成崭新的构造或结构（以下文中的Hygro Skin项目为例）。

3D打印金属对建筑来说是一种全新的材料工艺。由荷兰设计师约里斯·拉曼（Joris Laarman）设计的阿姆斯特丹MX3D桥是世界上第一座采用电弧增材制造（Wire Arc Additive Manufacturing，WAAM）技术建造的不锈钢人行桥[13]。工程团队为电弧工艺的不锈钢材料建立Ramberg–Osgood模型，较为精确地模拟金属材料的"应变—应力"行为。为了获得高效的三维形体，设计和工程团队对桥梁各个部分的几何形态和材料性能进行建模，采用有限元分析方法进行测试以评估每种可能形态下的结构性能。为了在将来实现机械臂自主建造，设计团队还设想了一种树状分形的桥梁形态以实现"逐步打印逐步移动机械臂"的现场制造方法，即在3D打印过程中不断为机械臂制造轨道。

斯图加特大学ICD研究所的HygroSkin项目[5]研发了湿度驱动的新型木质表皮（图4-6）。设计灵感来源于云杉球果，通过开闭鳞片状表皮对湿度变化作出响应。湿度引起水分吸附，木质微纤维之间的距离发生变化，导致鳞片发生各向异性的形变。为了实现这种湿度响应机制，设计团队量化了薄木片的几何形态和受潮弯曲行为，建立湿度变化和薄

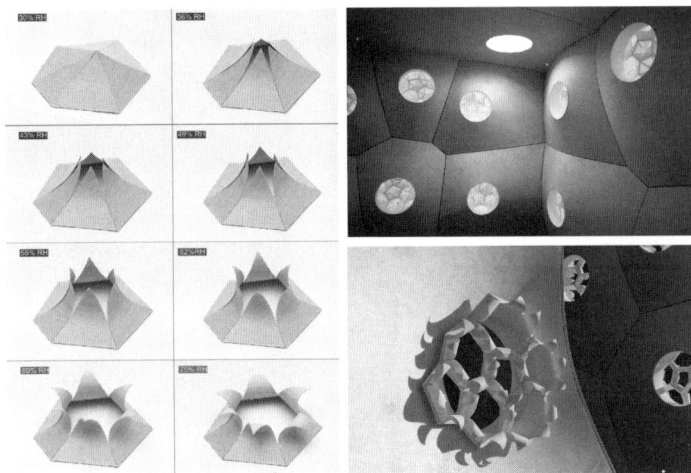

图4-6 湿度响应元件，HygroSkin 项目
（图片来源：参考文献[5]）

木片弯曲之间的数值关联。制成的双层表皮湿度响应元件在干燥环境中自然地关闭，在潮湿环境中孔洞打开，实现了零能耗的环境响应机制。

4）先进建造的产业发展

数字建造技术在建筑行业中具有巨大的潜力，可以提高效率、质量和可持续性，同时改善项目管理和沟通，推动行业的数字化转型。通过建筑信息建模（BIM）、自动化施工和机器人技术，可以更准确地规划、设计和执行建筑工程，并有助于可持续发展。因此，国内外先进企业正在大力发展新一代性能化建造技术。

上海大界机器人公司自主研发了工业软件平台RoBIM，借助精确的机器人控制、算法和人机交互等核心技术，提供较为完备的智能生产解决方案。河北承德金山岭的禅堂是由大舍建筑事务所设计与大界智造联合完成的一座全碳纤维屋面的建筑，创造了35mm厚度的超轻碳纤维构件产品。

在现代化木结构设计与生产领域，苏州昆仑绿建是国内较早涉足全流程木结构设计的技术企业，提供木结构建筑设计、木结构性能优化、木结构施工等各技术环节。公司负责建造了诺华制药多功能生活馆（隈研吾设计）、贵安生态示范楼（宋晔皓设计），上海西岸峰会B馆（袁烽设计）等高性能木构项目。

我国对PC（Precast Concrete）混凝土预制件的需求量不断增加。使用PC混凝土预制件可以提高施工效率，减少施工现场的混凝土浇筑和固化时间。中国建材集团、上海建工、宝业集团等公司已采用大量现代化的生产工艺，包括自动化生产线，以工业化的、较为低碳的方式实现混凝土构件的大批量制造。

国外数字建造技术发展时间较早，特别是在欧洲和北美地区，数字建造技术已成为建筑和工程领域的主要驱动力。在智能建造软件方面，Autodesk旗下的各款主流软件（如Revit）几乎涵盖了设计与建造的所有领域；美国Robert McNeel & Associates的Rhino软件及其插件Grasshopper是当下最流行的参数化建模平台；达索公司旗下的Abaqus软件是著名的有限元分析与智能结构设计软件；英国AI Build公司的AiSync软件提供了大型3D打印的各种路径规划及其优化算法；美国nTop公司的软件提供了拓扑优化与增材制造一体化的智能解决方案。

在智能建造硬件方面，数控机床、数控加工中心、工业机器人等尖端装备一直是西欧与日本的强项。在新兴的建造领域，德国PERI公司与丹麦COBOD公司推出了BOD2混凝土3D打印机，实现了高效、高精度的现场原位建筑打印；澳大利亚FBR公司的Hadrian X砌砖机器人实现了现场大尺寸自动化砌筑；德国voxeljet研发了大型砂型3D打印机；美国Branch Technology、意大利CARACOL等公司基于机器人3D打印研发了一系列新型建筑产品；西班牙holedeck公司基于异型模板提供了集成建筑设备的轻型混凝土楼盖。

此外，欧美有多家专门为高性能建造提供各类技术支持或咨询服务的公司，如英国工程顾问公司奥雅纳（ARUP），曾指导悉尼歌剧院、北京央视总部大楼、伦敦千禧桥、波尔图音乐厅、慕尼黑安联球场等重大工程的建设。英国Buro Happold公司早期与弗雷·奥托合作膜结构建造，后曾为大英博物馆中庭屋顶加建、伦敦千禧巨蛋等重大项目提供技术支持。德国sbp工程公司负责设计建造了斯图加特的MHP体育场、德国波鸿的矿石铁路线步行桥（Erzbahnschwinge bridge）等结构。

4.2

材料工艺导向的数字建造

数字化设计与建造的发展逐渐推动了人们对设计方法的反思。当今数字建造领域对建筑物质存在（Being）与成型过程（Becoming）进行辩证思考，可以看作是对19世纪勒·杜克的"寻找材料的理想形式"思想的新回应。20世纪开始兴起的现代主义设计理论及其在建筑行业中的发展导致了形式、结构和材料之间的分离。建筑的几何造型、性能评估、施工建造各有各的逻辑，往往由不同的专业人员完成。基于几何造型的设计方法成为主流，这种"把形状赋予材料"的单向思维理念忽视了材料设计的潜力，在当下很难应对低碳、高效、人性化、定制化等需求。当今设计文化开始重新讨论建筑的物质构成及其在设计中发挥的能动作用。受到自然界与生物学的启发，局部材料特征的连续变化（Continuous Differentiation）[18]可以形成精巧的结构或构造，从而以最小资源达成最优性能的目标。在数字建造中，设计师应深入挖掘材料工艺的可能性，进行形式、材料和结构一体化的设计。

4.2.1 木材数字建造

木材作为建筑材料具有悠久的历史。木材是一种可再生材料，具有碳储存能力，生产过程中的隐含碳较低，符合当今绿色可持续发展需求。木材特殊的微观构造赋予其优秀的力学性能：平行纹理强度与钢筋混凝土相似，强度重量比与钢材相似，因此可以有效提高大跨度或高层建筑的结构效率。古代木构建筑、现代工业化木结构建筑和木材数字建造，运用木材的方式各不相同。

1）木材种类
木材在建筑中有多种利用方式，按照原材料的加工方式，可分为直接在整块木材的基础上加工的原木/整木（Whole Timber）和利用机械化生产方式将整木打碎重组的工程木料（Engineered Wood）[19]。

人们在机械化生产加工方式出现之前就已将原木作为建筑材料。至少从新石器时代起，经过最低限度加工的树木就用来搭建人造结构。整木具有多种多样的建造方式，可以密排构成承重墙等建筑元素（如中国传统井干式结构）；或联结桁架与框架立体结构，或构成虹桥结构等。整木（特别是小直径）与现代工程木料的物理特性不同，当今整木更多以桁架的形式出现，发挥其轴向的力学优势，如日本室户市体育场屋顶桁架，跨度达50m×50m。

工程木料是经过锯切、剥离等操作提取木材不同性能的部分，再经过胶合、销钉等方式重新整合成的木料。相对于原木，工程木料具有更均匀的机械性能、更高的尺寸稳定性，可以建造更大尺度、更复杂的结构，同时减少常见原木缺陷（例如树瘤）。工程木料按照其加工方式可分为重木（Mass Timber）、胶合板（Plywood）和其他新型木材。

木材的吸湿性和各向异性限制了其在建筑结构（特别是在高层建筑中）中的应用。重木产品旨在克服木材尺寸小、尺寸不稳定和变异性带来的限制。典型的重木产品包括胶合层压木材（Glulam）、单板层压木材（LVL）、交叉层压木材（CLT）、销钉层压木材（DLT）和大体积胶合板（MPP）。

胶合层压木材（Glulam）是由至少两块基本平行的层压板组成的结构木材，该层压板可以由并排的一块或两块板组成。常用于多层木结构建筑的梁、柱等结构构件。

单板层压木材（LVL）是一种重组尺寸木材，其强度通常是原木材的两倍。单板纹理通常沿单一方向定向，但也制造交叉纹理部分以提供定制的机械性能。短单板的长度通过嵌接接头端对端连接，从而允许无限的尺寸长度。

交叉层压木材（CLT）是由至少三层锯切木材制成的木板，以直角相互堆叠并黏合，厚度在50~500mm范围内。CLT的横向铺层方法可以充分利用木材顺纹方向抗拉强度、横向抗压强度。常用于多层木结构建筑的柱、承重墙等结构构件。

工程木料能够用来建造大跨度、高层等各类建筑。第一座9层高的CLT建筑（Stadthaus Building）于2009年在伦敦建成。底层和地基由钢筋混凝土制成，从一楼楼板开始其上部结构完全由CLT木料建成，包括承重墙、楼板、阳台栏杆以及楼梯和电梯核心筒。意大利阿尔卑斯山麓的Agordo会展中心（Bressan事务所、Botter事务所设计，2018年建成）的建筑面积为6400m²，项目采用Glulam木材制造了跨度约57m的桁架。

日本建筑师坂茂（Shigeru Ban）与瑞士工程师赫尔曼·布卢默（Hermann Blumer）设计的Tamedia office办公楼（2013年）采用了一套新颖的木结构系统。木材由 Blumer-Lehmann公司提供。预制的木材骨架由2000m³的胶合层压木制成，完全不用螺丝或钉子固定，而是由大型立柱和横梁组成，横梁与卵形间隔梁相交，将整个结构锁在一起。

胶合板（Plywood）是一种用堆叠单板制成的工程木料，面层的纹理排列在板的长边上。单板的交叉叠层有助于提高木料产品的强度、刚度。胶合板常用于一些轻型建筑，也可用于屋顶和地板、混凝土模板、木梁网架等。如JK-AR设计的浮灯馆（Pavilion of Floating Lights）利用平面胶合板的巧妙组合创造了隐喻东方传统样式的新型三维木结构，异形胶合板构件由数控铣削机床加工。

各类新型木材通过独特的方式发挥木材的材料特性。如斯图加特大学ICD研究所建造的乌尔巴赫塔（Urbach Tower）利用木材在含水量降低时会自发收缩的特性，使最初设计制造中的平面CLT木材构件在随后干燥脱水的过程中自动变形为预设好的弯曲形状。

2）木结构类型

桁架（Truss）是一种典型的木结构类型，常用于屋顶桁架，早在古罗马的巴西利卡等公共建筑就采用了大跨度木结构桁架。桁架沿杆件方向受力的力学特征符合木材的材料特性，裸露屋顶桁架可以展示木材的结构潜力。

框架（Frame）也是一种常见的木结构类型。中国传统木结构建筑可分为"抬梁式""穿斗式"等框架结构类型。以CLT、Glulam为代表的现代工程木料具有优异的性能，使得多层甚至高层木框架建筑成为可能。其中CLT木材具有很好的稳定性和高强度，被广泛应用于楼板、墙；而Glulam木材则更多被应用于梁和柱。

多层木框架结构建筑可以通过木材制成的剪力墙抵抗较低的水平荷载。如瑞典的Limnologen Buildings（7层）通过在建筑围护结构上放置三层预制的大型CLT板抵抗水平荷载。高层木框架结构建筑往往需要混凝土等材料制成的核心筒增强对横向荷载的抵抗力。但木材也能建造抵抗横向荷载的木结构，如剪力墙和核心筒。挪威的Treet建筑（14层）平面几何形状为矩形（21m×23m），四到五间公寓分布在主要中央结构CLT核心周围，独立于主体结构。

图4-7 曼海姆多功能大厅采用木质空间网架结构
（图片来源：参考文献[20]）

空间网架结构（Gridshell）可以很好地发挥木材轴向受力、轻质的材料特质[20]。弗雷·奥托设计的曼海姆多功能大厅（Multihalle Mannheim）屋顶是著名的空间网架结构（图4-7），其结点处均采用了可旋转的构造，从而在施工中平面屋顶网架可以变形为自承重的受压壳体形状。基于数字化设计工具，设计师可以根据力学分析优化空间网架的形态，而数字加工工艺可以精确加工各类异形构件。木材大跨度网架结构具有轻质、通透、可持续的优势。

3）数字化设计与建造

数字化设计与建造工具拓展了各种木材的定制化方式，发挥更高效、更个性化的材料特性，同时创造出前所未有的构造或结构，突破了使用木材的传统范式。

斯图加特大学ICD研究所利用胶合板建造了一系列曲面形态的木结构，包括2010年ICD/ITKE研究性构筑物，2014年德国Landesgartenschau展馆、2019年德国海尔布隆BUGA木构、2019年乌尔巴赫塔（Urbach Tower）等。德国Landesgartenschau展馆[21]是一个由胶合板制成的拱壳形建筑物（图4-8），建筑面积125m^2。整个曲面壳体结构由平面胶合板组装而成。壳体形状、分块均通过算法进行了模拟与优化，提高木材利用率，承重的胶合板厚度仅为50mm。经过优化的构件主要包括243块形状不同的榉木胶合板。采用机械臂铣削系统精确地加工这些胶合板构件的构造细节。在施工现场装配这些预制好的胶合板构件，仅用四周时间就完成了建造。

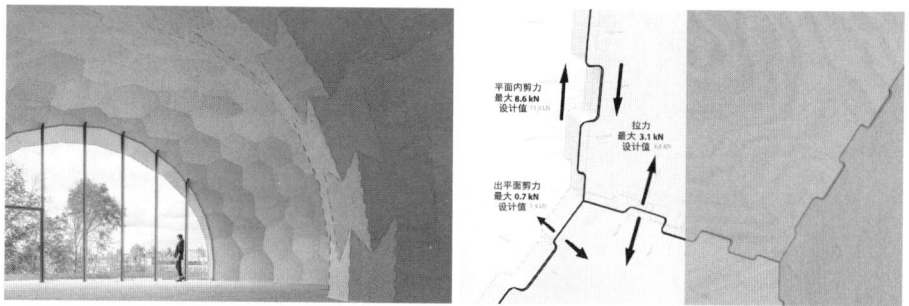

图4-8　德国 Landesgartenschau 展馆采用平面胶合板拟合曲面形态

（图片来源：参考文献[21]）

日本建筑师坂茂基于胶合层压木料设计了多个大型异型建筑，包括法国梅斯的蓬皮杜中心（木材公司：Holzbau Amann）（图4-9）与韩国赫斯利九桥高尔夫俱乐部（木材公司：Blumer-Lehmann）。赫斯利九桥俱乐部采用了胶合层压木材制成大型网壳顶棚。门廊中排列着一系列异形木质柱子，在上部逐渐自然展开并转化成为木屋顶的六边形双曲面网格。整个木结构由多种异形木构件拼接而成。这些异形木构件在工厂由数控机床精确加工，再在施工现场快速精确地组装，详见4.4.4节。

木构件的自动化装配是数字建造的另一个发展方向。瑞士苏黎世联邦理工学院在DFAB House项目中，采用机械臂系统实现了异形木构件自动化加工与装配，体现了木结构建筑的"设

图4-9　法国梅斯的蓬皮杜中心采用异形Glulam木材

（图片来源：https://en.wikipedia.org/wiki/Centre_Pompidou-Metz, 2024/09/06）

计一加工一建造"全流程一体化的可能性。为了进行大型木桁架的自动化装配，瑞士ERNE木材公司与瑞士Güdel机器人公司联合研发了WoodFlex 56系统。

4.2.2　金属数字建造

应用金属材料是建筑材料发展进程中重要的一环。工业时代之前就出现了吊索桥的金属构件，金属装饰构件或围护结构运用于教堂、塔楼等的建造中。随着18世纪末工业革命和冶炼技术的发展，金属材料更广泛地应用于建筑与结构。1779年在英格兰建成的铸铁拱桥（The Iron Bridge）跨度达30.6m。1851年英国伦敦水晶宫大量使用铸铁构件形成铁框架，并和玻璃材料结合，形成透明拱顶和围护结构，代表了当时最出色的大型铁框架单层建筑。芝加哥建筑学派的威廉·詹尼（William Le Baron Jenney）设计的高达10层的铁框架摩天大楼于1885年在芝加哥建成，被认为是世界上第一座摩天大楼。主体高度高达300m的埃菲尔铁塔于1889年在巴黎建成。20世纪，建筑大师密斯·凡·德·罗设计的柏林新国家美术馆、西格拉姆大厦、芝加哥湖滨公寓等钢结构建筑成为现代主义的经典作品。20世纪70年代涌现的纽约世贸中心双子大厦（山崎实，1973年）、巴黎蓬皮杜艺术中心（理查德·罗杰斯和伦佐·皮亚诺，1977年）、香港汇丰银行总部（诺曼·福斯特，1979年）等钢结构建筑展示了"高技派"的技术与风格。

1）金属材料

金属材料在建筑中的运用大致可以分为三类：纯金属、合金、金属与其他材料组合使用。其中纯金属一般强度较低而且制取困难。常见建筑用合金包括钢、铝合金、锌合金、钛合金、黄铜/青铜等。钢是指含碳量在0.002%~2.14%之间的铁碳合金，具有高强度、耐腐蚀、可再生等特点，是理想的建筑结构材料。工字钢（I-beam或H-beam）是最常见的建筑结构用型钢。铝合金以其表面光滑、耐候性好、易于清洁等特点而广泛地应用于墙面及屋面系统中。金属材料与其他材料的组合使用也很普遍。不同性能、质感的材料的组合使用可以充分发挥各材料的优势，并产生层次感，如金属与玻璃、金属与木、金属与砖石材料等。

随着数控技术与金属新工艺的发展，人们可以更好实现金属塑形与性能的提升。在数字建造研究或实践中传统工艺与新工艺往往需要交叉与协作，更好地服务于当下多样化的建设需求。

2）传统工艺

机械加工（Machining）成型通过硬质的金刚石、合金或高速钢刀具对金属工件进行加工，包括车削（Turning）、铣削（Milling）、钻（Drilling）等。数控技术（CNC）能有效完成机械加工成型：首先利用专业软件（如SolidWorks、CATIA、Fusion 360等）进行工件的三维建模，并模拟加工过程并优化刀路（Tool Path），然后将加工程序（如G-code）加载到机床的控制系统中从而实现自动加工。

铸造（Casting）是将金属加热变成熔融液体，倒入铸模（Mold）内，待其冷却凝固后取出，即得所需之铸件。常用的金属包括铜、钢、铁、铝等。铸模的材料包括铸砂、金属、陶瓷等。瑞士ETH团队的DIGITAL METAL：DEEP FAÇADE（数字金属：深度立面）项目利用铸造技术制造了复杂异型的金属立面构件。

锻造（Forging）利用锻压机械对加热的或常温的金属坯料施加压力，使其产生塑性变形以获得特定机械性能与几何形状。锻造零件具有较好的强度，但锻造一般只能产生毛坯，往往需要二次加工（如铣削）才能获得最终工件。

激光切割（Laser Cutting）把集中激光束打在金属板表面，熔化（或汽化）局部金属材料从而形成切割缝，通常用来在金属板上定制化地切割出多个平面构件。数控等离子切割机也具有类似的功能。平面构件往往再经过折弯、钻孔、焊接等加工过程形成最终的零件。

很多复杂零件并非由一块原材料制成，而需要把多个金属件坚固地连接起来。焊接（Welding）以高温熔化的方式实现金属部件之间的接合。常见的焊接工艺包括气焊、电阻焊、电弧焊等。

3）新兴工艺

粉末冶金（Powder Metallurgy）成型是将金属粉末与黏结剂混合，然后通过烧结或热处理使其固化。金属粉末冶金成型可以生产形状复杂和细节丰富的建筑构件。新型的选择性激光熔化（Selective Laser Melting，SLM）或粉末床融合技术（Powder Bed Fusion，PBF）通过"3D打印"的方式实现粉末成型。SLM以金属粉末为原材料，通过激光束来逐层熔化金属粉末，从而构建三维物体。ARUP公司对结构中的节点构件进行拓扑优化设计，并与增材制造企业CRDM、EOS合作，用SLM工艺制造高性能的金属节点构件[22]（图4-10）。

源于传统焊接技术，电弧增材制造技术（Wire Arc Additive Manufacturing，WAAM）是智能制造时代具有代表性的一种金属3D打印技术。该工艺

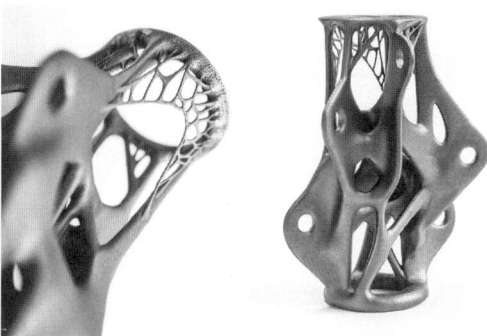

图4-10 拓扑优化的连接节点（金属粉末打印成型）
（图片来源：参考文献[22]）

143

图4-11 MX3D 金属桥采用WAAM焊接打印工艺
（图片来源：参考文献[13]）

在金属工件表面使用电弧焊接熔化金属线材，并逐层堆积来创建复杂的金属零件。WAAM装置可以安装在机械臂末端，构成灵活的金属3D打印设备。阿姆斯特丹MX3D金属桥（图4-11）是该工艺的成功案例[13]。

金属薄板在外力作用下容易出现不规则变形，这本身是材料的一种缺陷。但建筑师奥斯卡·齐塔（Oskar Zieta）创造性地把这种材料特性转化为先进的工艺过程。他的金属充气成型技术（FiDU）将两层薄金属平面构件边缘进行密封焊接，再将压缩气体注入两层之间的空腔（图4-12），使薄金属板自由膨胀并最终形成较为坚固的复杂形状[7]。根据多次实验与计算机模拟，设计师可以预测金属板平面轮廓与最终三维形体之间的关联。

基于金属的延展性，金属渐进成型（Incremental Sheet Forming）工艺通过大量的微小施压过程使金属板逐步逼近理想形状，可以用单点从一侧进行挤压成型，也可以用两个点在板材两侧协同挤压成型。合理利用弯曲的形体（偏离平面的几何特征增加了结构深度）可以大幅度提升构件的强度，丹麦皇家建筑艺术学院（KADK）CITA研究所的 A Bridge Too Far（遥远的桥）项目利用该原理[23]，采用0.5mm厚铝板实现了3.5m的跨度（图4-13）。

4）金属数字建造案例

东南大学建筑运算与应用研究所的"林·盘"项目（四川安仁古镇南岸美村）是采用生成设计方法、结构力学找形、数字建造技术完成的复杂异型金属景观构筑物（图4-14）。"林·盘"呈现出一种自由曲面的空间造型，形态生成的迭代过程中进行结构分析与优化，实现"形式追随力学"的造型机制。为了能够快速建造同时保证构筑物的持久性，选用耐候钢板和铝板作为主要金属材料，整个构筑物由140个形态各异的耐候钢结构构件（含单向构件和十字构件）和1600余块样式不同的铝板饰面板组成。利用激光切割生产耐候钢异型构件，再采用焊接、铆接、弯折等工艺拼接形成主要结构体骨架。自重

图4-12 金属充气成型技术（FiDU）
（图片来源：参考文献[7]）

图4-13 采用金属渐进成型工艺的 A Bridge Too Far 项目
（图片来源：参考文献[23]）

图4-14　四川安仁古镇南岸美村"林·盘"艺术景观装置
（图片来源：东南大学建筑学院建筑运算与应用研究所Inst. AAA）

图4-15　MINIMA|MAXIMA 构筑物，Marc Fornes
（图片来源：https://www.archdaily.com/879626/minima-maxima-marc-fornes-theverymany, 2024/09/06）

很轻的铝板作为饰面板附加在骨架上。团队选择数字链技术，将设计与建造无缝结合，实现了定制化金属工艺、异型结构的精密加工与装配。

智能数字建造通常使用个性化的建构语言来描述几何形式，并顺应材料的成型工艺。马克·福恩斯（Marc Fornes）的THE VERY MANY工作室研发了一种描述与建造形式的独特方法——结构条带。2017年在努尔苏丹建成的MINIMA | MAXIMA构筑物（图4-15）基于重组原理：根据所选标准（例如最小曲率的元素）对曲面/网格进行细分，重新组合成较大的集合——比如条带。该金属构筑物的铝材壁厚仅6mm，且运用一种多层复合构造（Multiply Composite）：三层扁平条带（白色与白夹粉红色）串联构造，相互支撑。每一层都不是独立存在，而是有助于形成统一而坚韧的整体结构。每层条带相对彼此垂直地交错，即采用各向同性材料来形成各向异性的复合材料。

4.2.3　混凝土数字建造

混凝土由于其易获得性、易加工性和优秀的结构性能，成为全世界使用最广泛的建筑材料。传统混凝土建造采用模板支撑－钢筋绑扎－混凝土浇筑的建造方式，工艺技术复杂但较为成熟，其中人力和模板成本较高，隐含的碳排放量偏高。

混凝土材料的数字建造，近年来形成了数字混凝土（Digital Concrete）概念，是在建筑学视角下融合运算化设计方法、自动化技术和材料科学的新型智能建造实践。数字混凝土是对传统混凝土建造范式的继承与革新。近年来国内外的实践表明，混凝土数字建造可通过增材制造的直接建造方式或3D打印模板的间接建造方式来制造复杂几何形状的混凝土结构，有效提高材料效率并支持定制化建造。这种新的建造方式释放了混凝土的自由度，推动建筑师拓展新的设计方法与理念。

1）混凝土3D打印工艺

混凝土3D打印技术（3D Concrete Printing，3DCP）是当下建筑工程领域主要发展的增材制造方法[24]，原材料除了最近常见的水泥基材料外，还包括砂石、矿物粉末、陶土、黏土、石膏、地质聚合物（Geopolymer）等。主要3D打印工艺包括混凝土挤出层叠打印（轮廓成型）、黏合剂喷射打印、打印混凝土模板等方式。

2004年南加利福尼亚大学的贝赫罗克·霍什内维斯（Behrokh Khoshnevis）教授较为系统化地提出了轮廓成型工艺（Contour Crafting），后来逐渐成为建筑领域标志性的3D打印技术。轮廓成型通过大型挤出装置和带有抹刀的打印头实现混凝土的分层打印，有效解决3D打印表面不平整问题，适合大型建筑和整体房屋的打印。2009年左右拉夫堡大学的理查德·巴斯韦尔（Richard Buswell）教授团队改善了混凝土打印技术，通过喷剂材料分层打印和植入横向钢筋网的交叉操作实现实体构件打印，其相较于轮廓工艺，打印精度及自由度更高，适合中小型和异形建筑构件。如今COBOD等公司推出了大型原位（现场直接打印）混凝土3D打印机，其中BOD2打印机的打印幅面为14m×50m×8m，使混凝土层叠挤出3D打印进入工程实践阶段。

挤出头的横截面形状、面积和方式会影响挤出的混凝土丝的堆叠能力与打印质量。常见的打印头横截面形状可分为圆形和方形。圆形截面打印头形成的层间接触面积较小，可能导致快速打印过程中的坍塌现象。而方形截面打印头通常需要一个额外的轴来控制打印头的旋转，其挤出的混凝土表面平整度优于圆形截面，更有利于生产制造。

打印方式可分为水平层叠和倾斜（非平面）打印两种。水平层叠打印效率高，适合形体变化平滑的大尺寸墙体。倾斜打印作为机械臂式打印特有的建造方法，各层打印路径所在平面不相互平行，有序变化，可以实现更自由的建筑构件形态（图4-16）。

黏合剂喷射打印（binder jetting）是另一种有效的混凝土打印方式，主要采用砂石材料。意大利工程师恩里科·迪尼（Enrico Dini）发明的D-shape技术是选择性黏结技术的早期代表。打印每一层的过程中，先铺设一层薄砂石材料，再通过打印头精确散布黏合剂以实现固化成型，因此与轮廓工艺在原理上有着本质区别。德国voxeljet推出了大幅面（4m×2m×1m）高精度的砂

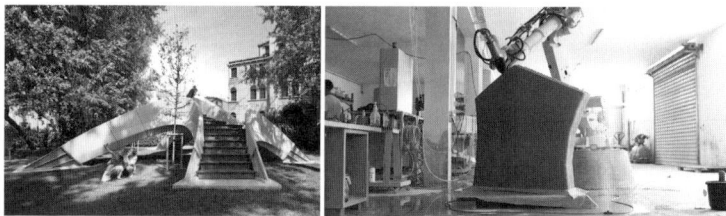

图4-16　采用3D打印混凝土工艺的Striatus桥

（图片来源：https://www.archdaily.com/965324/striatus-bridge-zaha-hadid-architects-plus-block-research-group，2024/09/06）

型打印机，适合打印中小型的复杂形状的预制构件或模具。黏合剂喷射打印工艺自由度高，不需要额外支撑也能打印各种复杂形状，适合建造复杂的异型结构；缺点是打印结构尺寸局限于打印设备幅面，而且成品的强度不高。

混凝土3D打印的定位机构可以灵活运用多种机械设备，包括龙门式（Gantry）、机械臂式、塔吊式等。龙门式打印机作为相对成熟的工业化产物，体积较大，采用三轴或四轴运动机制，适合在开放建筑环境中打印大型建筑形体。然而，龙门梁的结构将打印头限制在框架内，其打印体积受限于打印机内部空间，不适用于高密度环境。相比之下，机械臂体积较小，通过六轴运动机制实现更加自由的打印，能够适应复杂建筑环境，实现精细复杂的不规则建筑造型。单个机械臂的打印幅面有限，可以通过外部线性轨道来拓展其工作范围。

2）材料增强与建造方式

混凝土材料的抗拉性能较差，因此传统钢筋混凝土结构采用钢筋来增加结构的抗拉性能。混凝土3D打印中的材料增强与配筋是关键点。目前3D打印混凝土结构主要以高强度、高模量的短细纤维和连续筋、线、绳材等增强材料进行配筋增强。按打印过程与增强工序的先后顺序可分为三种：打印前增强、打印时增强、打印后增强。打印前增强通过掺入短切纤维来改善3D打印混凝土的抗拉性能、抗压强度、抗折强度等力学性能；打印时增强通过在混凝土挤出过程中使用如节段植筋、设置钢缆、钢丝网等刚度较小的柔性增强材料形成增强骨架；打印后增强通过将增强材料与打印成型的混凝土构件形成整体结构，包括打印后插入钢筋、后张法预应力增强配筋等方式。

混凝土3D打印在墙体承重结构、梁结构、拱结构方面等都进行了技术探索和工程应用。3D打印墙体结构可分为3D打印无筋砌体结构和3D打印混凝土－钢筋骨架叠合结构。3D打印无筋砌体结构使用混凝土3D打印技术制造内设直肋或斜肋的中空无筋墙体，并将其与现浇或叠合楼板连接形成承重结构体系，该结构体系通常使用预制装配式的建造方式。3D打印"混凝土—钢筋骨架"叠合结构的墙体有之字形带肋墙体和空心墙体两种，并有多种配筋形式：带肋墙体中水平放置钢筋网片、空心墙体中布置拉结筋、空心墙体插筋灌注混凝土、空心墙体布置水平拉结筋并灌注混凝土。

混凝土3D打印的建造方式可分为现场原位打印和预制装配式两种。现场原位打印能便捷地连续打印大型建筑。而预制装配式有着稳定的室内环境和更灵活的加工方法，有助于实现形态复杂的装配式构件。Killa Design公司于2016年在迪拜设计的3D打印办公楼是装配式3D打印建筑的典型案例（图4-17）。工厂打印过程持续17天，现场安装用时2天，与采用传统建造方式相比人工成本减少50%以上，工业垃圾生产量也大幅减少。该项目由4个盒状建筑组成，包括办公和展览空间，总建筑面积250m²。结构设计采用了

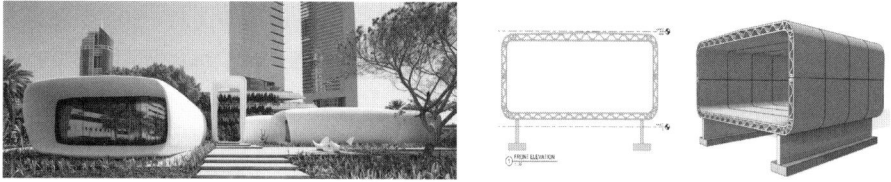

图4-17 Killa Design设计的迪拜办公楼采用预制3D打印混凝土构件
（图片来源：https://www.archdaily.com/875642/office-of-the-future-killa-design, 2024/09/06）

3D打印"混凝土—钢筋骨架"叠合结构，打印混凝土层之间手动添加了预制焊接的钢筋桁架以提高混凝土构件的抗拉强度。上部结构采用外部横向后张法，下部结构则在原有两个条形基础之间新增两个条形基础。上层墙体分为多个U形切片，上下两个相对的U形构件用灌浆填充接缝，前后部分用纵向后张法将各段连接。

2019年中建技术中心在广东建造的7.2m高双层办公建筑采用3D打印配筋砌体剪力墙结构；2022年浙江大学智能建造团队在甘肃建造完成的二层巢穴酒店使用3D打印"混凝土—钢筋骨架"叠合结构。

意大利Asprone团队以局部现浇混凝土和外部钢筋结合的建造方式完成了受力性能优良的梁结构[25]。南丹麦大学的CREATE团队探索了3D打印路径与梁结构力学性能之间的关系[26]。

3D打印混凝土的拱式结构经常应用于桥梁。清华大学徐卫国教授团队于2019年在上海建成的3D打印混凝土步行桥，使用机械臂混凝土打印工艺和预制装配式建造方式。单拱结构承受荷载，全长26.3m，宽3.6m，拱脚间距14.4m。

3）混凝土3D打印模板

模板（formwork）是传统钢筋混凝土结构建造的重要组成部分，传统建造系统中的模板基于标准化、批量化和可重复使用的模式，限制了混凝土结构的形式。混凝土3D打印模板结合了传统混凝土浇筑工艺的优势，并从根本上扩展了混凝土的几何可能性。

模板可分为可拆卸模板和永久模板两大类。可拆卸模板可进一步分为可重复使用模板和一次性模板。可重复使用模板是传统混凝土建造中的最常见模板类型，它通常由模块化塑料、金属或木板制成，3D打印可重复模板可用来制造大量形状一致的异形建筑构件。一次性模板通常在混凝土硬化后通过破坏性工艺拆除，一般用于制作独特的复杂混凝土构件。

永久模板分为功能性永久模板、结构性永久模板和非功能性永久模板。功能性永久模板在混凝土硬化后保留，为构件提供防火隔热、改善声学性能（如通过黏合剂喷射3D打印针对特定声音频率制造特殊表面纹理）、构件保护（如混凝土挤出式3D打印可以为钢筋提供保护层，减缓其腐蚀）和表面装饰

图4-18 应力导向的3D 打印混凝土楼盖系统
（图片来源：东南大学建筑学院建筑运算与应用研究所Inst. AAA）

等功能。结构性永久模板通过在模板内配置纵筋和箍筋来提高混凝土构件的抗拉强度和抗剪强度。3D打印结构性永久模板可采用热塑性材料（如尼龙）或碳纤维增强聚合物作为材料来提供良好的抗拉强度。

砂型打印工艺制造异型模板的典型案例为Smart Slab智能楼板项目（详见4.4.2节）。混凝土挤出3D打印制造异型模板的案例有奥地利格拉茨技术大学（TU Graz）的应力导向混凝土楼盖系统[27]。该项目受到奈尔维著名的羊毛工厂密肋楼盖的启发，利用数字化设计和混凝土3D打印探索了结构性能与材料效率相平衡的新型楼盖结构。异型模板采用3D打印混凝土制成，然后布置钢筋，浇筑混凝土形成楼盖。制造完成后模板不拆卸，成为永久模板。

东南大学贺思运、姚秀凝等人改进了应力导向的3D打印混凝土楼盖系统（图4-18），针对不规则的任意支撑条件进行应力线计算，可节省20%~30%混凝土材料。通过有限元软件计算楼盖在任意支撑与荷载条件下的内力分布，进而通过自主编写的算法生成可建造的、沿应力线方向的异型梁形态。运用3D打印混凝土工艺在工厂预制免拆除模壳（pod），在现场浇筑过程中精确限定楼盖的网格划分与异型梁的形状。设备管道系统被集成到楼盖的结构厚度中，提高了空间的综合使用效率。

4.2.4　塑料3D打印建造

将原材料加热后挤出进行层叠打印实现三维塑形，是最常见的一类3D打印工艺。而热塑性塑料（Thermoplastic）是工业领域十分常见的原材料，具有较高的性价比与较好的可操作性，因此在3D打印领域得到了广泛应用。大型热塑性塑料3D打印逐渐被用于建筑预制构件、构筑物、混凝土异型模板的制造。

1）热塑性塑料

热塑性塑料应用十分广泛，在一定的温度条件下能软化或熔融成任意形状，冷却后形状不变，这种转换过程可以多次反复。在3D打印领域，塑料类原料通常以颗粒、线材等形式出现。运用最广泛的FDM（熔融沉积成型）工艺采用塑料线材（Filament），又称长丝，最常见的材料为ABS、PLA线材。FGF颗粒热熔挤出打印工艺采用PC、PETG、PEEK、PLA等热塑性塑料颗粒。

塑料来源于石油、植物、细菌，甚至空气。从石油可以制造出PP，PET，ABS等多种性能各异的塑料，但这些塑料制品被丢弃之后容易造成不可控的环境污染。而回收PET后制成的rPET塑料可以再次利用，降低对环境的影响。一些生态环保公司或组织（如PARLEY）致力于回收环境中的塑料垃圾并循环利用。从甘蔗、玉米等淀粉质植物原料可以制造聚乳酸（PLA）或bioPBS等生物基塑料，在堆肥环境中可降解为二氧化碳和水。

"生态塑料"包括生物塑料（Bioplastics）、生物基（Bio-based）塑料、可回收利用的石油基塑料等类型。BPI等组织提供的生态认证为全世界提供了工业标准。塑料根据其生化特性可分为：

（1）可回收（Recyclable）

（2）可降解（Degradable）

（3）可生物降解（Biodegradable）

（4）可堆肥（Compostable）

从塑料的全生命周期视角来看，生态材料对于环境的友好程度并不完全取决于上述标签。譬如PLA只有在特殊环境条件下才是可生物降解的，在不利条件下需要经历一百到一千年才能回归自然。而本来很难降解的PET在特定的新陈代谢酶的作用下可以快速降解。可堆肥塑料可以和食物、庭院废物一起降解到土壤中，但在现实当中往往很难实现。因此，未来的定制化增材建造应充分考虑产品性能与环保问题，为人们提供更理想的塑料制品与绿色生活方式。

聚乳酸PLA是生物塑料，但力学性能稍差，韧性和抗冲击强度不如ABS三元共聚物等工程塑料，不宜做承重构件。PETG是一种透明的、非结晶型共聚酯，具有较高的韧性和抗冲击强度，收缩率较低，十分适合大型3D颗粒挤出打印。在制造塑料颗粒的过程中均匀地掺入玻璃纤维或碳纤维，可以提升材料的强度和抗拉性能，常见的纤维增强塑料有PP GF（玻璃增强PP颗粒）、PA CF（碳纤维增强PA颗粒），Addigy G2001 GF rPET（玻璃纤维增强rPET 颗粒）等。

2）塑料 3D 打印工艺

塑料可以用多种工艺实现 3D 打印。材料挤出 3D 工艺中使用的原材料主要有两种形态：线材和颗粒。常见的桌面级熔融沉积成型工艺（FDM）利用步进电机把丝状耗材（线材）挤到喷头内部并加热熔化，而喷头按既定轨迹运动同时挤出塑料，塑料迅速凝固成型。常见喷嘴直径在0.2~1.0mm左右，材料挤出的典型速度为0.003~0.1kg/h，这种方式适用于小尺寸物体的制造。

数字建造领域通常需要大尺寸的颗粒3D打印技术。热熔颗粒挤出打印

（FGF）常用喷嘴直径在3~10mm左右，材料挤出速度大致为1~15kg/h，成形效率高，建造成本较低。西班牙Nagami、荷兰CEAD、意大利CARACOL等多家公司研发了颗粒打印挤出装置（Pellet Extruder），该装置可以和机械臂或数控机床配合使用。

适用于机械臂的热熔颗粒3D打印方法主要有以下几类：

（1）平行逐层打印

打印过程中打印头轨迹与打印平面始终保持平行。当打印倾斜角度过大时可能会出现瑕疵或坍塌。可按倾斜角度（如45°）逐层打印，适用于打印水平方向上延展的形态，例如荷兰The New Raw定制家具系列、Thermwood公司实践了这种非常规的逐层打印方式。

（2）非平面逐层打印

每一层打印路径并非在一个平面上，可以发生渐变以适应更复杂的形状或力学需求。Striatus拱形桥采用了此种打印方法，实现了桥体的纯受压状态。东南大学"漪涟青脉"（图4-19）3D打印互动装置中的Y形构件采用了非平面3D打印。

（3）曲面模具表面打印

在曲面模具表面进行3D打印，如2021年法国公司XTreeE在半球体模板上打印了人造珊瑚。

（4）空间打印

空间打印（如晶格打印），使塑料挤出后能迅速冷却，快速获得足够的强度而无需下部支撑。空间打印具有轻质、高效的优点，建造案例包括Branch公司的oneC1TY构筑物、俞挺与大界机器人合作的上海万象城"降临"装置。

3）自承重结构

结构性能是塑料3D打印建造的主要挑战之一，塑料3D打印项目往往需要借助其他材料（如钢结构骨架）来承担荷载，而塑料3D打印自承重结构对设计、优化、建造都提出了更高要求。3D打印构造对结构性能有很大的影响。DUS Architects公司在阿姆斯特丹的3D打印微型住宅采用了曲折的墙面构造，增加了墙体的结构稳定性，不需要额外的承重结构。Nagami公司制造的The Throne移动式厕所采用了整体3D打印的方式，不需要额外的承重结构，便于运输、组装和清洁。

图4-19　东南大学"漪涟青脉"互动装置及其Y形构件的非平面3D打印
（图片来源：东南大学建筑学院建筑运算与应用研究所Inst. AAA）

基于蜂窝、海绵等仿生设计的晶格形

式很适合于塑料3D打印自承重结构。晶格由多个联结的格子状单元组成，具有很高的强度—重量比，可以显著减少结构自重和材料用量。意大利的Trabeculae 3D打印构筑物使用晶格构造获得了坚固轻质的结构。美国Branch公司制造的凉亭one C1TY是世界上跨度最大的此类结构（图4-20）。进一步优化设计可以有效控制材料分布，譬如把材料集中在应力大的部位，而应力小的位置材料较为稀疏。

4）性能化建筑表皮

建筑表皮在很大程度上决定了建筑的外观。3D打印技术为建筑表皮的设计与建造提供了更高的几何自由度，可以针对特定环境、功能量身定制立面形态和填充图案，以回应结构、功能、形式需求。

南京欢乐谷东大门构筑物由钢结构骨架与3D打印表皮组成[28]。团队研发了几何模型自适应反变形算法，结合现场条件对板块进行适应性的调整；将展开面积高达1950m^{2}的连续曲面转译为可在工厂预制打印的4000余块曲面板材，生成机械臂打印路径，实现施工与设计的双向互动联合推进。户外抗紫外线彩色改性塑料实现了表皮的颜色渐变。

拓扑优化与3D打印相结合可以制造材料使用效率高、几何形态复杂的轻质建筑立面。密歇根大学DART实验室针对风荷载和重力荷载进行建筑立面的优化设计，使用PETG塑料建造了一种轻质坚固的建筑表皮（图4-21）。考虑结构稳定性，拓扑优化方法将材料集中在结构应力最高的区域，生成骨架状的分叉结构。

建筑表皮是分隔外部环境和室内空间的物理边界，对室内舒适度和建筑能耗都有很大影响。鉴于此，塑料3D打印表皮单元之间的连接构造是一个新的研究方向，包括面板与结构之间的连接节点、面板与面板之间的连接节点。连接构造通常需要满足气密性、水密性、稳固性等要求。卡扣式节点在

图4-20　Branch公司采用晶格打印制造的oneC1TY构筑物
（图片来源：https://branchtechnology.com/one-city-pavilion/，2024/09/06）

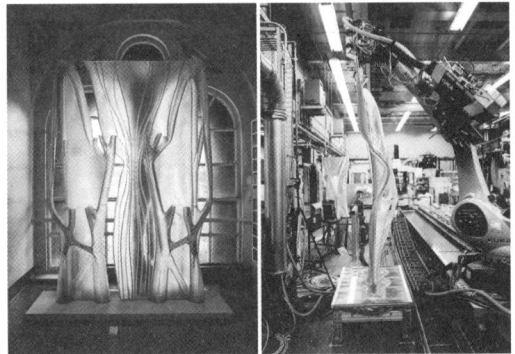

图4-21　DART 实验室基于拓扑优化的塑料3D打印表皮
（图片来源：https://dartlab.umich.edu/research-project/topology-optimization-of-a-building- envelope/，2024/09/06）

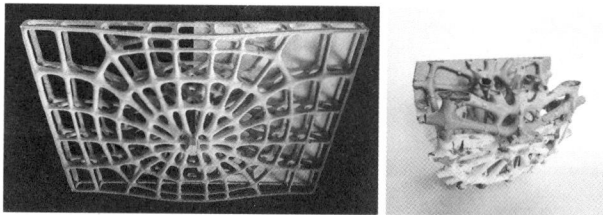

图4-22　Webone 混凝土楼盖结构原型（左）与塑料3D打印模板（右）
（图片来源：东南大学建筑学院建筑运算与应用研究所Inst. AAA）

结构完整性、气密性与水密性方面具有很大的潜力，瑞士ETH研发了塑料表皮的卡扣式构造[29]，采用TPU弹性塑料，使用小型机器人在塑料表皮构件上进行附加打印。在装配完成后，阻水、气屏障的弹性构件经过弯曲压缩，实现了气密性和水密性。

5）塑料3D打印混凝土模板

塑料3D打印用来制造混凝土模板（Formwork）可以提升混凝土建造的几何自由度，降低复杂形状混凝土结构的建造成本。瑞士ETH的Eggshell（蛋壳）项目[30]中的钢筋混凝土柱子建造过程包含3D打印模板、预制钢筋笼加固、布置钢筋、数字化浇筑、脱模等步骤。脱模时使用热风枪局部加热塑料模板以帮助脱模。参数化生成设计方案与模板打印路径，可以通过调整参数来调整设计与打印细节。3D打印模板提高了混凝土结构建造过程的自动化程度。缺点是在准备材料、加固钢筋以及脱模上需花费大量人力。

东南大学建筑学院Webone项目基于结构的主应力迹线设计了一种复杂的网格状混凝土楼盖。建造过程包括：将楼盖分割至合适尺寸进行塑料模板的3D打印（图4-22）；拼接各模板单元形成整体模板，布置钢筋，浇筑混凝土，养护，脱模。相较于传统梁板楼盖结构，Webone系统可以在相同结构性能下减少约30%的混凝土用量，提高了材料利用效率；此外混凝土结构的孔洞设计为设备管道预留了空间，促进了"设备—结构"设计一体化。

4.3 性能与工艺优化

随着工业革命对社会各行业影响逐渐加深，18—19世纪的建筑理论先驱们继承了"设计应该追求功能和经济性"的普遍理念，比如迪朗（J. N. L Durand）把"以最少代价使建筑适应特定目标"列为基本设计原理。当下，我们把结构力学、声光热舒适度、造价、绿色环保等因素都归为"性能"（Performance），并在设计中巧妙组织材料及其建造方式以提升综合性能。性能导向的设计代表了当代设计理论与工程技术的重要发展趋势。

根据力学等行为用生成式逻辑来获取理想形态，被称为"找形"（Form Finding）方法，现已成为智能化设计与建造的重要手段，其中又以拓扑优化最为典型，成为跨学科研究的热点[31]。此外，对建造施工过程进行重新分解与重构，凝练成新的定制化的工艺过程，也是提升建筑性能的重要路径。传统手工艺与工匠精神，对应于数字建筑中对工艺过程的优化创新，被称为数字手工艺。在数控技术的语境下，性能提升与设计创新往往来源于对机器（包括软件与硬件）与工件（被加工的建筑部件）之间微妙关系的探究。

4.3.1 结构拓扑优化

建筑结构的优化设计是一项重要的建筑课题，集建筑学、物理学、计算机科学、制造工艺等众多学科于一体，通常是在特定约束下（如材料用量、形变、几何约束等）针对特定目标（如最强、最轻等）进行优化。建筑结构的优化可分为尺寸优化（Size Optimization）、形状优化（Shape Optimization）和拓扑优化（Topology Optimization）。其中尺寸优化用于计算结构中关键尺寸（如杆件截面积、板厚、墙厚等）的最佳值；相比之下，形状优化更为复杂，用来求解结构的最优形状，如轮廓、孔洞的形状；而拓扑优化在不预设任何拓扑特征的前提下对结构的材料分布进行优化，生成预先未知的拓扑结构与几何形态，是当前最为灵活与复杂的优化方式。在规定设计区域内，拓扑优化渐进式地改善材料的分布情况，即在满足平衡方程、几何关系和边界约束条件下逐步提升结构的某项性能。

1）拓扑优化原理

拓扑优化可分为离散体结构（Discrete Structure）和连续体结构（Continuum Structure）优化。以桁架为代表的离散体结构拓扑优化方法，旨在满足一定的边界条件下，确定各杆件最佳的连接方式及其最佳尺寸。桁架拓扑优化通常设定一个基准结构即n个可能的结点（一般是密集正交网格上的点）和m根可能的连接杆件，规定载荷与边界条件，找出哪些结点与哪些杆件的组合（包括杆件截面积）能获得最佳的结构性能[32]。如图4-23所示，左图为基准结构，最下部的点被约束不可移动，左上角设一个向左的点载荷；右图为优化的结果，即杆件粗细各不相同的高效桁架结构[33]。

由于问题描述和数值计算的困难，连续体结构的拓扑优化方法更为复杂[34]。理论上，连续体设计域中的点数量是无穷的，但在有限元方法的视野下，也需要将连续问题离散化，将所要设计的实体范围细分为众多单元格。目前常见的拓扑优化方法有均匀化方法、变密度法、水平集方法、渐进结构优化法、可变形孔洞法等。

均匀化方法（homogenization）假设每个材料单元格内部可以用特定的微结构来获得特定力学表征数值（如密度、杨氏模量、泊松比等），因此结构拓扑优化可以将每个单元格的力学数值作为设计变量，实现整体结构的用料最少、弹性势能最小等目标。基于这种"微观—宏观"思想，SIMP法（Solid Isotropic Material with

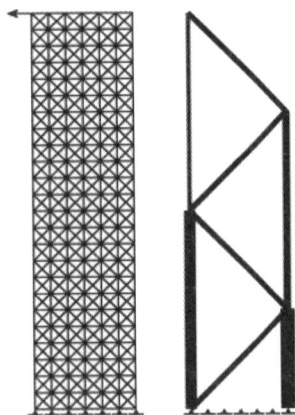

图4-23 桁架结构的拓扑优化
（图片来源：参考文献[33]）

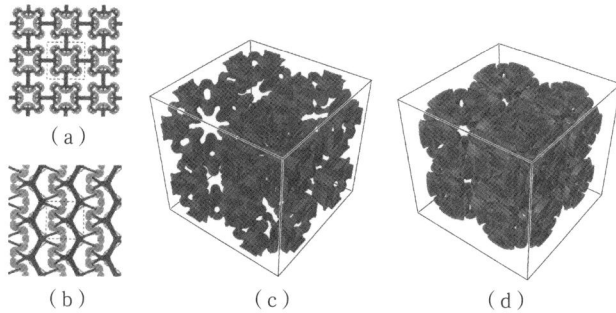

图4-24 （a）二维热缩冷涨材料（负热膨胀材料）；（b）体积最不受温度影响的材料；（c）三维热缩冷涨材料（自然状态）；（d）加热收缩状态
（图片来源：参考文献[36]）

Penalisation）用连续小数（通常为0～1范围内）来表示每个单元格内的材料占据率，俗称灰度表示法（变密度法），进而运用敏感分析（Sensitivity Analysis）数学方法建立有效的拓扑优化算法[35]。

与灰度表示法相对的是黑白表示法，即每个单元格是实的或虚的（对应1和0）。渐进结构优化法（Evolutionary Structural Optimization，ESO）采用这种结构表示方法。每次迭代过程以有限元力学分析结果为依据，逐渐移除结构设计域中的低效单元（将值设为0）。在此基础上，双向渐进拓扑优化（Bi-directional Evolutionary Structural Optimization，BESO）在迭代过程中可以删减或增加单元，弥补了ESO方法只删不增的短板[17]。

增材制造与拓扑优化的结合在科学界催生了建构化材料（Architected Material）[36]、超材料（Metamaterial）、多尺度层级材料等新概念。因此建筑学传统语境中的材料（微观）、构造（中观）、结构（宏观）三个尺度之间的边界被打破了。广义的拓扑优化不仅关注力学性能，也处理受热变形、导电性、声学等其他各类物理性能。拓扑优化通过一般材料的特殊空间组织来创造热缩冷胀材料（负热膨胀材料），如图4-24a、c、d，也可以创造体积最不容易受温度影响的材料如图4-24b[37]。

2）建筑应用

拓扑优化在工程应用中依赖于三维建模软件、有限元分析软件。因此不少机械与结构分析软件集成了拓扑优化功能，美国ANSYS、Altair OptiStruct软件、法国达索的Abaqus等商用软件中包含了专业拓扑优化功能。在建筑领域，犀牛建模软件的Grasshopper平台下出现了多款拓扑优化软件，如Millipede、tOpos、Ameba等。

近十几年来，拓扑优化逐渐运用在建筑项目中。2011年日本建筑师矶崎新与结构工程师合作，运用了拓展渐进优化算法设计了卡塔尔国际会议中心的自由形态结构（图4-25）。2019年苏黎世联邦理工学院（ETH）与瑞士国家研究能力中心（NCCR）完成的智能楼板项目（详见4.4.2节）采用了砂型打印模具与自主开发的拓扑优化算法。

下文以卡塔尔国际会议中心与ESO算法为例[38]，简要介绍拓扑优化的运用流程。ESO逐步删减有限元分析后的低效结构单元，使结构中的材料分布逐渐趋于优化，直到满足收敛条件。算法的要点包括：

图4-25 卡塔尔国际会议中心的结构设计采用了拓扑优化

（图片来源：https://www.archdaily.com/425521/qatar-national-convention-centre-arata-isozakim, 2024/09/06）

（1）宏观参数设定：删除率RR，进化率ER，目标函数（通常为总体积或应变能等）。

（2）有限元分析：对结构进行有限元分析，得到单元格的位移、应力等数据。

（3）敏感度计算：即每个单元格参数（0或1）对目标函数值（如应变能）的影响。

（4）优化规则：根据删除率删除低敏感度的单元，删除指将单元格设为"虚"，对应数值0，而"实"单元对应的值为1。

（5）收敛条件：即判断何时停止优化过程，如已达到预设性能值或探测到结果已经很难再提升。如果判断为否则更新删除率等参数，继续循环。

敏感度参数对应不同的优化规则与收敛条件，常用为两种：①应力优化，以von mises应力作为敏感度，结构在受力状况下应力分布不均匀，应力大的地方表示材料被高效利用，应力较低的地方材料则并未被充分利用。若要减小结构的自重，则先去除应力较低的材料区域。②刚度优化，把单元格对整体结构应变能影响作为敏感度。将对结构应变能影响最小的单元删除，在保证对结构刚度影响最小的情况下优化结构的总体积。

图4-26（a）展示了卡塔尔国家会议中心的大跨度结构的载荷和边界条件，ESO算法选取并删减设计区域中一定比例的低效实体单元。不同参数设定产生了图4-26（b）、（c）两种不同的结构。相比于传统的人为找形，连续体结构的拓扑优化可以根据结构的传力路径，得到构件分布的最优拓扑形式，不需要提前设置树状分支级数以及分枝位置等条件就可以获得多个优化的解。

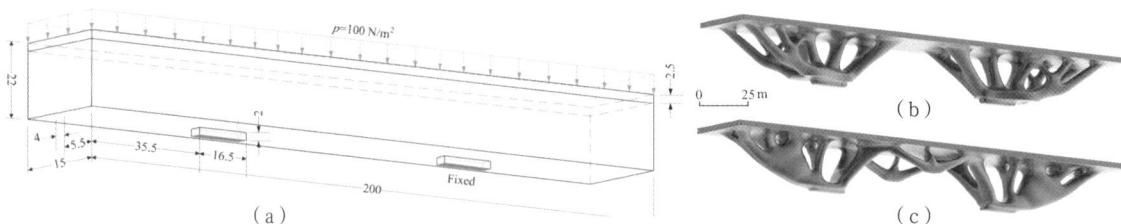

图4-26 卡塔尔国家会议中心结构的拓扑优化

（图片来源：参考文献[38]）

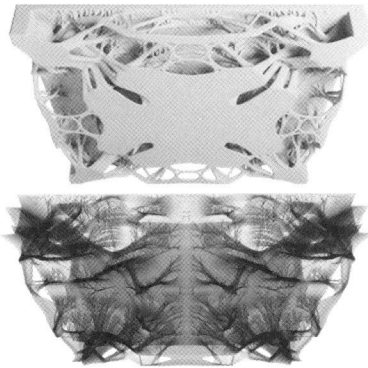

图4-27　楼盖的高性能拓扑优化
（图片来源：东南大学建筑学院建筑运算与
应用研究所Inst. AAA）

3）楼盖高性能拓扑优化

柯布西耶著名的多米诺体系（Maison Dom-Ino）采用平楼板，或称无梁楼盖。在拓扑优化的视野下，无梁楼盖所占据的三维体积可作为初始设计区域，对其中的混凝土材料的分布进行优化，以达到高效省材的目标。

东南大学建筑学院（张笑凡、冯以恒）采用拓扑优化方法进行了建筑楼盖系统的开发，在预设的8m×8m×0.8m的楼盖范围内实现了体积占比8%，包含8亿体素单元的楼盖结构（图4-27），该结果呈现出仿生学特征。

为了得到高性能的、精细的楼盖结构，该项目使用稀疏网格（Sparsely Populated Grid）数据结构代替传统数据结构，提高优化的深度和精细程度。传统拓扑优化把设计区域细分为原始网格，每次力学分析都需要计算每一个单元格的数值，因为大部分为空单元，造成性能浪费；窄带稀疏网格的计算区域仅在有实体部位生成计算网格，在几乎不影响结果的情况下大幅度加速了计算过程。运算采用了Taichi解算器核心，并使用全精度与半精度数据结合计算的方式，极大提高了拓扑优化的速度与内存效率，使得超高精度拓扑优化成为可能。

4.3.2　3D打印路径规划

增材制造（Additive Manufacturing）又称3D打印，是工业4.0范式中最具代表性的定制化数控制造技术。成型过程中打印头的运行轨迹及其工艺决定了产品的几何形状，也决定了产品的各项力学性能。材料挤出层叠打印是应用最广泛的3D打印工艺，包括熔融沉积成型（FDM）、混凝土3D打印（3DCP）、熔融颗粒制造（FGF）等技术。在材料挤出打印工艺中，挤出头的运行轨迹及其参数最为直接地控制产品的几何与力学特征。因此3D打印路径规划（Tool Path Planning）是联结"形状、力学、工艺过程"的核心，是实现"设计—建造"一体化不可或缺的技术方法。

在数控制造领域Toolpath被俗称为"刀路"，是数控技术的核心内容。而3D打印路径规划往往由通用切片软件（如Cura）或3D打印机自带的专门软件提供。"首先3D建模，然后对3D模型进行切片，再生成3D打印路径"的工作流程已被工业领域和一般用户广泛采用。另一种方式是把产品设计与打印路径规划充分结合起来，通过挤出头的运行路径与参数控制对打印物体进行优化设计。本小节介绍两种方法，第一种方法根据构件的应力来设计填充纹理，并与FDM打印路径规划充分结合；第二种方法利用机械臂的自由度实现多轴非平面打印，从而提高FGF打印曲面的强度与表面品质。

1）基于应力的填充纹理

熔融沉积3D打印工艺和切片软件通常要求3D模型具有密封性（watertight），即3D模型的表面能够明确区分外部与内部。内部的填充率与填充纹理对打印过程的稳定性、最终成品的质量都有较大影响。常见的填充纹理包括：方块、三角、同心（concentric）、Z字形（Zig-Zag）、蜂窝、立方、Gyroid极小曲面等。不同纹理在速度、强度、品质方面各有优缺点，但其在物体内部是均质分布的，无法根据物体在使用场景中的受力特点进行局部调整。

根据物体的受力特征进行填充纹理设计与打印路径规划，能够使材料更集中在受力较大的部位，从而在保证整体结构性能的情况下节省材料与打印时间，有助于推进增材制造的"设计—制造"一体化。对于建筑中的大型构件，均匀填充纹理效率很低，因此需要对构件进行力学分析，进而有针对性地定制填充纹理的形状与密度。

（1）装配式3D打印后张法楼板系统

东南大学建筑学院（刘逸卓）研发的"装配式3D打印后张法楼板系统"（无锡市葛埭粮仓适应性改造）对楼板构件的内部纹理进行了深化设计，使3D打印路径与构件受力特征相契合。每个构件在截面上采用了非均质的多层折线纹理，并使纹理逐层渐变从而顺利完成层叠打印。打印材料采用PLA或PET塑料。PET是一种合成高分子热塑性塑料，在数字建造过程中比混凝土更容易精确控制；但其力学性能相对钢筋混凝土等传统建筑材料较差，因此需要优化打印路径，以提高该系统的结构强度。

3D打印装配式楼板系统在纵向上布置钢梁连接细钢柱，因此楼板系统只需要跨过横向跨度。根据设备的打印范围对楼板进行分块打印，并采用装配式的建造方式。由于PET材料的抗拉强度较差，因此采取预应力后张法（Post Tensioning），使钢索在楼板系统中承担大部分拉力。预制模块的各种组合方式如图4-28所示，最后一种人字纹形的分块方式使各模块在两个方向上互相咬合，增强了楼板的整体稳定性。

（2）反映应力的填充纹理

先对楼板系统进行受力分析，再设计楼板内部的微观构造，使材料在应力大的位置密集分布，在应力小的位置稀疏分布。这种疏密分布可以体现楼板系统的结构逻辑，以较轻的自重获取足够的结构强度。

由于下方钢梁的存在，可以将楼板看作是多个简支梁并排拼接而成。因此先将其简化为简支梁，使用Grasshopper中的

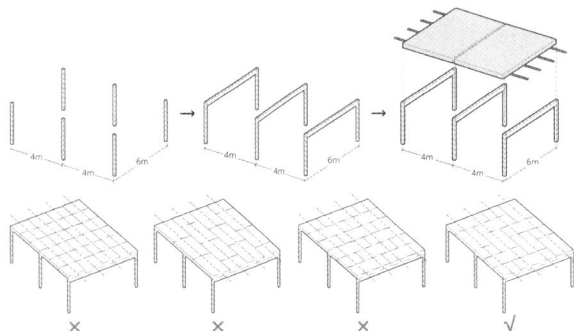

图4-28 装配式3D打印后张法楼板系统的梁柱系统（上）和楼板的各种分块方式对比（下）
（图片来源：东南大学建筑学院建筑运算与应用研究所Inst. AAA）

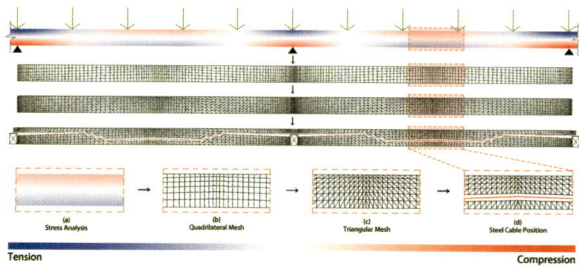

图4-29 反映部件受力特征的填充纹理
（图片来源：东南大学建筑学院建筑运算与应用研究所Inst. AAA）

Karamba插件对其截面进行受力分析。如图4-29所示，红色部分受压，需要设计密集的填充纹理使材料集中；而蓝色部分受拉，需要穿过钢索并施加预应力，以承担一部分拉力，因此这一部分的打印路径可以相对稀疏。根据以上原则，先生成渐变大小的四边形网格，红色部分对应的网格较为密集，而蓝色部分对应的网格较为稀疏；再设置一条对角线，将四边形网格变成三角形网格，以增强结构稳定度。

不同位置的截面受力也不相同，因此填充纹理应当通过参数的调节在每一层发生变化。在此楼板系统中，靠近钢索的部分相当于厚板中的"梁"，其受力大于远离钢索的其他截面，因此楼板截面的填充纹理随着与钢索距离的变大而变得稀疏，以提高材料的使用效率。另外，相邻两个纹理之间存在线段数的突变，导致上层路径悬空，因此需要设计两个截面纹理之间的过渡图案，避免打印路径发生突变。

（3）打印路径规划

大型熔融沉积3D打印路径规划需要遵循以下原则：①由于受重力限制，每层打印路径都不能悬空，也就是说每一根线条下面必须有其他线条作为支撑，否则上层线条可能塌陷，并影响最终的打印质量。②为了提高打印品质并节省打印时间，3D打印机的喷头运动轨迹应该由尽量少的笔画组成，以减少材料挤出开关的次数。

大部分3D打印切片软件需要输入实体模型，一般不能生成单线的打印路径，也难以个性化地控制喷头的运动轨迹。而该楼板系统采用自主编写程序将上述填充纹理直接转换成3D打印机的G-code代码。G-code是由3D打印机读取的机器代码，包含喷头运动速度、喷头经过的点坐标和每两点之间的材料挤出量等信息。以下是一段3D打印的G-code：

G0 F3600 X138.46 Y141.0 Z0.2

G1 F800 X135.0 Y135.0 Z0.2 E0.2425

G1 F800 X145.0 Y135.0 Z0.2 E0.35

G1 F800 X141.54 Y141.0 Z0.2 E0.2425

其中，G0 表示"快速定位"，喷头在运动过程中不出料，G1表示"直线插补"，喷头运动过程中出料打印；F后面的数字表示喷头的运动速度；X、Y、Z后的数字分别表示喷头的X、Y、Z坐标；E后面的数字表示喷头的出料量。在该楼板系统中，每一截面的填充纹理形状包含了喷头经过的所有点的坐标信息，并确定喷头经过这些点的顺序，最终输出对应的G-code。

根据欧拉定理，一个连通无向图可以一笔画的充分必要条件为：奇顶

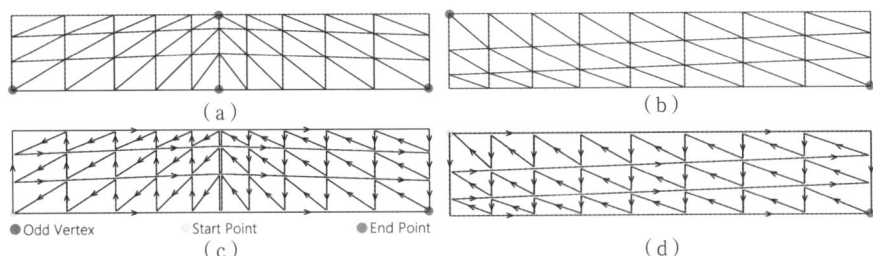

（a）

（b）

● Odd Vertex ⟶ Start Point ● End Point

（c）

（d）

图4-30　两种典型填充纹理的打印路径
（图片来源：东南大学建筑学院建筑运算与应用研究所Inst. AAA）

点（连接的边数是奇数的顶点）的个数为零或二。两种典型截面填充纹理如图4-30（a）、（b）所示，左边图案有四个奇顶点，右边则只有两个。因此左边图案需要增加一段重复的路径，而右边图案则可以一笔画出，且其打印路径都需要从某一奇顶点开始。经过规划后两个图案的喷头运动轨迹如下（图4-30c、d）。通过改变参数产生的其他密度的纹理也可以采用相同的路径规划方式来对点进行排序。

图4-31为装配式3D打印后张法楼板系统的模型，将3D打印构件进行组装并施加后张法预应力，得到两跨楼板。模型使用了半透明的PET材料进行打印，可以看到模块内部的钢索和材料疏密分布。在楼板应力大的地方材料分布密集，因此此处的透明度会降低，反之应力小的地方楼板会更加透明，反映出楼板系统的结构逻辑。

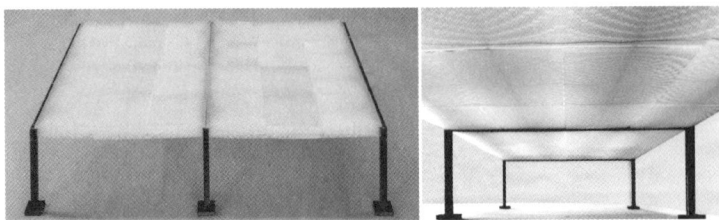

图4-31　FDM打印构件组装而成的楼板模型
（图片来源：东南大学建筑学院建筑运算与应用研究所Inst. AAA）

2）机械臂多轴3D打印

在工业机器人（机械臂）前端安装3D打印装置可以进行多种3D打印任务，包括层叠式打印与空间网格打印、砂型打印等。本小节主要讨论混凝土与塑料的层叠式打印。层叠3D打印中通常需要保持每层打印路径的层高恒定或均衡变化，并且上层打印路径相对于下层的悬挑不宜过大，以避免因材料自重导致瑕疵甚至发生坍塌。而机械臂多轴非平面3D打印的灵活性拓展了设计空间。

（1）机械臂3D打印类型

机械臂层叠打印路径规划方法越来越多样化，根据原理可以分为以下三类：

①平行逐层打印

平行逐层打印是3D打印中最为常用的建造方法，打印头运动轨迹与打印基底平面（一般为水平面，也可以采用倾斜面）始终保持平行。在挤出装置转速稳定与机械臂工具头匀速移动时，挤出材料的截面宽度与高度比较稳定。这种打印方式效率较高、所需的人为干涉小，适用于形状变化平缓的形体。等高线式的层叠打印方式使几何体表面呈现出条状纹理。如果几何形体中出现角度较大的斜面，往往需要借助热床或者加固措施，以降低失败或出现瑕疵的可能性。

②曲面模具表面打印

在曲面模具表面进行打印，机械臂打印头沿着曲面模具表面移动使挤出材料附着在模具上。通常，打印头在运动过程中需要不断改变方向（而非保持垂直向下）与曲面上点的法向量一致，使材料截面方向与曲面几何相关。而打印可变厚度层可以调节打印成品的力学性能与表面质量；实时调整材料挤出速率可以调节相邻层之间的接触面积。

③多轴非平面打印

多轴非平面打印（Multi-axis Nonplanar Printing）是机械臂特有的建造方法，每一层打印路径不在一个平面上。打印路径中每个点的材料挤出速率或打印头运行速度可以实时控制材料截面的高宽。多轴非平面打印相较于平行层叠能实现更自由的形状，并有效控制材料挤出方向（倾斜打印枪）与曲面局部特征相契合，提高打印质量与成品率。

模型与基底平面之间的测地线距离等值线可以用来生成连续变化的非平面打印路径。如果打印层与构件的受压方向相垂直，可以改善打印物体的机械性能。例如Striatus桥作为纯受压结构，其混凝土构件就采用了这种力学导向的3D打印方式。而澳大利亚墨尔本皇家理工大学与同济大学的Intelligent Force Printing项目利用机器人非平面3D打印制作混凝土预制构件[39]，并利用后张法预应力建造空间三维结构[40]。更广泛类型的几何形状生成可打印路径的方法需充分结合用户定制化的输入，复杂构件的划分、每个构件的路径生成方法。

（2）曲面微分几何与莫尔斯理论

曲面微分几何（Differential Geometry）可以直接应用于参数化曲面（定义uv坐标值到xyz坐标值的映射，如NURBS曲面）与隐式曲面（Weierstrass-Enneper参数化的三周期极小曲面、半径为r的球面$x^2+y^2+z^2=r^2$等）。但建筑设计领域往往采用"点—线—面"离散图元构成的Mesh网格来表示复杂不规则曲面。离散外积分（Discrete Exterior Calculus）理论框架能很好地支持Mesh网格上的曲面微分[41]或离散微分几何[42]。曲率、测地距离（Geodesic Distance）、法向量、梯度、奇点、保角变换（Conformal Map）、拉普拉斯算

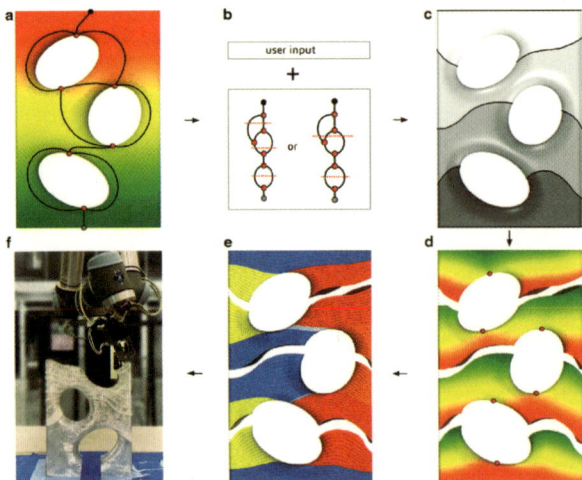

图4-32 基于莫尔斯理论的 Reeb 图可以用来划分复杂形体
（图片来源：参考文献[43]）

子、向量场等的运算方法逐渐成熟。

为了分析曲面的拓扑结构，莫尔斯理论（Morse Theory）通过函数值在平滑曲面上定位各类临界点（最小值、最大值、鞍点等）。临界点是函数的水平集（Level Set）拓扑发生变化的地方，例如分裂、合并、亏格（Genus）的变化等。等高线树（Contour Tree）是描述简单连通域中临界点之间关系的图。Reeb图是等高线树的推广，指导把复杂形体划分成较小的组件，令每个组件的拓扑特征较为单一。如图4-32，组件均不带空洞，同时保持路径的方向统一而连续[43]。

（3）分叉打印路径规划

虽然具有复杂拓扑特征的曲面形状可以细分为多个较为简单的构件，但这些构件依然无法用单一闭环路径（类似圆柱壁）来打印，其中分叉形状对于粗挤出线条（比如直径6mm的ABS线条、直径20mm的混凝土线条）的大型层叠打印工艺来说是个难题。大尺寸单壳分叉构件的打印路径规划的技术要点包括：

①Y形构件由3个柱形构成，而鞍点处（如图4-33红色区域）连接了3个柱形。先打印底部柱形直到鞍点闭合，接着继续打印其中一个分叉柱形，然后挤出头段料移动到底部柱形的另一个分叉处，开始打印第二个分叉柱形。

②鞍点附近趋近水平的区域难以打印。该区域下方缺乏支撑，打印过程中鞍点闭合之前会出现较大的悬挑。应对策略为：修改Y形构件的形状使鞍点区域缩小，或者优化鞍点区域的打印路径。利用分叉形状中的几个距离场的各种并集插值[43]，可以得到不同距离等值线，进而在鞍点附近形成不同的打印路径（图4-33）。

③每层打印路径需随着曲面形状（测地距离场）相应变化，使上下相邻的挤出线条的接触宽度与曲面壁厚相似，并提高打印表面质量。每层打印路径可以顺应测地距离等值线。

④打印枪的三维方向最好实时与每个点的法向量垂直，并与当下路径垂直（图4-34）。这正好发挥机械臂的自由度，但需注意碰撞、打印枪姿态突变时TCP（材料挤出点）移动稳定性、不同姿态下出料稳定性等问题。喷头挤出量需要实时与当下线条的理想截面积相符，而非恒速挤出。实现方式分两种：TCP恒速移动而挤出速率可变，或TCP变速移动而挤出速率恒定。

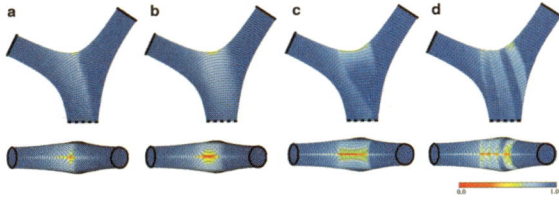

图4-33　四种不同插值距离场及其鞍点区域的路径
（图片来源：参考文献[43]）

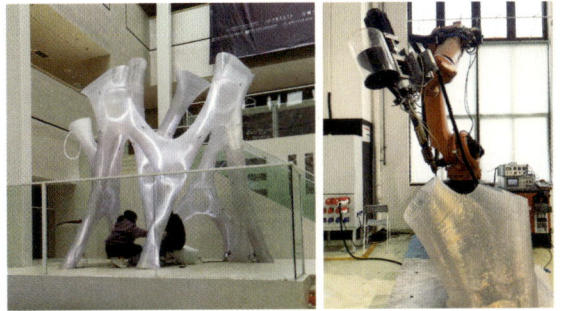

图4-34　东南大学"漪涟青脉"装置中Y形构件的多轴非平面打印
（图片来源：东南大学建筑学院建筑运算与应用研究所Inst. AAA）

4.3.3　构件运筹学

建筑构件的设计与制造决定了建筑经济性，对构件生命周期的有效管理可以有效提高建筑的绿色低碳性能。本小节的构件运筹学（Operational Research）主要关注：将建筑有效分割成构件、构件制造过程中的下料问题、废弃构件的回收再利用。随着数字链对建造流程深度渗透，构件运筹学不仅仅是生产与运维问题，同时也与造型、结构、构造设计密切关联。

1）自由曲面的面板分割

当下越来越多的建筑复杂表皮采用了自由曲面（Free-Form Surface）形式，著名的例子有Asymptote建筑事务所设计的亚斯酒店（Yas hotel）、扎哈·哈迪德设计的阿利耶夫文化中心（Heydar Aliyev center）、马岩松设计的哈尔滨大剧院等。自由曲面从设计阶段的理性几何形状（手画图、缩比模型、Mesh或B-spline等三维模型等）到施工建造，通常都会遇到一个关键的设计深化难题：面板问题（Paneling Problem），即把连续自由曲面分割成可建造的面板。面板与目标曲面之间的容许误差、模具与目标面板之间的容许误差，使面板分割问题成为一个跨越"设计—制造"的复杂课题。

传统的"设计—深化—施工"流程往往把面板分割问题留给了施工企业，而数字技术逐渐成熟后建筑师就可以充分考虑面板的建造逻辑，以最合理经济的方式达成良好的视觉效果，达成各专业的数字化融合。自由曲面的面板分割涉及数学建模与优化算法，也被称为自由曲面的合理化（rationalization），已成为计算机图形学在建筑中的一个应用领域[9]。

复杂表皮的面板材料包括金属板、纤维增强混凝土GRC、玻璃钢GRP、玻璃等。非平面的面板制作过程往往需要大量非标准的模具，并且很难在其他项目中使用，因此制造成本较高。可变模具、3D打印等方式可以更有效地制造非标准构件，但尚未得到广泛应用。所以，如何减少一次性非标准模具的数量与制造难度，依然是自由曲面项目面临的关键问题。

（1）面板分割的目标

①良好的视觉效果：分割后的离散面板具有良好的视觉效果，包括还原度（面板方案要尽量接近最初连续曲面，即两者的空间坐标尽量重合）、分割缝视觉效果、面板之间曲率连续性等。

②较低的制造成本：令面板制造成本最低，这涉及面板数量与种类、模具数量与种类、制造复杂度与良品率、装配与维修难度等多个因素。

这两个目标是相互矛盾的，而面板分割方案的目标是找到一个最优的平衡点。

（2）面板分割的策略

幕墙公司、施工方、建筑师、计算机科学家针对面板分割问题都有各自的策略，可以大致分为以下几个层面：

①曲面表示方法：选择或提出一种曲面表示方法，以更好地实施优化步骤。除了常见的Mesh、B-spline等格式，Weingarten Surfaces可以更系统化地处理面板曲率。

②面板参数化模型：建立面板的参数化模型，与自由曲面的表示方法、制造工艺相关。

③面板制造工艺：制造面板的工艺流程，如何与面板参数化模型衔接。

④曲面分块策略：自由曲面的分块策略及其优化算法，分块策略包括基于uv线分割、基于曲率的分割、采用Voronoi图等。

⑤面板模具的对应：面板与模具的对应关系，模具与面板之间也可预设一个容许误差，从而尽可能使用少量模具生产多个（多种）面板。

常见的综合性策略为：通过设置一定的容许误差（面板三维坐标与连续曲面三维坐标之间的差），使面板的总数适中而种类最少、制造成本高的种类的面板数量最少。譬如一个曲面由平面、单曲面、双曲面构成，分割优化过程需尽量减少双曲面构件的数量，但不至于破坏总体视觉效果。

更为先进的方法是建立所有面板与模具之间的映射关系，并进行兼顾成本与误差的全局优化。比如瑞士EPFL的研究团队设定了5种面板几何形式：平面、圆柱面、抛物面、圆环面（Torus）、三次多项式曲面[44]，把模具与面板之间的关联也作为变量，经过算法多次迭代逐渐获得最优化的面板分割方案（图4-35）。

2）下料与装箱问题

多种加工制造工艺都需要从标准尺寸的原材料中加工出多个产品（建筑构件），譬如从金属板或胶合板中切割出多个平面构件、把一根标准长度木条锯成若干木构件等。构件在原材料边界范围内的几何排布直接影响材料的

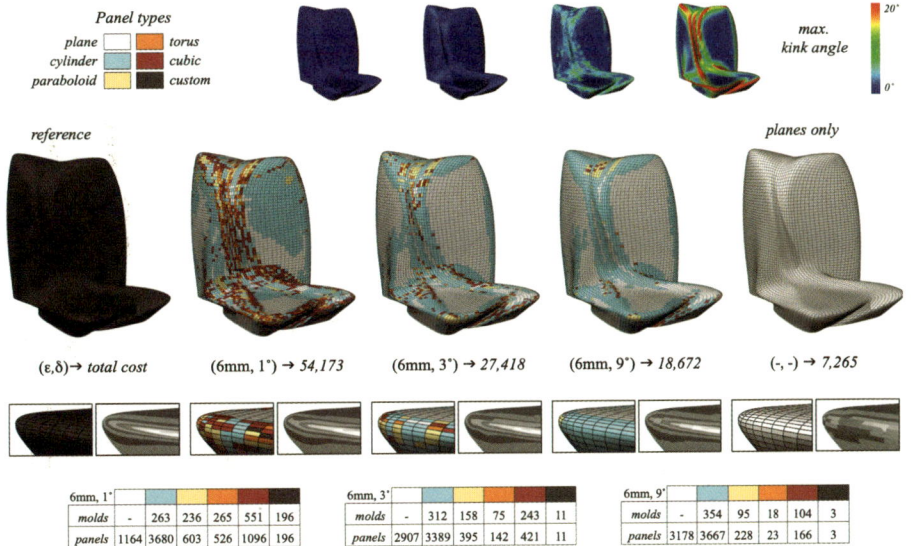

图4-35　自由曲面的面板分割及其模具利用优化
（图片来源：参考文献[44]）

使用效率，该问题被运筹学抽象为下料问题（Cutting Stock Problem）或装箱问题（Bin-packing Problem），旨在减少边角料，最有效地利用原材料与加工设备。

下料问题是一个通用的数学优化问题，寻求原材料切割成更小块以满足特定要求或订单的最有效方式。下料问题的目标是最大限度地减少材料浪费，同时满足产品的不同尺寸需求。制造业通过解决下料问题可以节约材料和成本优化，提高生产效率。装箱问题也是一个经典的组合优化问题，将一组物品打包到最少数量的容器中。每个物品都有特定的尺寸或体积，目标是在确保所有物品都在容器内，同时尽量减少所用的容器。在工业或制造业中，装箱问题最常见的应用领域是物流和运输。如今先进的算法和专业软件可以协助解决下料与装箱问题，实现自动化和计算机辅助制造，提高整体效率并减少人为错误。

以下简要介绍东南大学建筑运算与应用研究所在数字建造中涉及的一维下料问题、二维不规则构件的装箱问题。

（1）一维下料问题

固定规格的线性构件（如方木、胶合木、角钢、铝型材等）如何最省料地分割成多个给定长度的线段，就是典型的一维下料问题。该问题可以转化为线性整数规划模型（Integer Linear Program，ILP），再采用求解器可以迅速得到最优解或近似解。东南大学建筑运算与应用研究所的Upsilon木构项目[45]涉及大量长度不一的木构件，因此采用ILP实现最优化的木料切割（图4-36左）。

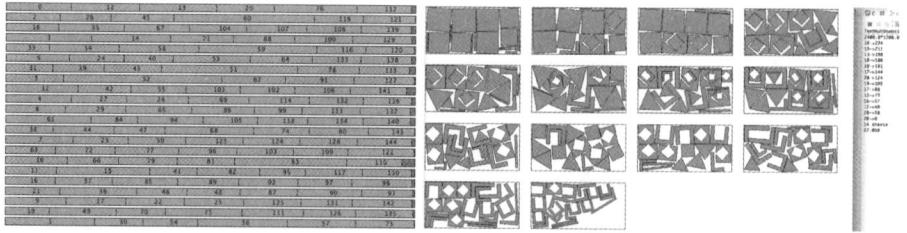

图4-36　线性整数规划解决一维下料问题（左），Dalsoo 算法解决二维装箱问题（右）
（图片来源：东南大学建筑学院建筑运算与应用研究所Inst. AAA）

（2）二维装箱问题

二维不规则构件的装箱问题比一维问题要复杂很多。多个矩形构件在矩形原料中的最优排布是一个应用十分广泛的问题，当构件是不规则的凹多边形时问题更难解决。而数字建造经常需要在矩形板材（金属、木板、亚克力等）内集约地排布多个不规则几何形状，因此建筑运算与应用研究所开发了多种优化算法来趋近优化解决方案。

①方法一：基于数学规划模型

该方法首先在细分网格中表示矩形板材和构件，建立优化目标与约束条件形成一个线性规划问题，最终采用Gurobi等求解器获得最优解，详情见发明专利CN 201910467496.6《一种平面工件自动排版方法》。

②方法二：基于矢量多边形的Dalsoo算法

该方法采用了两种启发式的排布思想：

a. 两个多边形最紧密的布局方式是点与点对齐，同时各有一条边对齐（且两个多边形不重叠）。因此对于已经定位的一个或多个多边形，算法可以快速遍历新加入的一个多边形的最佳位置与角度。

b. 在每个矩形范围（对应原材料边界）内，先从左上角开始放置第一个多边形，然后从左向右、从上到下放置新的多边形（图4-36右）。Github中的Dalsoo-Bin-Packing代码库提供了该算法及其变体。

（3）三维下料或装箱问题

三维下料或装箱问题更为复杂。譬如在3D打印机的三维制造幅面内排列多个构件（尤其是大型光固化SLA、黏合剂喷射打印等工艺），或在EPS泡沫塑料块中切割出多个异型构件，就会涉及三维装箱问题。美国麻省理工学院的马图西克教授（Wojciech Matusik）团队发表的三维装箱算法代表了这一领域的最新进展[46]。

3）构件回收再利用

砖、木材、金属等建筑材料的使用期限与建筑寿命并非完全一致。有时建筑的寿命比构件更长，譬如中国传统木构建筑需要持续地替换部分木构件以保持结构的长期健康稳定。有时建筑的寿命比构件更短，比如各种临时建筑或构筑物，因城市发展需要拆除的建筑等，这种情况下拆卸得到的砖、木材、钢材等构件应该有效地利用起来，成为其他建筑或构筑物的一部分，以减少垃圾与污染，并提高建筑业整体的材料消耗及其相关碳排放。

循环经济（circular economy）试图在当今社会中建立良性循环的生产与消费模式，然而在建筑领域遇到很大的挑战。从管理学的角度，我们可以把高效利用建筑材料的方式分为以下三大类：

（1）未雨绸缪的全局策划

在项目设计前期或开发一个建造系统时就考虑材料的全生命周期利用率，常见的策略包括：模块化设计（modularity）如日本新陈代谢派、高效的预制系统、可变建筑设计以提高建筑适应社会需求变化的能力（譬如长寿的承重结构+灵活可变的围护结构）等。

（2）特定建筑生命结束时的再利用

在特定建筑生命结束时，考虑如何再利用所产生的构件或废料。由于建筑全生命周期较长以及建筑材料的专业性，我国建筑材料的回收再利用情况相比其他行业不够理性。

（3）针对现状进行再利用

第三类是针对既有社会与环境现状，可持续地创造、改造、利用材料为建筑服务。比如德国Made of Air公司从死亡树木中提取生物碳（biochar）再转化为热塑性塑料用于3D打印，制成的幕墙面板用于慕尼黑的奥迪经销店。瑞士EPFL的Structural Xploration实验室从拆除建筑产生的混凝土废料中切割出可用的构件，形成新的拱结构[47]。

基于离散建筑构件再利用的优化设计逐渐成为智能建造的重要组成部分，需要"建筑设计—性能优化—生产建造—拆除再利用"全过程的一体化考量。面向拆卸设计（Design for Disassembly，DfD）范式成为建筑可持续发展、参与循环经济的重要手段。

东南大学研发的可重配置模块化木结构（Reconfigurable Modular System of Prefabricated Timber Grids）设计了可重复利用木构件的结构系统。该系统主要采用两个策略：①木构件之间的交接节点采用浅榫卯（图4-37），从原材料去除的极少部分就能形成最终木构件，因此从（系统中）一种结构拆除下来的木构件，也只需要稍做加工就能成为（系统中）另一个结构的构件；②系统中不同的结构之间可以较为高效地互换构件（图4-38），减小损耗[48]。

钢结构桁架的构件再利用方法是一个具有很强现实意义的课题。如英国BedZED项目的钢结构尽量采用了回收的钢构件。EPFL的Structural Xploration实验室研发了桁架的拓扑优化算法，能最有效地利用既有库存的钢构件

图4-37 可重配置的模块化木结构的节点采用浅榫卯
（图片来源：东南大学建筑学院建筑运算与应用研究所Inst. AAA）

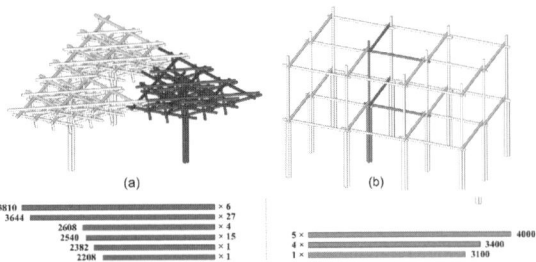

图4-38 一种结构（a）中的构件回收后可用作另一结构（b）的构件
（图片来源：东南大学建筑学院建筑运算与应用研究所Inst. AAA）

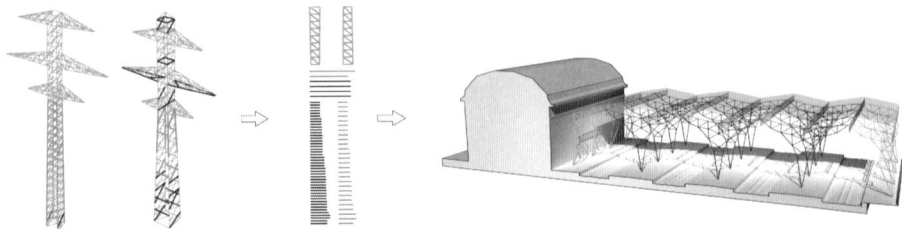

图4-39 回收电线桁架的钢构件用于屋顶桁架的搭建
（图片来源：参考文献[49]）

（图4-39）[49]。因此，结构优化设计不光是一个结构问题，也是一个运筹学问题，与材料、能源在建筑中的流转息息相关。

4.4 应用场景

性能化数字建造不像传统设计方法那样被动地顺应成熟建造技术，但也并非单一地炫耀先进技术，而应该在建筑设计中逐步梳理物质构成（包括其构造、材料、建造过程）与建筑综合设计目标（空间感受、使用功能、地域文化、经济性等）之间的复杂关系。在使用数字化工具的过程中对技术路径甚至是设计目标进行更选，旨在让数字化"设计—建造"流程与建筑综合性能相辅相成。

本节介绍四种数字建造工艺对应的应用案例，旨在反映新型建造技术与建筑设计之间的有机融合，它们以不同方式回应了勒·杜克提出的"寻找材料的理想形式"原则。其中①斯图加特ICD研究所的纤维展厅（2012年）研发了机器人无芯编织纤维增强复合材料，创造了极轻极薄的半透明围护结构；②瑞士DFAB HOUSE智能楼板项目（2019年）采用砂型3D打印工艺制作复杂异型模板，用来浇筑高性能的楼板预制构件；③南京园博园梅亭（2020年）是一个现代的传统样式建筑，采用了自主研发的半透明针织物模玻璃钢作为屋顶；④坂茂设计的韩国赫斯利九桥俱乐部（2009年）采用异型复杂胶合木结构，集成了先进数字化设计方法与木材建造工艺。

4.4.1　纤维增强复合材料——斯图加特ICD纤维展厅

编织技艺曾是人类文明发展的重要见证，19世纪建筑师与理论家森佩尔（Gottfried Semper）曾把织物与编织工艺看作是建筑的基本元素之一。虽然织物在日常建筑中比较少见（尤其是作为结构），但随着材料技术与数字建造方法的发展，近十年来纤维增强复合材料在建筑中的新潜力逐渐显现，成为一种超轻高强的建筑新材料。

1）纤维增强复合材料

纤维增强复合材料（Fiber Reinforced Polymer/Fiber Reinforced Plastics，FRP），俗称玻璃钢，根据纤维类型可分为玻璃纤维增强复合塑料（GFRP），碳纤维增强复合塑料（CFRP），硼纤维增强复合塑料（PFRP）等。它是以纤维及其制品（玻璃布、带、毡、纱等）作为增强材料，以合成树脂作为基体材料的一种复合材料。碳纤维材料具有高强度、高模量、耐高温的优良性能，玻璃纤维具有质量轻、比强度高、耐腐蚀性好、抗拉强度大等性能优点。碳纤维缠成型制品中纤维排布的方向、层次和数量可以根据性能要求确定。玻璃纤维增强复合材料的比强度（抗拉强度与材料表观密度之比）可以达到三倍于钢。

纤维缠绕成型是树脂基复合材料的主要制造工艺之一，其流程是在控制张力和预定线型的条件下，将连续的纤维粗纱或布带浸渍树脂胶液，按一定的方向排布并缠绕在芯模或内衬上，然后在室温或加热条件下固化成一定形状的制品。

纤维缠绕技术的发展与增强材料、树脂体系的发展和制造技术水平息息相关。1945年，纤维缠绕技术首次成功制造了无弹簧的车轮悬挂装置，1947年出现了第一台纤维缠绕机。随着碳纤维、芳纶纤维等高性能纤维的开发和微机控制缠绕机的出现，纤维缠绕工艺成为一种机械化生产程度很高的复合材料制造技术。自20世纪50年代以来，合成复合材料进入汽车、航空，体育装备等行业并产生了深远的影响。

传统纤维成型技术在处理建筑尺寸和结构要求时存在一些困难，因此在建筑中没有得到广泛的应用。近十年来，在计算设计和数字制造快速发展的背景下，纤维复合材料得到广泛关注，相关从业人员试图发掘其在建筑结构领域的巨大潜力。

丹麦CITA研究所用定制化的数控针织物与GFRP弯管建造了hybrid tower（2019年）、Zoirotia（2021年）等轻质结构。扎哈·哈迪德事务所与瑞士ETH合作研发的Knit Candela项目（墨西哥城，2019年）采用定制化的针织物材料作为浇筑混凝土的模板，精确制造了复杂曲面混凝土结构[50]。东南大学在江

图4-40 ICD研究所复合纤维展亭
（图片来源：参考文献[51]）

苏园博园梅亭项目（南京，2020年）中采用了半透明的定制化针织物增强复合材料（详见4.4.3节）。

2）斯图加特ICD纤维展亭

斯图加特ICD研究所提出了一种面向建筑应用的机器人无芯编织方法（coreless filament winding），集成了机器人纤维编织和计算性设计模拟，包括绕线序列逻辑、美学考虑、纤维相互作用模拟、结构分析和机器人制造等部分，建成了2012年与2014年斯图加特ICD纤维展亭、2019年BUGA展馆、2021年威尼斯Maison Fibre展馆等一系列新结构。

利用高精度工业机器人和轻质无芯框架，研究人员可以控制纤维的排布方向和树脂浸润，实现三维空间中的纤维无缝缠绕。相比传统实心缠绕，无芯缠绕方法更加轻量化，容易制造大尺寸结构；根据设计要求直接控制纤维的层压和排列方式，提高灵活性和效率，生产出性能优异的轻质结构。这种纤维成型方法为创造更轻、更强、更复杂的结构提供了新的可能性。

斯图加特大学ICD研究所与ITKE研究所一起设计建造的超轻、自支撑复合纤维展亭（ICD/ITKE Research Pavilion 2012）[51]是首个以纤维作为主要材料的建筑结构（图4-40）。展亭呈五角形，高4m，直径8m，其外壳厚度仅4mm。该结构自重320kg，使用了30km碳纤维与60km玻璃纤维。展亭提供了三个开放的入口区域和两个封闭的墙壁，创造了一个新颖的半透明的建筑空间围合。所呈现的超轻、一体化结构的整体形状是各向异性材料系统制造过程的一体化产物。

新型的建筑结构和构造系统依赖于定制化的全流程自动化数字工具，需集成设计计算、模拟和制造方法，打通设计、分析和机器人控制之间信息流。综合设计流程包括数字建模、模具设计、机器人建造三个步骤。

3）数字模型

（1）第一个数字模型（几何表示）通过特定边界来定义个性化的形态空间。通过该模型，研究人员可以在形态空间中探索各种设计变体。该几何模型使用非均匀有理B样条（NURBS）曲面，通过不同纤维排列方式产生双曲抛物面。几何形状被简化为5个独立但相互关联的影响参数：尺寸、建造语法（放置纤维的逻辑顺序）、无芯框架（作为编织的模具）、纤维分解（纤维的密度、规则曲线上的齿数）、模式序列。该模型明确定义了设计空间的具体边界，涵盖了材料属性、结构性能和制造限制等方面。

（2）第二个数字模型（迭代绕组仿真）用于模拟和分析第一个模型生成的设计方案的结构性能，进而帮助设计人员优化结构效率和材料性能。该模型通过有限元法（FEM）对玻璃纤维增强聚合物（GFRP）和碳纤维增强聚合物（CFRP）的力学性能进行评估。随后将结果数据提供给脚本程序，旨在通过优化局部（材料）和全局（几何）参数，提高整体结构效率，达到增加系统刚度的目的。

（3）第三个数字模型用于模拟和优化复合材料结构的制造过程，进而开发定制化的机械臂缠绕工艺，将设计、分析和制造数据模型整合在一起。纤维增强塑料的力学行为模拟与传统材料的典型建模和分析技术存在显著差异。该复合材料具有明显的各向异性，有限元的方向反映材料刚度。每一层材料都需要一个几何坐标系，复杂的纤维铺设由大量坐标系统组成。编写了复杂的参数程序，生成特定的刚度比；开发了计算机辅助设计（CAD）软件和有限元模拟软件之间的接口，实现在优化形状的同时区分材料。由此设计师可以快速尝试不同的变化，并通过连接优化算法和目标函数来搜索与材料设计交互的最有效的几何解决方案。

纤维排列的语法对最终结构的几何形态与力学行为具有重要影响。首先需考虑主要建筑特征（如封闭表面和开口）与结构区域（如屋顶表面的压力环和支撑周围的各向异性区域）的结合。在机器人缠绕测试阶段，通过控制密度、纤维之间的重叠和缠绕数量，对语法进行了详细参数调整（图4-41）。层与层之间的黏结质量取决于各层之间的压力。这种压力通过纤维的虚拟深度来描述。因此，缠绕次序的约束主要包括：①保持纤维层之间的恒定压力，实现层之间的一致性黏结；②在每一层中实现方向的恒定变化，把控各向异性的力学行为，形成功能性梯度结构。因此，语法在定义这些约束方面起着至关重要的作用，确保了建筑设计具有期望的机械和美学品质。

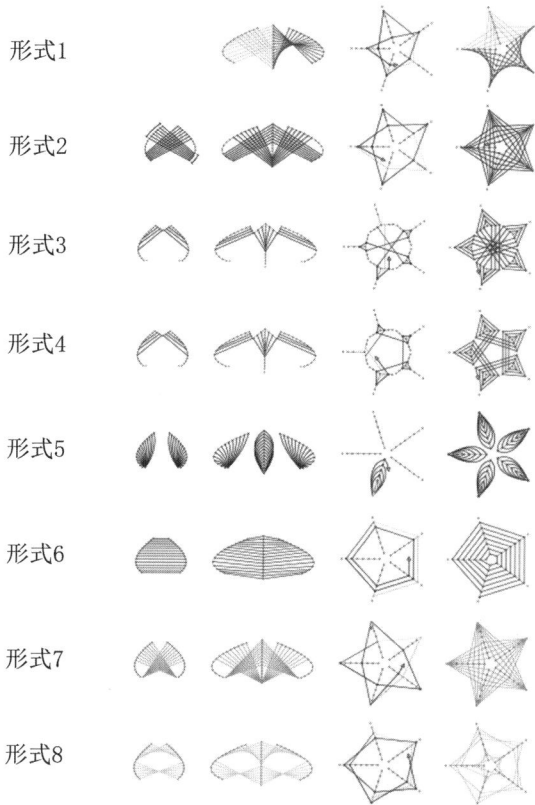

形式1
形式2
形式3
形式4
形式5
形式6
形式7
形式8

图4-41　绕线顺序与几何逻辑
（图片来源：参考文献[51]）

4）无芯编织框架

无芯编织（Coreless Filament Winding）框架设计是特殊复合材料结构制造过程中至关重

要的一个环节。其设计必须考虑旋转运动引起的结构载荷和应力，以及纤维反复分层产生的压缩应力。ICD展亭采用无芯缠绕工艺来制造复合材料结构，该工艺采用一个无芯框架来固定铺设过程中的纤维。

无芯框架是一个离散的钢架结构，曲线钢架上设有齿形图案（图4-42右），以确定纤维的准确位置，确保缠绕序列的准确性。为了扩大单个机械臂的工作范围，框架模具安装在一个旋转变位器上（图4-42左）。框架模具采用模块化设计，易于组装和拆卸。主要构件采用数控铣削技术制造，以确保精度。该框架充当临时脚手架，又张紧浸透树脂的纤维，逐步形成由单个纤维层组成的壳体结构。当树脂固化后纤维增强复合材料获得预设的强度时，该框架被拆除。

5）机器人编织

编织过程使用了特定的末端执行器（工具头）和6轴工业机器人，并采用了旋转变位器用来实时旋转框架模具（图4-43）。机械臂的末端执行器在空间中实时定位浸润了树脂的纤维线，从无芯框架边缘的特定锯齿上绕过从而实现纤维在结构中的定位。作为机器人系统的外部轴，变位器需要和机器人本体联动。在这个7轴制造装置中，不仅需要定义工具的位置和方向，还需要定义外部轴的方向。该项目选择把机器人本体的运动限制在垂直平面上，该平面通过转台的旋转中心。基于此，自定义的逆运动学求解器在参数化编程环境内明确定义转台及其机器人姿态。

语法折线和机器人末端执行器运动路径不完全相同，需通过参数化方法来系统调整这些差异。一些参数与尺度无关，例如末端执行器与剖面上锚点之间的偏移，这取决于执行器的几何形状。另一些参数依赖于尺度，比如执行器接近剖面上锚点时的引线点距离。这些参数用来控制末端执行器在行进过程中与预设的纤维矢量对齐。

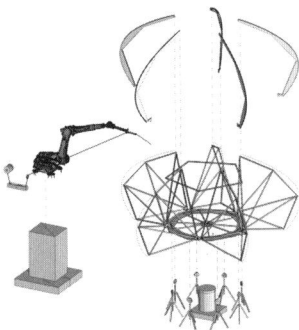

图4-42　无芯编织的框架模具（左）确定纤维位置的锯齿（右）
（图片来源：参考文献[51]）

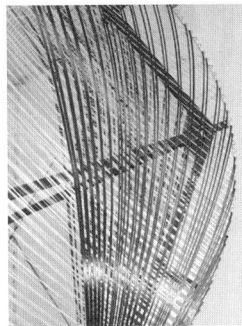

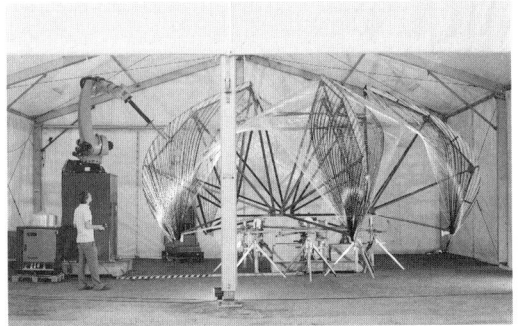

图4-43　机械臂利用可旋转的无芯框架进行自动化的纤维编织
（图片来源：参考文献[51]）

4.4.2　砂型打印模板——瑞士 DFAB HOUSE智能楼板

柯布西耶1914年提出的多米诺体系（Maison Dom-Ino）代表了建筑工业化时代的钢筋混凝土结构系统，深刻影响了一百多年来现代主义建筑师的设计理念和创作手法。随着信息技术与生态理念的发展，以性能为导向的数字化设计与建造正在重新构建空间形态和结构之间的关联。但混凝土数字化建造依然受限于混凝土材料的性能及其施工工艺，混凝土现浇工艺下的建筑结构的自由度仍取决于模板（formwork）形状的自由度[52]。

长期以来我国广泛采用钢筋混凝土梁板框架结构，模板在结构施工中的成本占比非常高。因此大多数商用模板系统追求标准化、批量化、可重复性，以及制造、运输和安装的经济性。这种现状限制了混凝土结构的形状复杂度，而异型复杂模板的制作成本很高并且无法重复利用。3D打印模板与现浇混凝土工艺相结合或可突破这一限制，为设计与建造提供全新的可能性。

1）3D打印模板类型

钢筋混凝土结构的模板3D打印可以采用混凝土、黏土、聚合物等多种材料，常见的工艺包括：

（1）材料挤出层叠打印，通过打印机喷嘴在连续水平层上进行材料的沉积，固结后形成具有一定强度的模板。混凝土3D挤出打印（3DCP）可以直接打印建筑，也适用于制作混凝土模板。如果使用强度等级42.5的普通水泥并且在没有特殊添加剂或增强措施的情况下，抗压强度不低于42MPa，抗折强度为5~7MPa。如果在浇筑混凝土后不拆模，3D打印的模板被称为免拆模板（lost formwork或permanent formwork）。此外，热塑性塑料等聚合物也可以通过挤出3D打印工艺来制造用于浇筑混凝土的模板，如瑞士ETH的Eggshell研究项目（维特拉设计博物馆，2022年）[30]。

（2）黏结剂喷射（Binder Jetting）工艺将液体黏结剂选择性地喷射到粉末薄层上，从而黏合水泥、塑料、砂石等材料，成型后的产品需要清洁表面松散的粉末（可重复利用）。德国voxeljet砂型打印工艺采用粉末状的石英砂，用呋喃树脂黏结成型后的物体强度较低（抗压强度5MPa，抗拉强度2MPa），不能直接作为建筑承重构件，但适合于制作形状复杂的模板。3D打印模板成型后，在施工现场插钢筋、实施混凝土浇筑、脱模等工艺，与传统钢筋混凝土施工工艺相似。

2）智能楼板 Smart Slab

本节以瑞士DFAB HOUSE为例介绍性能化混凝土楼板的"建筑设计—性能优化—工厂制造—现场施工"全流程。DFAB HOUSE是瑞士ETH院与瑞士

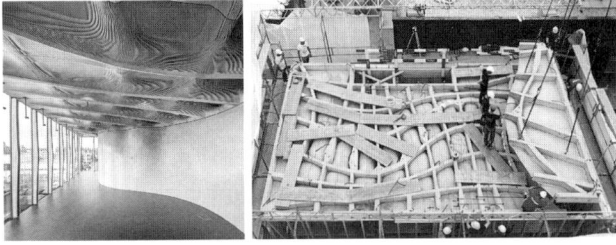

图4-44 智能楼板 Smart Slab室内（左）与装配现场（右）
（图片来源：参考文献[53]）

国家研究能力中心（NCCR）关于建筑数字制造的一个技术演示项目，将多个研究成果整合到一栋建筑中，集成了多种数字制造工艺，智能楼板Smart Slab是其中的重要组成部分[53]。

Smart Slab楼板中部置于S形双曲面墙上，两侧处于悬挑的状态（图4-44）。楼板重量约15t，相比传统的混凝土平板重量大大减轻；通过结构件预制化，集成消防照明、后张筋等多种功能，实践了混凝土楼板性能化和数字化工作流程。项目采用德国voxelje黏结剂喷射技术（砂型打印）制造复杂异型模板，通过数字工作流程，将力学优化获得的楼板形状转化为砂型打印制造数据，经过喷射、浇筑、脱模等一系列混凝土工艺得到预制混凝土楼板构件，最终采用后张法预应力（Post-tensioning）实现楼板构件的现场装配。

3）运算化设计与结构优化

瑞士ETH数字建筑技术研究所（Digital Building Technologies，DBT）为智能楼板的设计建造单独开发了新软件。该款软件能够进行力学模拟分析、结构优化、输出三维模型、控制建造成本、输出各类模板的制造数据等。其中砂型打印模板的复杂数据可直接上传到大型喷射砂打印机进行打印。

该预应力楼板结构从下方S形墙向两侧悬挑（跨度7.4m），需要经过精细的优化过程来提升其结构性能，从而减少混凝土用量。设计过程首先用结构网格作为起点生成具有几十个面的基本Mesh模型，在经过选择性的迭代细分和平滑处理之后，生成了结构性能优良的楼板结构形态（包括上方的肋与楼板下表面）。其中楼板下表面形态极其复杂，大约由1300万个网格面构成。

结构优化后的混凝土板面积78m²，分为11个7.4m长但各不相同的构件。房间中部S形墙体到立面的悬臂长达4.5m。肋高度在0.3~0.6m。板顶部主肋跨越7.1m板宽，高度在0.3~0.6m，次肋跨越11.7m，高度恒定0.3m。每个肋包含一根后张拉筋和承受侧向荷载的钢筋，肋骨受力力流表现在楼板构件之间的间隙纹理上。

4）预制楼板构件与现场装配

由于楼板中部有支撑而两端悬挑，因此楼板下表面形态极其复杂，而肋处于楼板上侧。整个楼板由11个并列的异形混凝土楼板构件组成（图4-44右）。楼板构件在工厂预制过程中需要一套复杂的模板系统。楼板构件与模板构成一个系统（图4-45），从上到下包括：木质CNC激光切割模板（主要用于浇筑上部的肋）、钢筋和后张筋套管、所需的楼板构件、砂型打印模板、金属底座。

为了便于制造搬运，每个楼板构件的砂型3D打印模板根据结构特征进行了再次分块处理。共181个砂型打印模板，最长尺寸均小于1m，平均重量为30~50kg（图4-46左）。为了最大程度实现工厂预制，照明消防、起重钢筋等装置提前嵌入到预制楼板构件中，以降低现场施工难度。

在金属底座上组装楼板构件所对应的砂型打印模板、对其连续复杂表面进行脱模剂处理、再把纤维增强混凝土喷射到模板表面。然后在其上布置钢筋和后张筋套管，安装肋模板，再进行混凝土浇筑工艺，放置28天后拆模，获得最终的混凝土楼板构件。

11个混凝土楼板构件运输到施工现场，在S形曲墙上组装（图4-47左），用后张筋（Post-tensioning Tendon）穿过楼板构件的孔洞并收紧（图4-47右），从而把楼板构件紧密地拼接成一个整体。楼板构件之间留有4mm间隙以应对施工误差，组装工作历时3天完成。

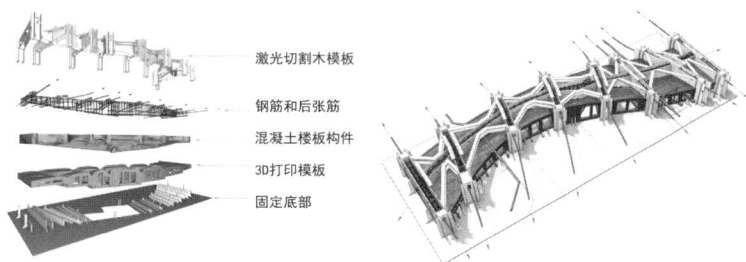

激光切割木模板

钢筋和后张筋

混凝土楼板构件

3D打印模板

固定底部

图4-45　模板系统的组成
（图片来源：参考文献[54]）

图4-46　砂型3D打印模板构件（左）与组装后的模板（右）
（图片来源：参考文献[54]）

图4-47　混凝土楼板构件的组装（左）与穿过构件预留孔洞的后张筋（右）
（图片来源：参考文献[54]）

4.4.3 针织物模玻璃钢——南京园博园梅亭

纺织技术曾是我国传统技艺的重要体现，早在西周就出现了纺织机，到汉朝已大量使用提花机。古人通过提花织机对织物进行"编码"，其中提花装置可以调控织物内部的纤维组织结构来定制花纹。古代提花装置可以储存织物"编码"并在织造时逐一释放和读取，控制织造过程中经线的"抬升"与"不抬升"，对应到织物结构就是经纬线之间的"穿过"与"不穿过"。经向纱线首先被平行地张紧在一个矩形框架内，然后根据提花装置中的"编码"来抬升对应的经向纱线，最后从抬升和不抬升的纱线之间垂直穿过纬向纱线，完成一个编织行，以此往复直到织出整片织物。

西欧的纺织业自工业革命开始蓬勃发展，1804年法国人雅卡尔发明了现代意义上的提花机（Jacquard Loom），采用穿孔卡片作为抽象信息的输入媒介，呈现出"数控制造"的雏形：把抽象的数据信息转换为物质化的工艺流程，从而生产出定制化的产品。

针织物（Knitting）是一种重要的织物，采用相互嵌套的圈状结构来组织纤维，具有良好的弹性和延展性。近年来，针织物的应用范围逐渐由服装领域扩展到技术领域，形成了有感应、驱动、增强等多重功能的产品。在建筑领域，针织物被用于混凝土柔性模板、混合织物结构、纤维复合结构。数控针织适合定制化、非线性的制造场景。通过控制织物中的每一根纤维，设计者可以自由地定制针织物的肌理与图案。

1）南京园博园梅亭

本小节以南京园博园中的梅亭项目（华好，刘一歌等）为例，介绍针织物模玻璃钢在传统样式建筑中的应用。玻璃钢又称纤维增强塑料（Fiber Reinforced Plastics，FRP）。根据纤维类型的不同又分为玻璃纤维增强复合塑料（GFRP），碳纤维增强复合塑料（CFRP），硼纤维增强复合塑料等。而梅亭项目则采用了定制化的针织物作为玻璃钢的增强材料，并把针织物作为树脂工艺过程中的弹性模具，在树脂逐渐凝固过程中完成预设的物理找形过程，最终构成结构效率很高的纯压（Compression-only）形态。

位于南京汤山的江苏园博园在2020年底顺利建成，其中无锡园因地制宜地借鉴了无锡古典园林——寄畅园的景致。无锡园中部为水池，南部升起小山坡上设一座五瓣梅亭（图4-48）。园中的建筑与造景都尽量采用原汁原味的传统工艺，而梅亭采用了全新的高性能材料和前沿的数字制造工艺，因此呈现出一种新颖的造型，成为古典样式园林中的一个既传统又新颖的元素，掩映在山林图景当中。梅亭使用了木材（胶合木）、织物（数控针织物）这两种与传统相关联的现代材料，并采用了数字化加工工艺，形成一种新旧交

图4-48　无锡园（南京园博园）中的梅亭使用了针织物模玻璃钢材料
（图片来源：东南大学建筑学院建筑运算与应用研究所Inst. AAA）

错的建构方式。项目利用针织物研发了一种可以选择性透过阳光的半透明顶盖，呼应传统文化中的梅花形象。19世纪的著名建筑师与理论家戈特弗里德·森佩尔（Gottfried Semper）曾论述"织物艺术"在建筑起源与发展中的核心作用，指出织物的文化象征意义和空间限定功能的双重性，而梅亭的针织物顶面设计也试图达成这两方面的契合。

2）结构系统与新材料工艺

为了实现"薄细轻"的形象，梅亭尝试了全新的结构系统与工艺流程。顶面是金属骨架与玻璃钢共同构成的半透明薄壳，主骨架是由胶合木与钢构件组成的桁架结构。借鉴传统木构的营造智慧，梅亭采用了先预制构件、后现场装配的建造方式。现场组装在一天内完成，主结构组装只花费了数小时。

与传统亭子的顶面反弧曲线（边缘和翼角向上升起）不同，梅亭每一瓣顶面的中部微微凸起，而边缘自然下垂。顶面的材料为针织物玻璃钢，制作时把针织物朝下然后喷涂树脂材料，在重力作用下形成中央微微下垂的曲面形状（无模具玻璃钢工艺），待玻璃钢固化之后再翻转就得到向上微凸的顶面。

传统木构亭子主要由柱、梁等木构件搭接而成，受力特性较为复杂。梅亭下部的交叉型主结构可以看作是"柱"，但实际上是桁架结构。传统的榫卯构造往往隐藏了交接处的精巧，而梅亭的细部设计则相反：木构件端头的几何形状完全暴露（与木构件端头的纯受压力学特征相对应），由螺栓进行连接加固（图4-49）。由于木构件以不规则的角度相交，因此采用了机械臂数控铣削系统进行细部构造的加工。

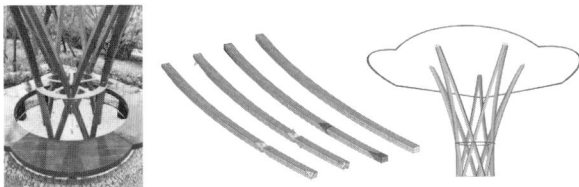

图4-49　梅亭下部主结构采用胶合木结构与金属连接件
（图片来源：东南大学建筑学院建筑运算与应用研究所Inst. AAA）

对比传统木构技艺，梅亭的现代化演变体现在几个方面：①用小材拼大材的方式（胶合木）代替传统的原木构件；②用螺栓连接（配合金属件）代替榫卯连接；③钢构件（由薄钢板折弯而成）与木构件相结合的结构；④用针织物玻璃钢代替传统的屋顶瓦作。梅亭项目最大限度地利用了工业化材

图4-50 一瓣曲面的针织物加工图（左）与定制化织物样本（右）
（图片来源：东南大学建筑学院建筑运算与应用研究所Inst. AAA）

图4-51 针织物模玻璃钢构件（左）及组装后的屋顶（右）
（图片来源：东南大学建筑学院建筑运算与应用研究所Inst. AAA）

料、数控加工技术、计算机编程，与传统营造方式形成鲜明对比。

3）针织物模玻璃钢

梅亭的意象为半透明的、轻盈的粉色伞盖，星星点点的阳光透过顶面洒下来。针织物的设计过程中尝试了两种策略：

（1）图案由两种颜色的纱线组成，图案分辨率高，但透光性不理想（图4-50）。

（2）用一种纱线织出带孔的织物，孔洞形成图案并控制透明性，但图案分辨率略低（图4-51）。

最终我们采用了第二种方式来表现顶面富有韵律的透光孔。为了获得半透明效果但又不削弱结构强度，我们参照顶面主应力线来设置织物的加强筋，与透光孔的布局保持一致。

顶面玻璃钢实验了一种无模具的树脂成型工艺，采用定制图案的针织物作为增强材质。织物的边缘被织成套管，3根金属管（对应扇面的3条边）穿过套管后把织物绷紧在金属扇面框架上，倒置整个扇面后在针织物上涂树脂材料。树脂在逐渐凝固过程中在重力作用下使整个曲面轻微下垂。变形程度可以通过3个因素来控制：织物的绷紧程度、树脂层的厚度、树脂的凝固时间。树脂完全凝固后的玻璃钢厚度为5mm。玻璃钢与金属框架形成一个较为坚固并略有弹性的整体（图4-51左）。在无锡园基地最终安装时，伞盖朝上，玻璃钢顶面呈微微上凸的形式。这种"物理找形"过程得益于无模具的玻璃钢工艺，在视觉上呈现出自然的弯曲形态，具有无弯矩穹顶（Compression-Only Structure）的力学特征。

如今，织物的编码媒介和加工设备都进入数字化时代。梅亭的针织物由电脑横机（Stoll）编织而成，编码媒介采用基于bitmap格式的二维像素图形。该像素图具有行列结构，每一行像素对应一个编织行，每一列像素对应横机中的一个编织针位，每一个像素对应针织物中的一个线圈单元。我们可以定义每个像素所承载的编织动作信息，通过像素颜色、组合模块、编织行与编织列的组合，来制造具有复杂几何形态以及细节节点的针织物。本项目的编织图形呈现为12色像素图形，包含12组自定义编织动作，整合了异形轮廓、开孔、开口、套管、提花、接缝等细节。

梅亭项目采用三维曲面展开以及四边形网格剖分方法，将三维曲面转化为针织结构网格模型以及针织编码。基于曲面展平的算法，首先将三维网格模型投至XY平面，然后通过物理计算引擎对平面网格所有边线进行计算，使得平面网格中的每条边线长度与三维网格中对应边线长度基本一致。对于接缝、翻边等易在展平过程中发生错误的现象，采用在平面网格中直接绘制的方法，以避免大形变、局部重叠等问题。

梅亭的针织物在制作过程中作为液态树脂的模具，而在制作完成后是玻璃钢顶面中的承重部件。空气层夹丝纬编结构由2组共4根300D涤纶纱与氨纶纱构成，经环氧树脂固化后，其杨氏模量与工程塑料相当。为了保证针织物在树脂固化和整体翻转时的刚性与强度，本项目选用了双层复合织物结构，探索了孔洞、接缝对曲面力学性能的影响，进而对其分布进行优化。避免沿主应力方向设置孔洞，可以减小其对曲面力学强度的削弱作用。而接缝对织物复合材料具有力学增强作用，因此沿主应力方向来设置接缝。

4.4.4　胶合木——韩国赫斯利九桥俱乐部

日本建筑师坂茂（Shigeru Ban）与韩国建筑师尹京植（Kyeong Sik Yoon）共同设计的赫斯利九桥高尔夫俱乐部（Haesley Nine Bridges Golf Club House）坐落于韩国骊州[55, 56]，于2009年建成。这座建筑共有地上3层和地下1层，采用了钢框架、钢筋混凝土和木结构等多种结构以及材料组合。该项目基于工业化木材进行了创新性建造实践，将运算化设计、数控建造和装配施工整合成一套完整的工作流程。在数字时代下，木材作为可持续建筑材料在建筑领域具有巨大的潜力。

1）材料与结构设计

由木材制成的六边形网壳顶棚是该建筑的主要特点（图4-52）。整个屋顶结构的投影尺寸为36m×72m，由32个构件单元组成，每个单元尺寸为9m×9m，由21根纤细的树状木柱作为支撑。建筑师的设计灵感源自东亚地区传统的夏季竹编枕（俗称"竹夫人"），同时考虑了可持续性、通风和采光等需求。

主结构采用Glulam木料。这种工业化木材经过防腐处理和人工干燥等过程，对木材的特殊缺陷进行补偿，提高了耐久性和质量。Glulam木料具有初始木材1.5倍以上的强度，单位重量下其抗弯强度是铁的3倍，抗压强度是铁的4倍，因此"强度—自重"比具有明显优势。木材在火灾时会形成一层炭化层，保护木材内部，使其能够在一定时间内不受破坏。

屋顶木结构和木柱完全融合，在形态和

图4-52　赫斯利九桥俱乐部采用异型胶合木结构单元
（图片来源：参考文献[55]）

结构上共同形成了一个连续不间断的整体，既承担了荷载，也界定了室内空间。如图4-53所示，抵抗横向力和重力的关键结构是①横梁网格和②树状支撑；由于末端形成了4.5m的悬臂，因此使用了③连接构件来加固。角部分的钢柱被省略，而在顶部部分采用了H型钢来加固。

屋顶形状采用六边形的重复模式构成，总共有6层叠加，每4层叠加产生一个连接点。在连接点上通过改变木材截面来实现上下连接（图4-53），简化了多层叠加木材的复杂连接构造，使交叉更加高效，无须增加截面或额外连接件。

结构中的拉力、压力和剪力通过连接件传递到各个木构件。连接件是预先制造的单一构件，用于木材的装配式建造。

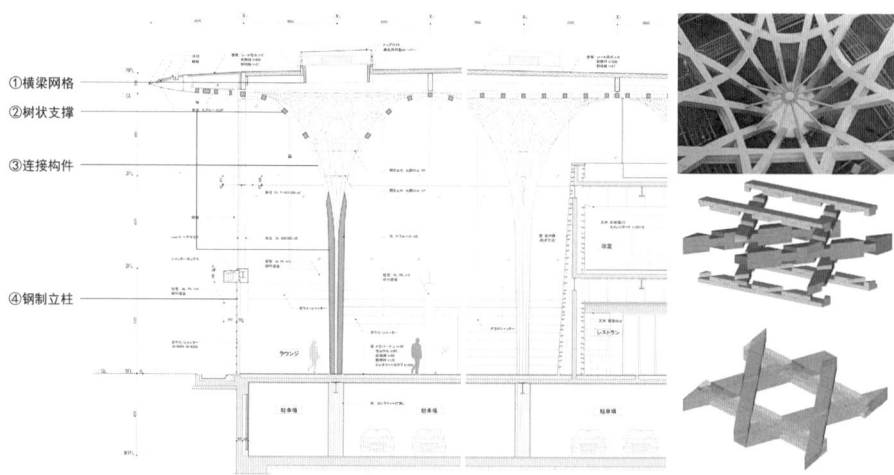

①横梁网格
②树状支撑
③连接构件
④钢制立柱

图4-53 木构细部图解

（图片来源：左：https://shigerubanarchitects.com/，2024/09/06、右上：https://www.blumer-lehmann.com/，2024/09/06、右下：参考文献[56]）

2）数控加工

屋顶结构中几乎所有构件都呈现非垂直或水平的"自由形式"，这种复杂性要求设计、施工和材料工艺之间协同，因此采用了数字建造工艺。德国/瑞士的Design-to-Production公司进行数字化3D建模，由木材制造商Krüsi公司在瑞士预制胶合木构件，然后将其运输到韩国进行现场组装。

本项目依赖于木材制造商、建筑师和现场工程师的密切合作。Design-to-Production公司在数字化3D建模过程中定义了屋顶的几何形状[57]，为467个独特形状的木构件生成了数字3D模型，并详细描述了约15000个连接节点的几何形状。这一数字化流程保证了从设计到生产的连续性与精确性。

在生产阶段Krüsi公司使用5轴数控加工中心，可进行锯、铣、接、钻、刨、开槽等加工。公司研发了一台5轴联动的Krüesi-CNC设备，通过计算机辅助制造（CAM）校正机床的几何数据一致性，以确保自由形式构件的加工精度。通过采用三维铣削木条而不是将其强制成型，大大提高了精度。在三个月内完成复杂的几何形状、结构传力系统以及新的数控加工软件和加工中心的建设。

结构构件分为5种类型，并采用了六位数的编号系统，以确保每个单独的构件都有独一无二的标识（图4-54）。结构构件的主要材料为云杉木层积胶合木板。木材制造商采购了未加工的木材原料，包括直的、单曲的、双曲的以及扭曲的形式，通过计算机程序使加工时间和材料损失最小化。

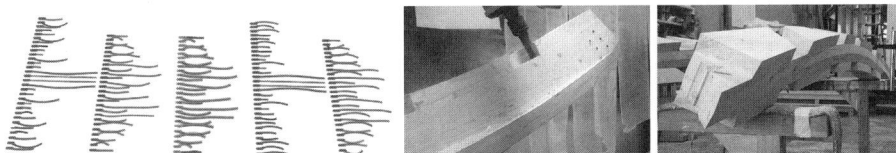

图4-54 构件列表（左）与5轴加工中心切割木构件（右）
（图片来源：https://www.designtoproduction.com/en/，2024/09/06）

3）现场装配

工厂预制构件从瑞士运输至韩国，历时6周运送了26个集装箱的构件。39名来自瑞士的专业人员参与了现场安装，安装工作共耗时10周。施工方采用一台顶升塔吊，根据遥控指令精确地移动各个构件。现场设置了加热的帐篷，以确保恒定的、适合黏合的温湿度条件（室外气温低于−15℃）。

施工过程首先分拣32个屋顶单元的构件。每个单元的构件数不一，最多的达到138个。分拣完成后，按照数字模型的坐标定位制作模板，在其上依次堆叠5层构件，构件之间通过插接和搭接实现屋顶单元的预装配（图4-55）。这种现场装配方案可以保证每个构件在整个结构中的精确位置，并顺利完成构件之间的拼合。

为了将"树干"与"树冠"组装在一起，搭建了脚手架平台以进行组装。在吊装"树冠"单元过程中，单元之间的节点可以精确对位，很大程度上体现了设计、生产和预装配的精度。"树干"与"树冠"连接成完整的木结构体系之后，再安装屋顶密封板材、天窗等其他建筑构件，完成屋顶的建造。

图4-55 屋顶木结构单元装配过程
（图片来源：https://www.blumer-lehmann.com/，2024/09/06）

4）结语

赫斯利九桥俱乐部项目使用了数字化设计与数控建造技术，开发了一种高效的结构组合形式，研发了木材的生产与组装流程，提升木材的综合利用效率。设计团队从木材及其结构出发，在设计、制造到施工的整个流程上优化每个环节，并与结构工程师、数字技术顾问和木材制造商之间达成了高效的跨学科合作，提高了建造效率和建筑品质。

4.5
小结

第4章从理论、方法、技术、应用案例等层面介绍了数字建造（Digital Fabrication）的当代发展趋势——面向建造的智慧设计。在工业科技与信息技术的一轮又一轮冲击下，21世纪涌现的数字建造代表了建筑学科从空间到物质的回归，重新关注建筑的物质构成对人、建成环境的综合影响。各相关领域提炼出结构力学性能、绿色环保、施工效能等关键点，当下可以将其统称为"性能"。因此，性能导向（Performance-based）的数字建造是当下建筑学解决复杂人居环境需求的一种代表性方法，智能建造方法成为一种从理论与工程两头并进的研究前沿。从历史维度看，18-19世纪的先驱建筑理论家（布雷、迪朗、勒·杜克等）已经开始宣扬"从满足功能需求、追求经济性等目标来理性推导建筑的形式"的一般性设计原理；20世纪初期柯布西耶《走向新建筑》推崇机器美学，代表了迟到的工业时代建筑的理性设计范式，而20世纪中后期出现的模式语言、专家系统等理论方法逐渐走向了象征系统科学时代的设计模型；而21世纪兴起的数字建造采用"设计—建造"相结合（同时意味对形式与物质的辩证思考）的方法追求广泛的性能。

4.5.1 智能建造方法

智能建造方法的形成与发展不是一蹴而就的，需要依赖于：①工业与信息技术对建筑业的全面的、深度的渗透，由于涉及认知、方法、技术等多个层面，因此需要经历漫长的发展过程；②聚焦于"空间与功能"的建筑传统设计方法需要高效整合来自社会各方的多元化需求与日益复杂与高要求的建造行业。20世纪60~80年代，人们寄希望于用系统科学来建构能够解决各类建筑设计问题的通用方法。著名的理论包括亚历山大《形式综合论》[15]中提出的生成式图解（Constructive Diagram）、米歇尔《建筑的逻辑》中基于建筑形式语言的设计方法、基于案例的推理方法（专家系统）等。然而它们与建筑设计的融合并不顺利。到了20世纪90年代"数字化"浪潮开始迸发，展现了虚拟形式的无限自由；而21世纪初建筑师与研究人员终于意识到建筑的本质首先是物质构成，而数字技术可以对建筑物质进行全面分析、模拟与操作，由此数字建造应运而生了。数字建造聚焦于物质构成与建造过程，并朝着性能化、智能化方向发展。当今智能建造方法融合了先进的运算设计方法与工业4.0制造技术，是一个当代较为完整的、综合性的建筑理论方法体系。

智能建造首先建立在数字化设计方法之上，其中最基本的要素是参数化建模（包括具象的3D形体模型与抽象的数理模型），它启示我们的设计对象需要从"个体"（Instance）转移到"类"（Class）。建筑师的传统角色是提供"一个"优秀的设计方案，而更科学的系统化做法是定义能解决该问题或提供该品质的"一类"方案（包括数理模型、算法与程序、自动化工业流程等）。比较著名的例子有拓扑优化方法（或可称为"找形"方法），可以根据结构的受力条件来自动生成力学最优的方案，即定义从"输入条件"到"结构形体"的映射，而不是定义结果。围绕这类算法模型，可以开发各类软件实现高效率的方案生成，另一方面需要研发各类制造技术实现便捷精确的制造方案（如金属粉床3D打印），而建筑师需要考虑如何把这类找形工具与其他设计要素（如空间使用、美学价值等）进行深度结合。

建筑学科引入智能建造，同时带来了机遇与挑战：

1）跨学科的先进技术整合极大地扩展了设计师的设计与建造能力。数字化的建模工具、各类性能模拟与优化软件、各种数控设备与建造工艺为建筑业提供了全面的工业化与信息化技术支持，逐渐形成了贯穿设计到施工的、可科学论证与优化的、可协同操作的数字链条。因此在智能建造中建筑师的设计能力与效率、对制造与施工流程的把控力全面提高。

2）智能制造范式（工业4.0、柔性制造、人工智能等理念）对设计师的全盘把控能力提出了前所未有的挑战。传统建筑师需要对空间、功能、结构、施工、法规、造价等因素进行全面把控。而智能建造极大地拓展了这些传统要素，尤其是性能模拟优化、使用智能算法、自动化建造、低碳材料研发、智能运维等领域都是建筑师不太熟悉的领域。从意义、实践层面统领这些新技术变得越来越具有挑战性。

4.5.2　综合性能与整合设计

建筑设计需要综合性地统筹各方目标与限定，智慧地提出系统化的解决方案，并非一味地追求单一目标，也不是机械地完成任务。虽然性能导向的设计（Performance-based Design）需要像计算机或工程领域那样针对明确定义的目标进行方案优化，但我们不能把"设计"简化为优化（Optimization）或解决问题（Problem Solving）。智能化设计应该在掌控性能优化方法的基础上，在更高的层面上对纷杂的目标、物质构成、建造过程进行重构。在计算机或工程领域常用的多目标优化、鲁棒性等概念，在建筑设计中只是具体子问题，而不是统领整个设计流程或逻辑的核心思想。如何在性能、材料、建造等复杂因素构成的关联网络中理清线索，再选用适宜的技术路线对"综合性能"进行优化，是智能设计与建造的核心任务。

把先进工程技术纳入自身设计理念中，或用新兴技术推动设计方案的构思，一直是建筑师面临的重大挑战。例如柯布西耶提出的多米诺结构体系，把工业化钢筋混凝土技术纳入他的理想居住机器的构思中，但不免受到"平楼板隐藏了混凝土受力特征"的批判；路易斯·康在沙克生物研究所的楼层中设计了容纳巨大管路的折板梁，具有结构、设备、视觉相统一的三重意义，但由于造价太高未能实现；矶崎新在卡塔尔国际会议中心（第4.3.1节）中采用拓扑优化生成的异型树状结构，但由于复杂曲面作为建筑结构的难度太高，最终采用了折中的双层结构（树状表面只是装饰，而内部骨架的截面较为规则）。因此，先进工程技术与先进设计理念往往可以协同，但很难完全同步。

在数字化设计与建造时代，性能导向设计需要积极寻找科学/工程意义上的"性能"与建筑设计层面的"性能"（或功能）之间的契合点，我们可以称之为"整合设计"。基本的策略包括（但不限于）：

1）对建筑系统（包括空间与物质部分）进行重新组织，梳理或重新定义各个子系统、各个部分之间的关系。譬如力学结构体内可容纳建筑设备、利用被动式太阳能的建筑立面、大跨建筑的结构与装饰一体化等。一些建筑师甚至在这方面提出了新的建筑理论，譬如路易斯·康的"服务与被服务"理论：设备与结构是服务于人使用的空间，而在大型建筑中这种服务与被服务的空间布局往往是多层级展开的。

2）对"传统"行业经验与技术特征的辩证思考。一方面，建筑是随着城市与人的发展而发展的，因此不可能脱离传统行业经验与技术特征，优秀的建筑项目往往是智慧地集成多种适宜技术而不是一味地追求新兴技术。另一方面，很多经验与做法在行业中固化之后，人们就忘了他们的初衷，而在新的技术现实中我们不能惯性式地沿用这些经验。整合设计需要从实际问题出发，分析与选择可用技术（包括传统技术与新技术），探索设计目标与技术路径之间的有机结合。

4.5.3　发展趋势

很多建筑师成功地采用低能耗甚至是零能耗的方式实现建筑对环境的响应，如特朗布墙（Trombe Wall）利用自身构造巧妙地在白天吸收阳光热量、夜晚向室内散热；奥地利Baumschlager Eberle Architekten事务所的2226建筑系统可以在不使用暖通系统的情况下保持常年22℃~26℃的室温。进入21世纪，随着绿色生态理念与智能建造的不断发展，建筑师分析与把控建筑及其环境的能力进一步增强，并且对"建成环境"的认知与设计方法发生了潜移默化的转变。人、自然、人造环境之间的严格区分被打破；物质材料也不再被看作是赋予形式的被动者，而是能推动设计的积极因素。

前沿的智能设计试图避免刻意地提供明确定义的功能（如空调），而是尝试采用自然的、不消耗能源的方式来自然而然地改造或响应环境；尝试把容易从环境得到的天然材料制成人造物并考虑如何回归自然。例如随着湿度变化而自然开合的薄木片表皮HygroSkin（第4.1.3节）、美国奥克斯曼（Neri Oxman）利用蚕来编织的空间结构、Grimshaw事务所与东伦敦大学利用甘蔗渣制成的互锁砌块等。这些仿生式的智能建造实践让"人造"与"天然"不再二元对立，为人服务不再对大自然造成负面影响。无论是传统材料与工艺还是新材料与工艺，如今我们都能够在先进数字技术的辅助下（在设计或建造阶段）更好地策划与实施高效率低能耗的建筑，进而创造更有利于持续发展的建成环境。

建筑行业有时被称为AEC行业（建筑Architecture，工程Engineering，施工Construction），而AEC行业与工业的重大区别在于，前者实施的是一个又一个特定的项目，而后者进行同一件产品的大规模生产。很多建筑项目追求个性与特殊性，而工业产品追求标准化与系统化。随着智能设计与数字建造进入建筑业，建筑与工业出现了有趣的交集。一方面，以增材制造为代表的工业4.0技术支持定制化的批量生产（Mass Customization），因此个性化的建筑物或建筑构件在一定程度上也能批量化地定制生产（比如美国ICON公司采用3D打印混凝土技术批量化定制地建造房屋）；另一方面，省材料、多功能集成的建筑部件也能像产品一样出售，并根据具体的建筑项目进行一定程度的定制（如西班牙HOLEDECK带孔密肋楼板的模板系统），从而高效而系统化完成建造。

因此，智能建造技术为建筑业模式与工业模式的融合提供了契机。在更深的层次，建筑业与工业领域共享的技术方法越来越多，包括材料工艺研发（如金属3D打印技术可用来制造建筑构件）、自动化装备（如工业机器人已在数字建造中广泛使用）、生产模式（如智能工厂、批量化定制化的制造模式）、专业软件（如CAD/CAM软件）、编程工具等方面。

参考文献

[1] FRAMPTON K. Studies in tectonic culture[M]. Cambridge, MA: MIT Press, 1995.

[2] MENGES A (Ed.). Material computation: Higher integration in morphogenetic design[M]. John Wiley & Sons, 2012.

[3] 华好. 数控建造——数字建筑的物质化 [J]. 建筑学报，2017(8): 72-76.

[4] ZHENG X, SMITH W, JACKSON J, et al. Multiscale metallic metamaterials [J]. Nature Materials, 2016, 15(10): 1100-1106.

[5] REICHERT S, MENGES A, CORREA D. Meteorosensitive architecture: Biomimetic building skins based on materially embedded and hygroscopically enabled responsiveness [J]. Computer-Aided Design, 2015,60: 50-69.

[6] SCHINDLER C. (2008, September). ZipShape - a computer-aided fabrication method for bending panels without molds [C]// ARCHITECTURE 'in computro', 26th eCAADe Conference Proceedings, 2008: 795-802.

[7] TERSTIEGE G (Ed.). The making of design: From the first model to the final product[M]. Basel: Birkhäuser, 2009.

[8] ZECHMEISTER C, PÉREZ M G, KNIPPERS J, et al. Concurrent, computational design and modelling of structural, coreless-wound building components[J]. Automation in Construction, 2023, 151: 104889.

[9] POTTMANN H, ASPERL A, HOFER M, et al. Architectural Geometry[M]. Exton, Pennsylvania: Bentley Institute Press, 2007.

[10] PAULY M, MITRA N J, WALLNER J, et al. Discovering structural regularity in 3D geometry[J]. ACM transactions on graphics (TOG), 2008, 27(3): 1-11.

[11] CHOWDHURY S, YADAIAH N, PRAKASH C, et al. Laser powder bed fusion: a state-of-the-art review of the technology, materials, properties & defects, and numerical modelling[J]. Journal of Materials Research and Technology, 2022:2109-2172.

[12] GRAMAZIO F, M KOHLER M, WILLMANN J. The robotic touch - how robots change architecture[M]. Zurich: Park books AG, 2014.

[13] KYVELOU P, BUCHANAN C, GARDNER L. Numerical simulation and evaluation of the world's first metal additively manufactured bridge[J]. Structures, 2022, 42: 405-416.

[14] SMITH R S H, BADER C, SHARMA S, et al. Hybrid living materials: digital design and fabrication of 3D multimaterial structures with programmable biohybrid surfaces[J]. Advanced Functional Materials, 2020, 30(7): 1907401.

[15] ALEXANDER C. Notes on the synthesis of form [M]. Cambridge, MA: Harvard University Press, 1964.

[16] LEACH N, TURNBULL D, WILLIAMS C J (Ed.). Digital tectonics [M]. Chichester, West Sussex, UK: Wiley-Academy, 2004.

[17] XIA L, XIA Q, HUANG X, et al. Bi-directional evolutionary structural optimization on advanced structures and materials: a comprehensive review[J]. Archives of Computational Methods in Engineering, 2028, 25: 437-478.

[18] SCHUMACHER P. Parametricism: A new global style for architecture and urban design[J]. Architectural design, 2009, 79(4): 14-23.

[19] GONG M. (Ed.). Engineered Wood Products for Construction[M]. London: Intechopen, 2022.

[20] ADRIAENSSENS S, BLOCK P, VEENENDAAL D, WILLIAMS C (Eds.). Shell structures for architecture: form finding and optimization[M]. Milton Park, Abingdon, Oxon, UK: Routledge, 2014.

[21] MENGES A, SCHWINN T, KRIEG O D, Advancing wood architecture [M]. Milton Park, Abingdon, Oxon, UK: Routledge, 2016.

［22］ GALJAARD S, HOFMAN S, REN S. New opportunities to optimize structural designs in metal by using additive manufacturing[C]//Advances in Architectural Geometry 2014. Springer International Publishing, 2014: 79-93.

［23］ ZWIERZYCKI M, NICHOLAS P, RAMSGAARD THOMSEN M. Localised and learnt applications of machine learning for robotic incremental sheet forming[C]// Humanizing digital reality: Design modelling symposium Paris 2017. Springer Singapore, 2018: 373-382.

［24］ BOS F P, MENNA C, PRADENA M, et al. The realities of additively manufactured concrete structures in practice[J]. Cement and Concrete Research, 2022, 156: 106746.

［25］ ASPRONE D, AURICCHIO F, MENNA C, MERCURI V. 3D printing of reinforced concrete elements: Technology and design approach [J]. Construction and building materials, 2018, 165: 218-231.

［26］ BRESEGHELLO L, NABONI R. Toolpath-based design for 3D concrete printing of carbon-efficient architectural structures[J]. Additive Manufacturing, 2022,56: 102872.

［27］ HANSEMANN G, SCHMID R, HOLZINGER C, et al. Additive fabrication of concrete elements by robots: Lightweight concrete ceiling [M] // Fabricate 2020: Making Resilient Architecture. London: UCL Press, 2020:124‐129.

［28］ YUAN P F, BEH H S, YANG X, et al. Feasibility study of large-scale mass customization 3D printing framework system with a case study on Nanjing Happy Valley East Gate [J]. Frontiers of Architectural research, 2022,11(4): 670-680.

［29］ CHEIBAS I, GAMOTE R P, ÖNALAN B, et al. Additive Manufactured (3D-Printed) Connections for Thermoplastic Facades[C]//International Conference on Trends on Construction in the Post-Digital Era. Springer International Publishing, 2022: 145-166.

［30］ BURGER J, AEJMELAEUS-LINDSTRÖM P, GÜREL S, et al. Eggshell Pavilion: A Reinforced Concrete Structure Fabricated Using Robotically 3D Printed Formwork[J]. Construction Robotics, 2023, 7: 213-233.

［31］ 袁烽. 从图解思维到数字建造 [M]. 上海:同济大学出版社，2016.

［32］ BENDSØE M P, BEN-TAL A, ZOWE J. Optimization methods for truss geometry and topology design[J]. Structural optimization, 1994, 7: 141-159.

［33］ ASADPOURE A, TOOTKABONI M, GUEST J K. Robust topology optimization of structures with uncertainties in stiffness‐Application to truss structures [J]. Computers & Structures, 2011, 89(11-12): 1131-1141.

［34］ ESCHENAUER H A, OLHOFF N. Topology optimization of continuum structures: a review[J]. Applied Mechanics Reviews, 2001, 54(4): 331-390.

［35］ BENDSOE M P, SIGMUND O. Topology optimization: theory, methods, and applications[M]. Berlin: Springer-Verlag Berlin Heidelberg, 2004.

［36］ OSANOV M, GUEST J K. Topology optimization for architected materials design[J]. Annual Review of Materials Research, 2016, 46(1): 211-233.

［37］ KADIC M, MILTON G W, VAN HECKE M, WEGENER M. 3D metamaterials[J]. Nature Reviews Physics, 2019,1(3): 198-210.

［38］ YANG K, ZHAO Z L, HE Y, et al. Simple and effective strategies for achieving diverse and competitive structural designs[J]. Extreme Mechanics Letters, 2019, 30: 100481.

［39］ WU H, LI Z, ZHOU X, et al. Digital design and fabrication of a 3D concrete printed funicular spatial structure[C]//CAADRIA 2022/Proceedings of the 27th International Conference of the Association for Computer-Aided Architectural Design Research in Asia, 2022: 71-80.

［40］ LI Y, WU H, XIE X, et al. FloatArch: A cable-supported, unreinforced, and reassemblable 3D-printed concrete structure designed using multi-material topology optimization[J]. Additive Manufacturing, 2024, 81: 104012.

[41] BOTSCH M, KOBBELT L, PAULY M, et al. Polygon Mesh Processing[M]. Natick MA: A K Peters, 2010.

[42] CRANE K, DE GOES F, DESBRUN M, SCHRÖDER P. Digital geometry processing with discrete exterior calculus[C]// ACM SIGGRAPH 2013 Courses, 2013: 7.

[43] MITROPOULOU I, BERNHARD M, DILLENBURGER B. Nonplanar 3D printing of bifurcating forms[J]. 3D printing and additive manufacturing, 2022, 9(3): 189-202.

[44] EIGENSATZ M, KILIAN M, SCHIFTNER A, et al. Paneling architectural freeform surfaces[J]. ACM Transactions on Graphics, 2010, 29(4):45.

[45] HUA H, HOVESTADT L, TANG P. Optimization and prefabrication of timber Voronoi shells[J]. Structural and Multidisciplinary Optimization, 2020,61: 1897 - 1911.

[46] CUI Q, RONG V, CHEN D, MATUSIK W. Dense, Interlocking-Free and Scalable Spectral Packing of Generic 3D Objects [J]. ACM Transactions on Graphics, 2023, 42(4): 141.

[47] DEVENES J, BRÜTTING J, KÜPFER C, et al. Re: Crete - Reuse of concrete blocks from cast-in-place building to arch footbridge[J]. Structures, 2022, 43:1854-1867.

[48] HUA H, HOVESTADT L, LI B. Reconfigurable Modular System of Prefabricated Timber Grids[J]. Computer-Aided Design, 2022,146:103230.

[49] BRÜTTING J, DESRUELLE J, SENATORE G, FIVET C. Design of truss structures through reuse [J]. Structures, 2019, 18: 128-137.

[50] POPESCU M, RIPPMANN M, LIEW A. Structural design, digital fabrication and construction of the cable-net and knitted formwork of the KnitCandela concrete shell[J]. Structures, 2021, 31: 1287-1299.

[51] REICHERT S, SCHWINN T, LA MAGNA R, et al. Fibrous structures: An integrative approach to design computation, simulation and fabrication for lightweight, glass and carbon fibre composite structures in architecture based on biomimetic design principles[J]. Computer-Aided Design, 2014, 52: 27-39.

[52] JIPA A, DILLENBURGER B. 3D printed formwork for concrete: State-of-the-art, opportunities, challenges, and applications[J]. 3D Printing and Additive Manufacturing, 2022, 9(2): 84-107.

[53] GRASER K, BAUR M, APOLINARSKA A A, et al. DFAB House: A comprehensive demonstrator of digital fabrication in architecture[M]// Fabricate 2020: making resilient architecture. London: UCL Press, 2020:130-140.

[54] JIPA A, AGHAEI MEIBODI M, GIESECKE R, et al. 3D-printed formwork for prefabricated concrete slabs[C]// 1st International Conference on 3D Construction Printing (3DCP), Melbourne, Australia, 2018:1-9.

[55] 坂茂事务所(付云武译). 坂茂和他的建筑[M]. 桂林:广西师范大学出版社，2018.

[56] 이영호, 김종수, 최동섭. Haesley Nine Bridges 구조설계[J]. 대한건축학회 학술발표대회 논문집-구조계, 2010, 30(1): 129-130.

[57] SCHEURER F. Materialising complexity[J]. Architectural Design, 2010, 80(4): 86-93.

第5章 环境交互技术

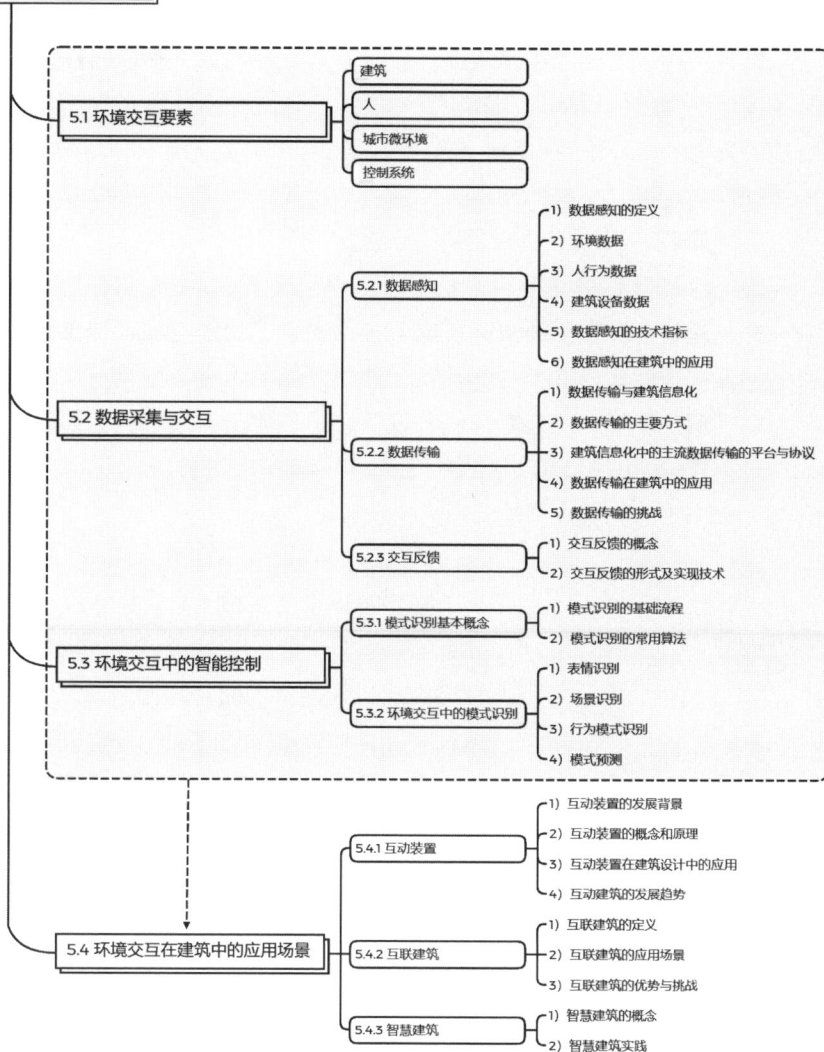

5.1 环境交互要素
- 建筑
- 人
- 城市微环境
- 控制系统

5.2 数据采集与交互

5.2.1 数据感知
1）数据感知的定义
2）环境数据
3）人行为数据
4）建筑设备数据
5）数据感知的技术指标
6）数据感知在建筑中的应用

5.2.2 数据传输
1）数据传输与建筑信息化
2）数据传输的主要方式
3）建筑信息化中的主流数据传输的平台与协议
4）数据传输在建筑中的应用
5）数据传输的挑战

5.2.3 交互反馈
1）交互反馈的概念
2）交互反馈的形式及实现技术

5.3 环境交互中的智能控制

5.3.1 模式识别基本概念
1）模式识别的基础流程
2）模式识别的常用算法

5.3.2 环境交互中的模式识别
1）表情识别
2）场景识别
3）行为模式识别
4）模式预测

5.4 环境交互在建筑中的应用场景

5.4.1 互动装置
1）互动装置的发展背景
2）互动装置的概念和原理
3）互动装置在建筑设计中的应用
4）互动建筑的发展趋势

5.4.2 互联建筑
1）互联建筑的定义
2）互联建筑的应用场景
3）互联建筑的优势与挑战

5.4.3 智慧建筑
1）智慧建筑的概念
2）智慧建筑实践

在当代建筑领域，环境交互正作为一项前沿课题，深刻探究建筑、人类活动、城市微环境及控制系统之间的多维度联动。此研究领域不仅聚焦于环境舒适度、安全性、能源效率以及个性化服务的提升，还致力于解析环境交互中数据感知、传输与反馈机制，以及智能控制技术在模式识别与预测建模中的应用。通过剖析互动装置、互联建筑与智慧建筑的典型案例，此领域展示了智能环境调控在实际场景中的创新实践，如座椅、道桥门厅的智能互动，以及内部环境的精准诊断技术。环境交互研究的核心在于揭示建筑环境与人类需求之间的动态关系，以及智能技术如何优化这一过程，从而构建更加人性化、高效且可持续的建筑生态系统。

5.1
环境交互要素

建筑环境交互技术是指将建筑、人、城市微环境、控制系统等元素有机结合，通过先进的技术手段，实现对环境的高效、智能管理，为人们提供舒适、环保的生活环境。其中，建筑、人、城市微环境、控制系统扮演着不同的角色，相互作用（图5-1）。

建筑

建筑是环境交互发生的重要载体，也是被监测和调控的主要对象。首先，建筑为日常活动及环境交互技术提供了物理空间，传感器、控制系统等设备都安装集成在其中。其次，建筑内部的温度、湿度、噪声等环境参数，门、窗、灯光、空调等构件和设备，是环境交互技术的重要研究对象。通过对于建筑的调控，实现能源的高效利用与节能减排。

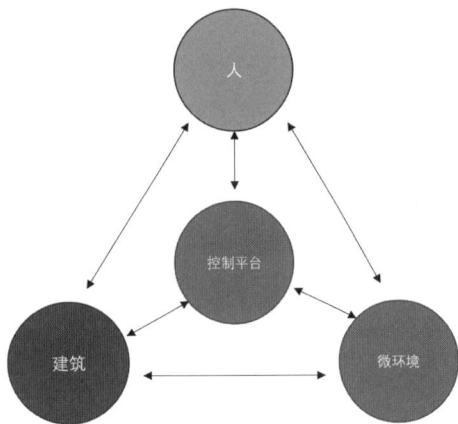

图5-1 环境交互要素
（图片来源：东南大学建筑学院建筑运算与应用研究所Inst. AAA）

人

在建筑环境交互技术中，人既是被监测的对象，又是被服务的对象。建筑调控系统需要能对人的行为做出响应，人在室内的各种行为通过各种监测工具或通过交互介质以数据的形式记录，并转化为控制系统的输入参数的一部分。人的行为具有一定的复杂性、随机性，需要大量的数据样本的积累来为行为模式的发掘和分析提供基础数据。而人的需求和评价也决定了控制系统的调控方式和目标。

城市微环境

城市微环境是建筑环境交互发生的外在环境，它既受到更大范围的地理及气候条件的影响，也受到局部建筑组团的组合形式及建筑本身排放的影响。外部微环境与室内环境之间的差异也决定了建筑系统的调控方式，因此城市微环境的数据也是需要监测的主要对象之一。建筑的调控同样也要考虑对微环境的影响，充分利用环境中的有利条件，可以有效降低调控压力。

控制系统

控制系统是建筑环境交互技术的重要工具，将建筑、人、城市微环境等各个环节有机联系起来，实现对环境的智能调控。控制系统为环境交互技术提供了数据支持，通过传感器等手段，实时监测建筑、人以及外部微环境的变化，为环境交互技术的研究提供了基础数据。其次，控制系统通过数据的积累与分析提供了调控的依据与决策，最后，控制系统通过对建筑内各种设备的协同控制，为使用者提供舒适、高效、安全的建筑内部环境。

综上所述，建筑环境交互技术是一种将建筑、人、城市微环境、控制系统等元素有机结合，实现对环境的高效、智能管理的技术。在建筑环境交互技术中，建筑、人、城市微环境、控制系统扮演着不同的角色，各具内涵、作用以及相互之间的关系。

5.2 数据采集与交互

5.2.1 数据感知

1）数据感知的定义

数据感知是指通过传感器、设备和交互界面等技术手段，实时获取和收集环境、设施或系统中的各种数据信息。这些数据可以包括温度、湿度、光照、空气质量、能耗、人流量等多种数据。数据感知技术通过感知和监测环境中的数据，将现实场景转化为数字化的信息，为后续的数据分析、决策和优化提供基础。

建筑交互技术中的数据感知对象主要可分为环境数据、人行为数据及设备数据的感知。

2）环境数据

环境数据的采集是监控和分析环境质量的重要手段，常被划分为室内环境数据采集和室外微气候环境数据采集这两个主要领域。

室内环境数据针对建筑物内部的空间和条件进行监测，其采集的数据类型包括但不限于温度、湿度、光线照度、空气流动、空气质量（例如CO_2和挥发性有机物的浓度）、声音级别等。

采集这些数据主要依赖于安装在室内不同位置的传感器，可以是固定的监测站点或是移动式检测设备，它们可以实时或定时地测量并记录数据。这些数据通常用于智能建筑自动化系统中，以维持舒适健康的居住和办公环境，优化能耗管理，以及保证室内环境健康标准的实现和监控。

另一方面，室外微气候数据采集聚焦于建筑物外部周边的环境状况，包含了温度、湿度、风速、风向、太阳辐射、降水量、大气压力等数据类型的采集。类似于室内数据，室外微气候数据通过气象站或者分布式传感器网络来收集，而且通常涉及大范围区域和条件的综合考量。这些数据的用途十分广泛，包括城市规划、农业、水文学、交通管理和环境保护等领域。在建筑设计中，通过了解室外微气候环境，可以更好地了解建筑物对自然环境的适应，从而优化建筑设计，提高节能效率和居民舒适度。

数字化的传感器通常是通过比较某些材料在不同环境下电气性能的改变来实现的，将相应的电阻、电压、电容的改变转化为数字信号并加以记录。常用的温度传感器包括热电偶、热阻和集成电路（IC）温度计，热电偶通过测量两种不同金属之间连接点产生的电压差来估计温度。热阻基于材料电阻随温度改变的原理工作，集成电路温度计直接在硅芯片上测量温度，通过电路输出数字信号，精度通常较高。湿度传感器主要有电容式和电阻式两种。电容式湿度传感器测量空气湿度对传感器电容值的影响。空气的相对湿度越高，电容值越大。电阻式湿度传感器则是基于材料电阻随湿度变化的原理，湿度改变导致表面电阻变化，从而被检测。光照传感器通常使用光敏电阻、光敏二极管或光敏电晶体管。这些传感器的基本原理是光照的强度改变会引起传感器的电导或电流变化，从而可以转换为光照强度的测量值。二氧化碳传感器多采用红外吸收原理，二氧化碳分子吸收特定波长的红外光，吸收的多少与气体浓度成正比。挥发性有机物（VOCs）传感器主要基于金属氧化物半导体的原理，工作时对VOCs有选择性地吸附和反应，导致电阻变化。声音传感器，如麦克风，基于将声波变化转换为电信号的原理。动圈式和电容式是常见类型，其中电容式通过声波对麦克风膜片造成形变，进而改变电容值，转换为电信号。

总体来说，无论是室内还是室外环境数据采集，都是为了更好地理解和响应环境条件，通过科学的手段促进环境与人类活动的和谐共生。

3）人行为数据

人行为数据是指通过各类传感器、移动互联网大数据、问卷调查、环境参数测试装置等方式获取的，与人员行为活动相关的数据。通过收集和分析人行为数据，可以深入了解人们的行为模式和趋势，为决策和优化提供参考。

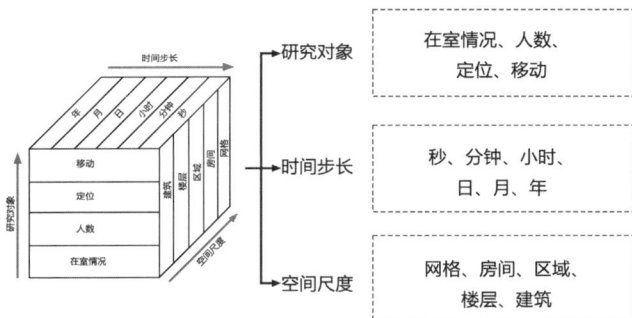

图5-2 人行为的多维度信息
（图片来源：参考文献[1]）

建筑中的人行为大致可分为人员位移和动作两大部分。人行为在研究对象、时间、空间等方面具有多维度的特征，对建筑设计与运行具有应用价值（图5-2）。在大数据发展背景下，通过移动应用定位数据、GPS系统定位数据、酒店插卡取电数据、Wi-Fi与蓝牙数据、视频图像识别数据等，可有效获取海量实时人员位移数据，为建筑中人员位移预测奠定基础。基于海量实测数据，构建数据驱动的人员位移模型，有效获取典型人员位移模式，提高人员位移识别和未来时刻预测结果的准确性。基于聚类分析，分析不同公共建筑中的人员作息模式，更真实地反映建筑中的人员作息，为建筑设计提供更有效的依据。

4）建筑设备数据

建筑设备数据主要指设备管理与维修领域内所产生的数据。这些数据可以包括设备的运行状态、性能参数、能耗信息、故障记录等。通过收集和分析设备数据，可以实时监测设备的运行情况、预测故障、优化能源使用和提高设备运行效率。

设备数据能够帮助改善建筑物的能效性能、安全性和使用者体验。通过将设备数据感知与建筑设计、建筑管理和能源管理相结合，可以实现更可持续和智能的建筑环境。比如通过监测设备的实时数据，可以了解设备的工作状态、能耗和运行效果。客观地帮助设计师和工程师确定哪些设备需要优化，以提高能源效率和减少环境影响。同时设备数据可以提供关于建筑物的安全和监测信息。通过使用传感器和监测设备，监测建筑物中的温度、湿度、气体浓度等关键参数，及时检测潜在的问题并采取措施。

5）数据感知的技术指标

在建筑数据感知和采集通常需要依赖不同的设备，不同的设备的各项指标对于数据的准确性、实用性及环境的适应性都至关重要。

首先，颗粒度指的是数据采集的细致程度。高颗粒度的数据采集意味着能够捕捉到更细微的变化和详细的信息，这对于监测建筑的微观状态和细节非常有用。然而，高颗粒度的数据采集通常需要更多的存储空间和更高的处理能力，因此需要在应用场景中权衡颗粒度与资源消耗之间的关系。

其次，侵入性是衡量传感器对建筑物及其环境影响的一个重要指标。低侵入性的传感器安装和使用过程中对建筑结构和日常运营的干扰较小，适用于对环境要求较高的场所。而高侵入性的传感器可能需要对建筑进行一定的改造或接入，适用于对数据精度要求较高的场景。

传感器类型则分为数字传感器和模拟传感器。数字传感器直接输出数字信号，便于与现代计算和通信设备集成，数据处理更为便捷和快速。而模拟传感器输出的是连续的模拟信号，通常需要经过模数转换器（ADC）转化为数字信号，适用于需要高精度和细腻感知的应用场景。

传感器的功耗是另一个重要指标，直接影响着传感器的使用寿命和维护成本。低功耗传感器适用于对电力供应不稳定或需要长时间运行的场合，可以减少频繁更换电池或电源的需求。高功耗传感器则通常具备更强的功能和更高的精度，但需确保稳定的电力供应。

尺寸也是选择传感器时需要考虑的因素之一。传感器的尺寸会影响其安装位置和使用范围。小尺寸传感器更易于隐藏和部署在狭小空间中，而大尺寸传感器则可能提供更强的功能和更高的耐用性。

最后，传感器的数据接口类型影响着数据采集和传输的效率与便捷性。常见的数据接口包括有线接口（如USB、RS232）和无线接口（如Wi-Fi、Zigbee、LoRa）。有线接口通常提供稳定、快速的数据传输，但需要布线；无线接口则安装灵活、易于扩展，但可能受到信号干扰和传输距离的限制。

以上各项指标在建筑数据采集中都起着至关重要的作用，根据具体的应用场景和需求，合理选择和配置这些指标，能够提高数据采集的有效性和可靠性。

6）数据感知在建筑中的应用

（1）心率与环境关系研究

图5-3　参观者平均心率和平均血氧饱和度
（图片来源：参考文献[2]）

在该案例中，对华中科技大学3栋展览建筑的空间尺度、物理环境以及观众体验过程中的生理指标和参观轨迹进行调查，借此评估空间氛围与使用体验，得到空间环境序列设计要素与生理指标的关联关系，为展览空间评估、营造符合意图的建筑设计提供依据。

针对空间环境序列要素与生理指标进行相关性分析（图5-3），结果表明（表5-1）时间与心率呈显著的负相关关系，即随着时间增加，心率则降低，而与血氧饱和度之间无显著相关关系；单元深度、宽度、空间纵深系数与心率呈显著负相关关系，即单元空间深度越大、宽度越大、纵深感越强，则心率越低，其中，深度对心率的影响作用最大，其次是空间纵深系数；空间纵深系数与血氧饱和度也呈显著负相关关系，即空间纵深感越强，血氧饱和度则越低；照度与心率呈显著负相关关系，即照度越大心率越低；声压级与心率呈显著正相关关系，即声压级越大，观众心率越高；两项物理指标与血氧饱和度无显著相关关系。

单元设计要素与生理指标的相关性 表 5-1

时间		空间					物理环境	
		深度	宽度	高度	空间大小系数	空间纵深系数	照度	声压级
心率	−0.268**	−0.210**	−0.125*	−0.010	−0.082	−0.208**	−0.226**	0.226**
血氧饱和度	0.044	−0.089	0.042	−0.039	0.035	−0.107*	−0.024	0.080

**在0.01水平显著相关（有明显统计学联系）。*在0.05水平显著相关（有较强统计学联系）。

研究得出高校展览空间环境序列单元及其组织设计会对观众生理指标产生影响，时间、深度、宽度、空间纵深系数和照度增加，会使心率降低，即观众兴奋度较弱，心情趋于平静；声压级增加，会使心率升高，即观众更加兴奋，心情更加激动；空间纵深系数增加，会使血氧饱和度降低，即观众易产生疲劳现象。

（2）人员时空分布研究

人在室内的分布状态需要依赖室内定位技术，室内定位技术也是近几年随着无线传感网络技术的兴起而逐步成熟的，目前常见的有基于Wi-Fi，蓝牙，iBeacon，RFID，UWB等无线通信方式。例如，清华大学黄蔚欣教授利用Wi-Fi定位技术监测人流信息，研究了某度假村游客的行为模式。其中，超宽带（Ultra-wideband，UWB）无线定位达到了亚米级的精度，已满足建筑尺度研究的精度需求。基于UWB的不同定位方式和系统架构相继被开发出来（图5-4），并在实验室环境中得到了验证。

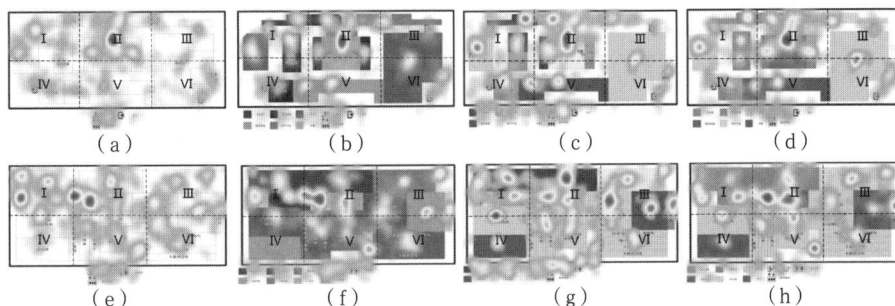

图5-4 利用UWB定位系统采集的用户室内分布信息
（a）A1；（b）B1；（c）C1；（d）D1；（e）A2；（f）B2；（g）C2；（h）D2
（图片来源：参考文献[2]）

（3）智能楼宇数据平台

智能楼宇的建设过程中，设备数据必不可少。例如博物馆智慧化过程就是不断对数据获取、分析和应用的过程，数据不仅为其归属的子系统服务，更是实现博物馆智慧应用的基石，最终实现丰富的数据采集、建设可视共享的管理平台，为不断推进的信息化进程打下良好的基础。

工程从建筑设备、照明、安防、消防、能源管理、环境管理、观众人员管理等多方面进行了智能传感系统的设计，通过广泛深入的数据采集建立人—物的全面联系（图5-5）。

①全面感知建筑设备运行状态

通过设置各类智能传感器，采集冷热源及空调系统流量、压力、水温、阀门状态、泵组运行及故障状态，用于分析及调节空调系统最优控制方案；采集给排水系统泵运行故障状态，实现定期运维的智能判断；设置红外感应探头自动感知有人无人信息，以调节照明亮度；采集室外光强信息以控制遮阳帘开合。

②采集能耗并进行能效分析

对大楼能耗数据进行采集，分区、分项获取水、电、热量等能源消耗情况，实现按展厅、公区、藏品库、业务用房等不同区域能耗统计，以及空调、给排水、电梯、照明、展陈设备电能分项计量，据此预判用能趋势，作为合理优化设备运行方案的依据。

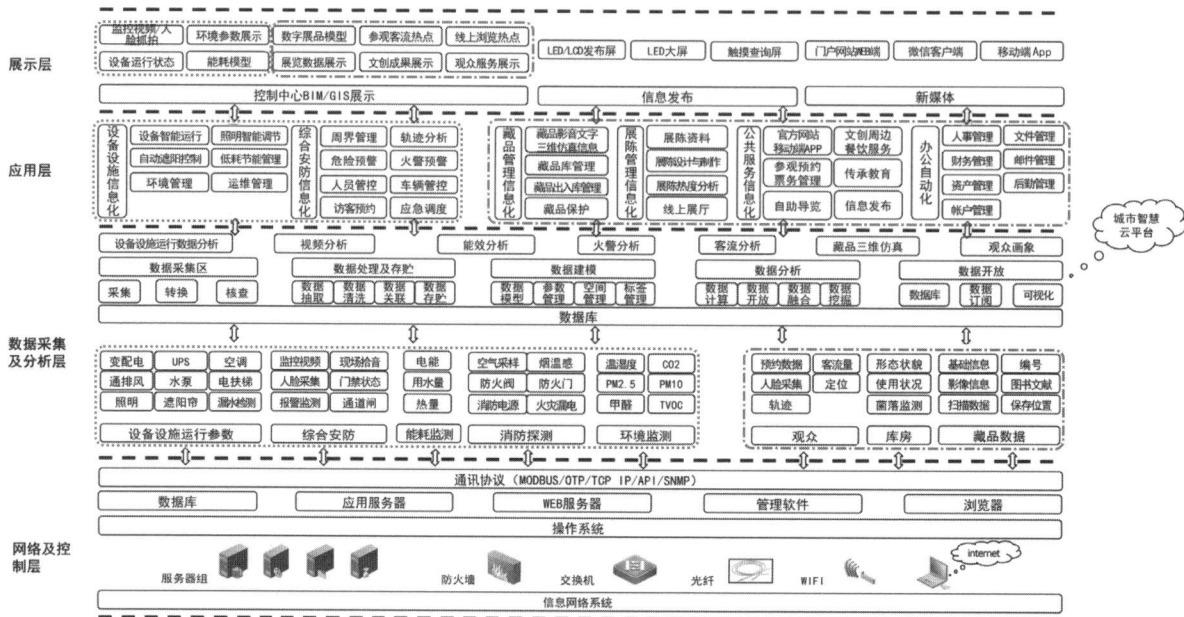

注：点线框 智能楼宇管理功能内容； 点划框 智慧展藏管理功能内容

图5-5　两馆工程综合管理平台架构图
（图片来源：参考文献[3]）

图5-6 综合管理平台展示界面
（图片来源：参考文献[3]）

③空间及环境感知

此部分涉及前文提到的环境数据。在展厅、藏品库房、多功能报告厅、信息中心、主要公共走道安装综合环境采样探测器，利用风道引流技术，对环境气流采样，即时探测包括温湿度、二氧化碳、PM2.5/PM10、TVOC等多种空气质量参数，探测结果可就地显示，让管理人员及时了解环境变化，同时通过云高速传至大数据中心进行解析，并按环境管理预案联动空调系统运行，保证文物对库房环境温湿度、洁净度的要求，以及展厅舒适度要求。

④综合运维模块接入实时数据

建筑设备监控、能效、客流、停车场、信息发布、环境监控等实时数据被接入综合运维模块。综合运维驾驶舱可直观展示博物馆能耗数据、车位使用情况、展厅客流统计数据、设备运行态势、报警及处理结果，同时也作为各类应用的快速入口。通过各类数据的统计、分析、调用，实现设备状态综合监控、能效分析，设备告警的集中管理。

综合管理平台（图5-6）采用云架构设计，在信息中心大屏、工作站、移动设备三端进行显示和数据交互，实现整栋楼宇数据交互与智慧运维的目的。

5.2.2 数据传输

数据传输在建筑信息化与智慧交互中扮演着重要角色，为实现智能化、自动化和互联化的建筑环境提供必要的支持。数据传输是指将信息从一个地方传送到另一个地方的过程，涉及数据的发送、接收和处理。通过数据传输技术，建筑中的各个设备和系统可以实现互联互通，实时收集和传输各种数据信息，从而实现建筑环境的智能化、自动化和互联化。本章节将介绍数据传输的基本概念以及常用的数据传输技术、建筑信息化常用的数据传输平台与协议，展示数据传输在建筑中的应用，探究数据传输的发展趋势与挑战，深入了解数据传输在建筑环境交互中的应用和重要性。

1）数据传输与建筑信息化

建筑信息化是利用现代信息技术手段，对建筑进行数字化、网络化和智能化管理的过程，旨在提高建筑运营效率、优化资源利用，提升用户体验和舒适性。而数据传输作为建筑信息化的关键技术手段，扮演着至关重要的角色。其不仅使人与人、人与物、物与物之间的连接成为可能，还为建筑信息化提供了支持。通过数据传输，建筑内的各种智能设备和系统能够实现紧密连接，实时地收集、传输各类信息，进一步推动建筑的智能化和自动化发展（图5-7）。

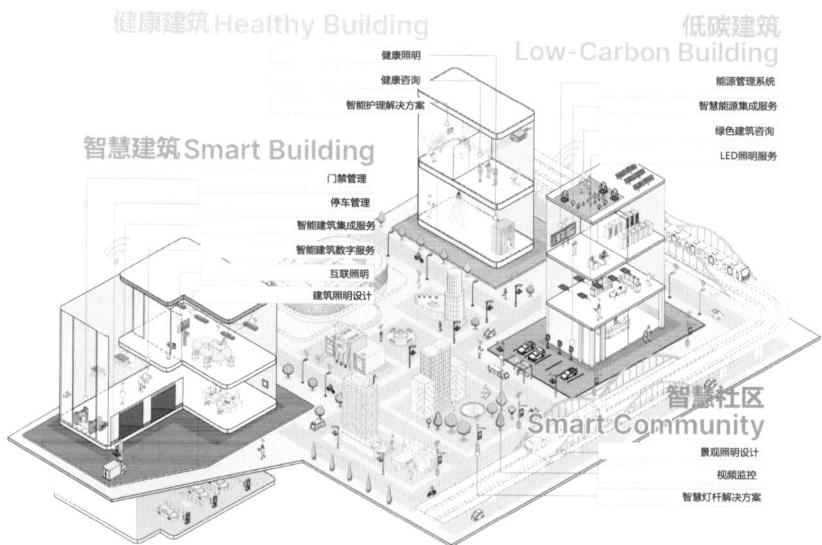

图5-7　使用传感网络打造低碳、健康、智慧空间
（图片来源：参考文献[4]）

数据传输与信息化能在以下领域发挥作用：

（1）数据采集与实时监测

建筑信息化需要实时获取建筑内部各种环境数据、设备状态等信息，以便进行智能化管理和决策。数据传输技术使得传感器可以实时将数据传送到监测中心或云平台，从而实现数据的及时采集和监测。

（2）智能化控制与优化

通过数据传输，建筑信息化系统可以将数据传送给智能控制系统，实现对建筑内部各种设备和系统的远程控制和优化。例如，根据实时能耗数据进行智能化的能源管理。

（3）数据存储与分析

建筑信息化需要对大量数据进行存储和分析，以获取有价值的信息和洞察。数据传输技术将数据传送到数据中心或云平台，实现大数据的存储和处理，从而为建筑管理者提供决策支持。

（4）远程监控与管理

数据传输使得建筑信息可以远程监控和管理。无论管理者身在何处，只要有网络连接，就能实时获取建筑数据、状态信息，进行远程控制和管理。

2）数据传输的主要方式

建筑信息化需要可靠高效的数据传输方式来支撑其复杂的网络需求。表5-2汇总了主要的数据传输方式，包括移动网络、有线局域网和无线局域网。每种方式都有其特定的应用领域和优缺点，建筑信息化的成功与否也很大程度上依赖于选择合适的数据传输方式。

主要数据传输方式特点与对比　　　　　　　　　　　　　　　　　表5-2

传输类型	数据传输方式	主要特点	常用应用领域	优点	缺点
移动网络	4G和5G蜂窝网络	无线传输，广泛用于移动通信	移动通信、移动互联网	高速、移动性强	信号覆盖不均匀，成本较高，需基础设施支持
有线局域网	以太网（Ethernet）	有线传输，基于LAN标准	办公室、数据中心、工业控制、家庭网络	高速稳定，适用于大数据传输	需要布线，限制设备的移动和布局
无线局域网	无线局域网（WLAN）	无线传输，基于Wi-Fi标准	家庭、办公室、公共场所、校园网络	便捷，支持移动设备连接	信号受干扰，速度可能受限
	蓝牙（Bluetooth）	无线传输，短距离通信	手机、智能家居	低功耗，适用于设备互联	距离受限，适用于短距离通信
	低功耗广域网（LPWAN）	无线传输，适用于远距离和低功耗通信	物联网、智能城市、农业监测等	长距离、低功耗，适用于物联网应用	速度较慢，不适用于大规模高速数据传输

不同的数据传输方式在建筑信息化中具有各自的特点，以太网（Ethernet）作为有线传输方式，其在需要长距离、高速传输以及稳定连接的场景下表现出色，但其布线限制了设备的灵活性和移动性；无线局域网（WLAN）则在传输距离和功耗方面寻求平衡，它是一种便捷的无线传输方式，适用于家庭、办公室、公共场所和校园网络；蓝牙（Bluetooth）是一种短距离通信方式，其特点在于低功耗，使其在近距离通信方面表现出色；低功耗广域网（LPWAN）则专注于物联网应用，以长距离传输和低功耗为特点。这使得它在物联网、智能城市和农业监测等领域具有广泛的应用。

除了上述传输方式外，还存在许多其他常见的数据传输方式。例如，红外线传输、Zigbee、Z-Wave等无线协议，以及传统的蜂窝网络如4G和5G，都在特定场景中发挥着重要作用。综上所述，不同的数据传输方式在建筑信息化中都有其独特的优势和适用性，选择适合的方式取决于特定的需求和环境。

3）建筑信息化中的主流数据传输的平台与协议

（1）有线数据传输

BACnet（Building Automation and Control Network）是楼宇自动化领域主流通信协议之一，由美国暖通空调工程师协会（ASHRAE）组织专家联合研发，于1995年成为全球首个楼宇自控行业通信标准。该协议利用以太网实现通信互联，具备较传统控制网络更优异的传输性能。BACnet标准的推出解决了以前厂家各自为政的局面，成为一种标准开放式的数据通信协议，使不同厂家的楼宇设备能够实现互操作，允许混用不同厂家的设备，并提供统一的数据通信服务和协议操作平台，为用户提供更大的选择空间和灵活性。BACnet可以集成不同厂商的控制产品到统一的系统中，适用于单个建筑物和建筑群的监控。该协议还提供各种楼宇设备模型，使不同设备能够互操作和协同工作，适用于暖通空调、给排水、消防、保安等楼宇系统设计。

KNX是楼宇自控系统的主流通信协议之一。在20世纪90年代初，由EIBA、EHSA和BCI三大协会联合成立的KNX协会，提出了KNX协议，它是家居和楼宇控制领域的全球性开放式国际标准。相较于其他协议，KNX以其在统一调试软件平台下各厂家产品的互兼容性而脱颖而出，并已成为欧洲、国际、美国和中国的标准之一。KNX总线系统是独立于制造商和应用领域的系统，它能够通过双绞线、射频、电力线或IP/Ethernet等介质进行信息交换。该标准在EIB的基础上吸收了BatiBus和EHSA的优点，并提供了家庭和楼宇自控的完整解决方案。KNX在楼宇自控领域具有广泛运用，并提供高度的系统可靠性和灵活性。[5]

LonWorks是一种工业数据总线，也称为LON网络，于1993年问世。采用LonWorks技术和神经元芯片的产品在楼宇自动化、家庭自动化、保安系统、办公设备、交通运输和工业过程控制等领域广泛应用。LonWorks神经元网络技术作为一种现场总线技术，在楼宇自动化系统中得到广泛关注和普遍接受，成为楼宇自动控制领域的通用标准。在楼宇自动化方面，LonWorks技术应用于建筑物监控系统的各个领域，包括人口控制、电梯和能源管理、消防、救生、供暖通风、测量和保安等。[6]

（2）无线传输网络

①LoRa

LoRa（Long Range）是一种长距离低功耗的无线通信技术，它能够在远距离范围内传输数据。LoRaWAN（LoRa Wide Area Network）则是基于LoRa技术的开放标准，用于构建广域物联网（IoT）网络。LoRaWAN允许设备以低功率模式进行通信，使其在长距离内传输数据，并适用于许多物联网应用，如智能城市、农业、环境监测等（图5-8）。

②Sigfox

Sigfox的数据传输技术最适合带宽极低和能源预算高度受限的应用概念，因为发射器是独立的，不依赖电源。它们可靠地传输数据，且维护工作量小。例子包括集装箱跟踪、"智能垃圾桶"或跟踪行李等概念。Sigfox的特别之处在于它是一个完全独立的物联网设备网络。目前，基础设施已在73个国家全面运行，连接超过57亿人口。它是一种开放标准，在sub-GHz频率（868~928MHz之间）上运行，可供任何无线运营商使用。[8]

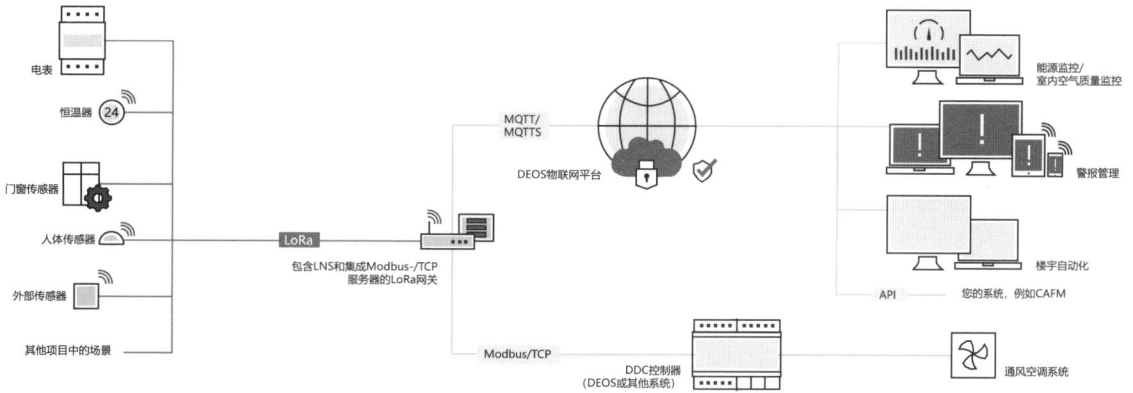

图5-8　LoRa 无线通信技术
（图片来源：参考文献[7]）

③NB-IoT

NB-IoT（Narrowband Internet of Things）是一种低功耗、窄带宽的物联网通信技术，专门设计用于连接大规模物联网设备，如传感器和智能设备。而建筑信息化是利用现代信息技术手段对建筑进行数字化、网络化和智能化管理的过程。NB-IoT技术适用于低功耗和长续航的传感器设备，可以实现在建筑中广泛部署的各种传感器，如温度传感器、湿度传感器、光照传感器等，用于实时监测建筑环境参数。为建筑管理者提供即时决策支持。[9]

④MIoTy

MIoTy是一种新兴的低功率广域网技术，它利用时间冲突技术来提高传输效率，从而支持大规模物联网应用。MIOTY技术允许设备在相同时间窗口内同时传输数据，大大提高了网络的容量和可靠性。它适用于需要大规模设备连接和高容量数据传输的场景，如智能工业、智能能源等。[10]

⑤ZigBee

ZigBee是一种家庭和商业用途的无线标准，由成立于2002年的ZigBee联盟开发。ZigBee的一大特点是其具有自愈和自动路由功能的网状网络拓扑。由于Mesh网络不依赖于任何单个连接；如果一条链路损坏，设备会在网络中搜索以找到另一条可用路线。这使得基于ZigBee的网络更加可靠和灵活。

图5-9将主流的无线传输方式的功耗与传输距离进行了对比。

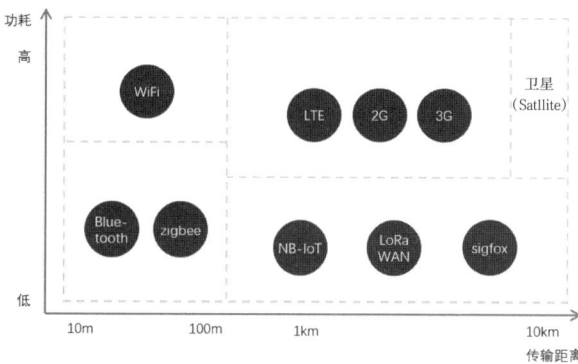

图5-9　主流的无线传输方式功耗与传输距离对比
（图片来源：参考文献[11]）

4）数据传输在建筑中的应用

（1）基于BACnet的智慧建筑

Electrical and Mechanical Services

Department（HKSAR）为香港特区政府的建筑智能化方案，由电气与机械服务部（EMSD）负责管理，旨在集成香港特区政府各个建筑场馆的运营数据，实现智能化管理和能源优化。然而，建筑的多样性和设备状态的差异，导致初期面临一些挑战，如建筑管理系统（BMS）设置的不一致和某些建筑使用专有协议产生的通信问题。

为解决这些问题，政府采用了BACnet作为统一的数据通信协议，确保不同设备能够互相通信和连接到智能管理系统中。通过BACnet的标准化和开放性，EMSD成功建立了综合的建筑管理系统（iBMS），实现了多个建筑之间数据的集成和共享。BACnet允许建筑内的传感器和执行器在一个统一的网络下相互交流，使得各种设备的数据可以被收集、处理和控制。同时，为了确保数据传输的安全性，政府采取了虚拟专用网络（VPN）配置等措施，保障敏感信息的保密性和网络的安全性。

借助BACnet的应用，政府可以实时监控建筑的运行状态，掌握能源消耗情况，并进行优化管理。此外，iBMS还与区域数字控制中心（RDCC）进行数据交换，进一步进行大数据分析和人工智能应用，帮助提高建筑的能效和运行效率。通过BACnet在数据传输中的应用，香港特区政府取得了建筑智能化方面的显著成果，并为未来更多建筑的智能化连接奠定了坚实的基础（图5-10）。

（2）基于无线传感网络的智能建筑应用

马鞍山博物馆位于中国东部安徽省马鞍山市。这里有许多重要的历史景点，包括采石风景区、林散之艺术博物馆、中国古床博物馆以及朱然墓博物馆。该项目受马鞍山市政府委托，主要对博物馆进行传感网络搭建。

文物的保存质量和寿命主要取决于其所处的保存环境，减轻环境因素对文物造成的损害关键在于控制藏品环境的各种因素，例如温度、湿度、光、空气污染物等。让文物尽可能地保存在稳定、干净的环境中。因此，需要传感器实时检测各项数据，并稳定传输数据至控制端。同时，其他类型数据，

图5-10　基于 BACnet的建筑管理系统
（图片来源：参考文献[12]）

图5-11　博物馆室内及文物保存情况
（图片来源：东南大学建筑学院建筑运算与应用研究所Inst. AAA）

例如人流量、火灾等信息，也需要及时传输。

然而，传统博物馆数据检测方案存在以下挑战：

①传统博物馆检测方案成本高昂。传统方案通过记录仪和模拟温湿度传感器收集和管理数据，而这需要大量人力资源，显著增加维护成本。

②传统解决方案的安装将对展馆造成影响。大型设备的安装将对文物保管产生影响，大量藏品需要移走并存放在适当的临时环境中，否则它们很可能会被损坏。

③数据传输功耗大或距离短。传统无线数据传输无法兼顾传输距离与功耗。传输距离覆盖整个博物馆，需要较大功率，由此需要有线供电或频繁更换电池。

基于以上原因，博物馆采用LoRa作为数据传输方式，其能够以较小的功耗，实现较远距离传输，实现博物馆检测范围覆盖（图5-11）。同时，由于其无线的特性，设备体积小，安装便捷，无须对场馆进行大幅改动。最后，基于LoRa的博物馆环境监控系统可远程监控和管理所有环境监测设备，随时随地查看监控数据。这些数据以多种形式呈现，一旦监测到的实时数据超过上限或下限，平台会及时通过电话或邮件的方式向工作人员发送报警信息，从而降低管理成本，提高管理效率。

5）数据传输的挑战

数据传输对提升建筑运营效率、优化资源利用，增强用户体验和舒适性有着至关重要的作用。建筑信息系统的数据传输在发展的同时，诸多的矛盾也随之而来，例如在硬件方面，带宽和速度、兼容性和互操作性、能耗和可靠性以及安全性和隐私保护等问题。随着数据量的不断增加，传统网络基础设施可能无法满足高速数据传输的需求，从而产生一系列的问题。同时，传感器和设备的能耗和电池寿命问题，可能影响数据传输的可靠性和稳定性。另一方面，在建筑信息系统的不断发展过程中，由于建筑信息系统涉及众多不同厂家和设备，保证设备的兼容性和互操作性始终是一个复杂的问题。从社会的角度来看，建筑信息系统中的数据传输涉及大量敏感信息，因此必须保障数据传输的安全性和隐私保护。设计师与开发者需要始终关注并解决发展中的这些问题，建筑信息系统才能真正提升建筑运营效率和用户体验、推动建筑朝着智能化发展。

在未来，建筑信息中的数据传输有以下几个发展方向：首先，随着建筑信息化的应用和数据量的持续增加，高速传输是未来建筑信息化数据传输的必然趋势，因此数据传输技术将朝着更高速和更稳定的方向发展。其次，随着数据传输需求的增加，低功耗通信将会是一个重要的发展方向，从而降低能耗成本，并提高系统的可靠性。同时，未来建筑信息化数据传输将会涵盖多种传输方式，适用于对数据传输稳定性有较高要求的场景和需要移动性和灵活性的应用场景。此外，建筑信息化数据传输将逐渐迁移向云端和边缘计算平台，云计算可以提供强大的数据存储和处理能力，而边缘计算可以实现数据的快速处理和响应，从而实现更高效的数据传输和分析。最后，随着建筑信息化应用的规模不断增加，未来的数据传输技术会加强数据加密、身份认证和访问控制等安全措施，从而保障数据传输的安全性和隐私保护。

通过数据传输技术的持续创新和优化，建筑信息系统将实现更精准的数据采集和分析，同时，数据传输技术的发展也将带动建筑信息系统的普及和推广。

5.2.3　交互反馈

1）交互反馈的概念

交互反馈是建筑交互设计的核心要素之一，它让建筑物能够根据数据收集和分析，向人类提供有用的信息和反馈，从而实现沟通和协作的目的。交互反馈的重要性体现在以下三个方面：提高建筑物的性能和效率、增强建筑物的功能和灵活性、促进建筑物的创新和美感。

交互反馈也是数据交互中的一个重要环节，在这个环节中，平台将设备收集到的各种数据（如温度、湿度、光照、声音、人流等）进行处理和分析，并根据预设的规则和算法，对建筑进行相应的调节和控制（图5-12）。

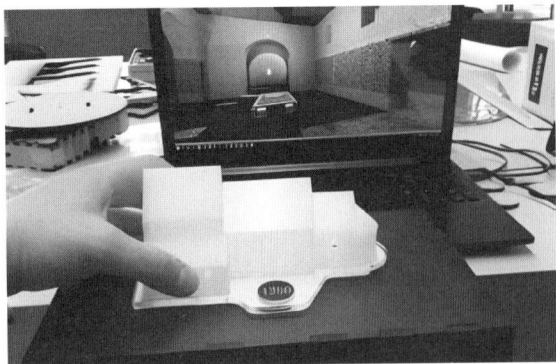

图5-12　虚拟现实技术与遗产保护
（图片来源：参考文献[13]）

如利用屏幕、灯光等，根据数据分析结果，改变建筑的功能、氛围、信息等，以满足不同的目标和用户；利用声音、触觉等，根据数据分析结果，改变建筑对用户的反馈方式和强度，以增强用户的体验和参与感等。交互反馈是一种动态的过程，它需要不断地收集、处理、分析、反馈数据，并根据实际情况进行调整和优化。交互反馈也是一种创造性的过程，它需要考虑到建筑设计的目标、用户的需求、环境的变化等多方面因素，并结合艺术和科技的手段，创造出有意义和有价值的交互效果。

2）交互反馈的形式及实现技术

（1）空间

空间是指人类活动所处的物理环境，包括自然空间和人造空间。空间交互反馈是指通过各种传感器和设备，收集空间中的位置、形态、属性等信息，并将其以可视化或其他形式呈现给用户，利用数字技术和人机交互的手段，将建筑空间从静态的、固定的、单一的形式转变为动态的、可变的、多样的形式，从而实现建筑空间与使用者之间的双向沟通和互动。

The Shed是一个建成的创新型文化中心，它可以根据不同的艺术活动和需求来变换空间（图5-13）。它的主体建筑有8层，包括画廊、剧院、排练室和活动空间。其最大特点是可伸缩外壳，它可以从主体建筑上方滑出，形成一个巨大的多功能场地——The McCourt。外壳由钢架和半透明的ETFE材料构成，可以控制光照、声音和温度。而空间的改变则是通过使用传统建筑系统的固定结构和采用龙门起重机技术激活外壳，使外壳在轨道上运行滑动至旁边的广场。

达芬奇旋转塔是一座由意大利建筑师戴维·菲舍尔设计的创新性的摩天大楼，它的每一层都能独立旋转，且每一层都有一个电动马达，可以控制楼层的旋转速度和方式，同时每一层也可以通过声控系统设置旋转模式来达到自由选择旋转或停止（图5-14）。这样，住户就能根据自己的喜好和需求，改变自己的视野和空间感，从而实现空间的变换。为了实现这样的空间变换，达芬奇旋转楼使用了一些先进的技术。例如，在交互反馈流程中，它使用了传感器和无线通信技术，来监测和传输每一层的旋转角度、速度、方向等信息。这些信息可以用于调节电动马达的工作状态，保证旋转的平稳和安全。

图5-13 The Shed文化中心

（图片来源：Baldwin, Eric. "Se inaugura The Shed de Diller Scofidio + Renfro en Nueva York".）

图5-14 达芬奇旋转塔

（图片来源：https://www.reddit.com/r/woahdude/comments/ayicxa/this_dynamic_tower_by_david_fisher_dubai_2020/? rdt=43592）

（2）内环境

内环境是指建筑物内部的空气质量、温度、湿度、光照、声音等环境因素，它们直接影响人们的舒适度和健康。在建筑交互中，通过内环境进行的交互反馈是指通过改变室内的温度、湿度、光照、声音、气味等环境因素，来响应人们的行为或需求，从而提高人们的舒适度和满意度的一种交互方式。

Diller Scofidio + Renfro建筑事务所在为2002年瑞士汉诺威世博会设计的"朦胧之屋"（Blur Building），它是一个由水雾构成的互动建筑，它利用湖水和高压喷嘴来创造一个模糊的氛围，以此消除视觉和听觉的参照物（图5-15）。

在这个案例中，交互反馈通过三种方式实现：

①利用感测系统来读取环境的温度、湿度、风速和风向，并根据这些数据来调节水压和水雾的密度，从而维持建筑的形态。这是一种基于环境数据的反馈，让建筑能够自适应地响应气候的变化；

②利用传感器来捕捉参观者的声音和动作，并将其转化为数字信号。然后根据预设的规则和参数，向参观者提供相应的声音和光线效果。这是一种基于人体数据的反馈，让参观者能够感受到自己与建筑的相互作用和影响；

③利用传感器来监测参观者之间的距离和动作，并将其与预设的模型进行匹配。然后通过LED灯的颜色变化，向参观者提供实时或历史的集群性关系。

这种基于体感数据的反馈，影响参观者的听觉与视觉感觉，从而使其能够感受到自己与其他参观者或远程对象的亲密或疏远的关系。

而在东南大学本科毕业设计一种利用镜面反射的多模态光伏节能建筑表皮系统中，则体现了温度、光照对建筑表皮运动反馈的影响（图5-16）。设计者利用计算机中建立的三维虚拟模型，对表皮系统的运动方式、范围、材质属性等进行了定义，并指定了太阳信息、计算精度、计算范围等信息。通过光线追踪的方法，从与太阳方向相同的方向向目标物体发射若干射线，记

图5-15 "朦胧之屋"（Blur Building）
（图片来源：https://dsrny.com/project/blur-building）

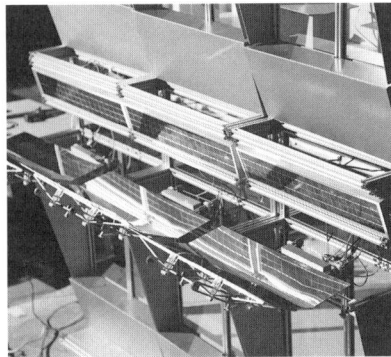

图5-16 光伏节能建筑表皮实体模型
（图片来源：东南大学建筑学院建筑运算与
应用研究所 Inst. AAA）

录能够照到太阳能板的射线的比例，进而计算出光伏板能够接收的光线总能量。为了优化表皮系统的运动效果，项目采用了逐级增加精度的方式，对不同的运动模式进行结果计算，最终挑选出最优变量与最优值。

在交互反馈的流程中，项目采用了Arduino及其系列开发板作为互动控制系统，每个运动单元由一块Arduino Nano开发板和两块A4988驱动板组成。其中，一块驱动板控制垂直电机，另一块驱动板控制指节根部的两个电机。为了防止电机丢步导致的不同步问题，每个电机上都装有复位器，当滑台与复位器碰撞时，电机位置自动归零。同时主板也可以与外部服务器、从系统、传感器等进行通信，获取用户指令信息、上传监测数据、从互联网获取信息、发送指令信息、获取从系统状态、控制从系统开关等。而反馈装置则通过电机驱动变换位置和角度，从而改变手指型自适应反光叶片，实现对太阳光的反射和分配。由此实现了与环境实时互动、智能化、提升建筑光伏板单位面积发电效率、与建筑内功能需求相结合等创新点与优势。

（3）新媒体

新媒体是指基于数字技术和网络技术的新型媒介形式，它可以包括视频、音频、图像、文字等多种表现形式。通过新媒体进行的交互反馈是指将数据转换为可视化或可听化的信息，利用新媒体技术进行呈现，从而产生互动效果，而所形成的虚体空间则成为一种新的交互载体，展现出一种新的信息共生关系。

成都太古里裸眼3D屏是一块利用视觉位移原理，实现立体效果的大型显示屏（图5-17）。它位于成都太古里商圈的盈嘉广场，总面积达888m^2，由三块LED屏幕组合而成，其中一块是下折角屏，采用曲面平滑技术，以达到无缝衔接的裸眼3D效果，成为百看不厌的"商业之窗"。这样的新型互动关系既展示了新媒体的创新能力和技术水平也提升了城市的形象和品牌价值；增强了人与人、人与空间、人与媒体之间的互动性和趣味性的同时，也丰富了城市文化和公共艺术。

在数字屏幕方面，互动屏幕在建筑领域的应用越来越广泛，有些作为建筑的表皮或装饰，有些作为建筑的功能或内容，有些作为建筑的媒介或载体。如上海中福会青少年宫天象馆、天津海洋馆蓝色家园展厅等，通过环幕投影、墙面互动投影、触摸查询屏等技术，为用户提供了多媒体互动的展示和体验。而迪拜水上剧院、上海迪士尼城堡等也利用全息影像与游客进行互动。

近年来，虚拟现实技术也更加广泛地利用在建筑设计领域。如位于俄罗斯圣彼得的由AMD

图5-17 成都太古里裸眼 3D 屏
（图片来源：https://www.cdstm.cn/gallery/myksj/202208/t20220815_1072657.html）

图5-18　VR Pavilion
（图片来源："VR Pavilion / AMD" 16 Jul 2019. ArchDaily. Accessed 22 May 2024.）

设计的"VR Pavilion"互动建筑项目（图5-18）。这个项目的设计灵感来源于生物学中的皱褶现象，即生物体为了适应环境而改变自身形态的能力。建筑师试图探索一种新型的建筑设计方法，即通过软件编程和硬件控制，使建筑能够根据用户的心理状态和情感需求而变化，从而达到一种更加亲密和谐的人居环境。

这个项目的主要组成部分有三个：①一个由气动软管和气泵组成的可充气结构，它可以根据用户的脑电波信号而膨胀或收缩，形成不同的空间形态；②一个由VR眼镜和脑电波传感器组成的头戴设备，它可以让用户进入一个虚拟的空间，并通过捕捉用户的大脑活动来控制实体空间的变化；③一个由电脑和投影仪组成的显示系统，它可以将用户的脑电波信号和空间变化以图形化的方式呈现出来，让用户更加直观地感受自己对空间的影响。

5.3 环境交互中的智能控制

环境交互，顾名思义，即人与环境相互交流，这就要求建筑环境不仅仅是一个承载人们日常生活的空间，更要求建筑环境像一个智能体一样，能够随着人在环境中行为的变化被动或主动改变自身的条件，好比环境自己雇了一个"全职管家"，无时无刻不在观察它所服务的人的状态和行为，并及时让自己做出最贴心的反应或是调整。

建筑环境交互应用已比较广泛，以往已有很多环境交互的案例，如通过红外传感器、超声波传感器等接收到的信息，经过简单的逻辑判断使建筑立面或建筑装置等对人们一些简单的行为做出相应的反应，比如对人的靠近、挥手、叫喊声等做出开灯、打开窗户等反应，但这些交互仅仅浮于表面，且误判和不灵敏的现象时有发生，远远达不到"全职管家"的水平。

环境要想充分与使用者进行交互，精确识别使用者状态的能力不可或缺，这里的状态可以是使用者的行为，比如工作、休憩、刷牙、做饭，也可以是使用者的心情、动作等。模式识别算法的应用，赋予了建筑环境一双智能的双眼，使环境有了主动识别人的行为、动作和意图的可能性（图5-19），其可以应用于许多方面，包括智能家居系统、自动化控制、安全监控和人机界面设计等。

图5-19　道路要素识别
（图片来源：参考文献[14]）

5.3.1　模式识别基本概念

模式识别是一种通过计算机算法和技术，识别和理解数据中的模式和规律的过程，其研究如何让机器观察周围环境，学会从背景中识别感兴趣的模式，并对该模式的类属作出准确合理的判断。

它可以应用于各种领域，如计算机视觉、语音识别、自然语言处理等。其基本概念包括：

（1）特征提取：在模式识别中，数据通常以特征的形式表示。特征是从原始数据中提取出来的关键信息，用于描述和表示模式。特征提取的目标是选择最具代表性的特征，以便在后续的模式匹配和分类中发挥作用。

（2）模式匹配：模式匹配是指将已知的模式与未知的数据进行比较和匹配的过程。通过比较数据的特征和已知模式的特征，可以确定它们之间的相似度或匹配程度。模式匹配可以使用各种算法和技术，如统计方法、机器学习和人工神经网络等。

（3）分类和识别：分类是指根据已知的模式和标签，将未知的数据分为不同的类别。识别是指确定未知数据的身份或类别。分类和识别是模式识别的核心任务之一，它们可以通过训练模型和使用分类器来实现。

（4）监督学习和无监督学习：监督学习是一种基于有标签样本的学习方法，其中训练数据包含输入数据和对应的预期输出标签。无监督学习是一种无须标签的学习方法，它主要通过发现数据中的内在结构和模式来进行模式识别。

1）模式识别的基础流程

模式识别的基础流程可以概括为数据获取、数据处理、特征提取和选择以及模型建构和训练。这一流程在各类应用中具有广泛的适用性，涵盖了从图像识别到自然语言处理等多个领域。

（1）数据获取

模式识别的第一步是数据获取。数据可以来自多种来源，包括图像、文本、声音等不同类型的信息。数据的质量和数量直接影响模式识别的效果，因此获取高质量、丰富的数据是至关重要的。数据获取的方式可以通过传感器、网络爬虫、数据库查询等多种手段。

（2）数据处理

收集到的原始数据通常包含噪声和冗余信息，因此需要进行预处理。数据处理的步骤包括数据清洗、去噪、归一化等操作。数据清洗旨在去除错误和不完整的数据，去噪则是为了消除数据中的随机噪声，归一化则将数据缩放到一个标准范围内，以便于后续处理。这些步骤能够显著提高模式识别算法的准确性和鲁棒性①。

（3）特征提取和选择

特征提取是从原始数据中提取出能够描述数据的重要属性。特征可以是数字、向量或其他形式的表示，好的特征应该具有高区分度，能够有效地区分不同的模式。常用的特征提取方法包括主成分分析（PCA）、线性判别分析（LDA）、卷积神经网络（CNN）等。在特征提取后，可能会得到大量的特征。为了降低计算复杂性和提高模型性能，需要进行特征选择，选择最相关和最有用的特征。特征选择的方法包括过滤法、包裹法和嵌入法等。

（4）模型建构和训练

在完成数据处理和特征提取后，下一步是模型建构和训练。选择适当的模型或算法来构建模式识别模型非常重要。常用的模型包括统计模型（如高斯混合模型）、机器学习模型（如支持向量机、决策树、随机森林等）和深度学习模型（如卷积神经网络、循环神经网络等）。在训练模型的过程中，需要使用已标记的数据对模型进行训练。训练的目标是通过调整模型的参数，使其能够准确地识别和分类不同的模式。

（5）模型评估

对训练好的模型进行评估是必不可少的步骤。评估能够告诉我们模型的效果如何以及是否需要做出改动并再次进行训练。常用的评估指标包括准确率、召回率、F1分数等。通过交叉验证和测试集评估，可以全面了解模型的性能和泛化能力。

2）模式识别的常用算法

模式识别是一种广泛应用于各个领域的技术，其基本方法包括统计方法、机器学习方法、深度学习方法、模式匹配方法、聚类方法和降维方法。

---

① 鲁棒性（Robustness），是指系统或算法在面对不确定性、扰动或变化时，仍然能够保持其功能、稳定性和有效性的能力。

（1）统计方法

统计方法是一种利用统计学原理和方法来分析和识别模式的方法。通过对数据的统计特征进行分析，可以推断出模式的概率分布和参数估计。常见的统计方法包括最大似然估计、贝叶斯分类器等。

（2）机器学习方法

机器学习方法是一种通过使用算法和模型，让计算机从数据中学习并进行模式识别的方法。机器学习方法可以根据已有的数据集进行训练，从而得到一个模型，然后使用该模型对新的数据进行分类或预测。常见的机器学习方法包括支持向量机（SVM）、决策树、随机森林、K近邻算法等。

（3）深度学习方法

深度学习方法是一种特殊的机器学习方法，通过构建深层神经网络模型来进行模式识别。深度学习方法在图像识别、语音识别等领域取得了很大的成功。常见的深度学习方法包括卷积神经网络（CNN）、循环神经网络（RNN）等。

（4）模式匹配方法

模式匹配方法是一种基于已知模式和特征，通过比较和匹配来识别未知模式的方法。模式匹配方法可以通过比较样本与已知模式之间的相似性来进行识别。常见的模式匹配方法包括字符串匹配、模板匹配等。

（5）聚类方法

聚类方法是一种将数据集中的样本按照相似性进行分组，形成不同的类别，以实现模式识别的方法。聚类方法可以帮助发现数据中的内在结构和模式。常见的聚类方法包括K均值聚类、层次聚类等。

（6）降维方法

降维方法是一种通过减少数据的维度，提取出最重要的特征，以便更好地进行模式识别的方法。降维方法可以帮助减少数据的复杂性和计算量，并提高模式识别的效果。常见的降维方法包括主成分分析（PCA）、线性判别分析（LDA）等。

这些方法可以单独使用，也可以结合使用，根据具体问题和数据类型选择合适的方法进行模式识别。每种方法都有其适用的场景和优势，选择合适的方法可以提高模式识别的准确性和效率。

5.3.2 环境交互中的模式识别

模式识别算法可以分析和解释建筑环境中的各种数据，如图像、声音、运动和传感器数据。通过分析这些数据，算法可以识别人的位置、姿势、面部表情、手势和语音指令等信息。这使得建筑环境能够根据人的需求和意图作出相应的反应和调整。

在智能家居系统中，模式识别算法可以帮助识别家庭成员的身份和行为模式，从而自动调节照明、温度和音响等设备。此外，它还可以通过识别异常行为来提供安全监控，例如检测入侵者或火灾。

对于自动化控制，模式识别算法可以分析建筑环境中的能源消耗和使用模式，从而优化能源管理和节约资源。它还可以根据人的行为和习惯，自动调节设备的运行和功能。

此外，在人机界面设计中，模式识别算法可以实现自然而直观的交互方式，如手势识别和语音识别。这使得用户可以更方便地与建筑环境进行交互，无须复杂的控制设备或界面。

1）表情识别

人脸表情识别技术（Facial expression recognition，FER）是模式识别领域中的一个重要研究方向，它致力于识别和解释人类面部表情所传达的情感和情绪状态。表情识别的发展背景可以追溯到心理学和神经科学领域的研究，人们早期认识到面部表情是人类情感交流的重要组成部分。随着计算机视觉和机器学习技术的发展，表情识别逐渐成为一项具有实际应用价值的研究领域。

在建筑环境交互中，表情识别的作用主要体现在以下几个方面：

（1）情感识别：通过分析人脸表情，可以识别出人的情感状态，如喜怒哀乐、惊讶等。这对于情感计算、情感智能交互以及心理健康等领域具有重要意义。

（2）人机交互：通过识别用户的面部表情，计算机可以更好地理解用户的意图和情感需求，从而提供更加智能和个性化的交互体验。例如，智能助理可以根据用户的表情调整回答的语气和内容。

随着深度学习的广泛应用，人脸表情识别也进一步发展。深度学习本身就是一种机器学习方法，通过构建深层神经网络模型来实现高级的模式识别和特征提取。在人脸表情识别中，深度学习可以帮助我们从人脸图像中提取丰富的特征，并将其与特定的表情状态相匹配。通过训练深度神经网络模型，我们可以使其具备对不同表情状态的识别能力。

CNN是基于深度学习的人脸表情识别常用的方法，它能够通过卷积层、池化层和全连接层等结构来提取图像特征，并用于人脸表情识别。CNN模型在处理图像数据方面表现出色，能够自动学习和提取人脸表情的相关特征，其对于静态图像的人脸表情识别效果较好（图5-20）。然而，人的表情具有时间维度，它可能无法捕捉到

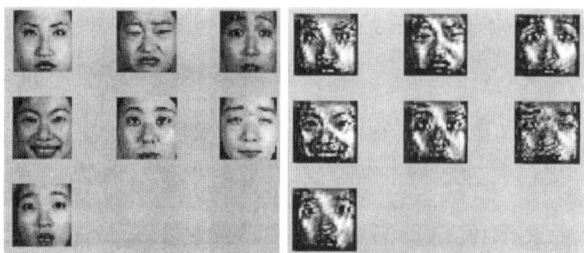

图5-20 表情原图与反卷积重构图
（图片来源：参考文献[16]）

时间序列中的动态表情变化。

长短期记忆网络（Long Short-Term Memory，LSTM）是一种递归神经网络，常用于处理序列数据。在人脸表情识别中，LSTM可以用于建模和预测时间序列中的表情变化。它能够捕捉到表情的时序信息，对于连续的表情变化有较好的处理能力。然而，LSTM模型对于静态图像的表情识别效果可能不如CNN模型。

也有很多团队通过改进训练模型的架构，达到了更精准的表情识别度。如谷歌团队基于CNN提出的GoogLeNet模型，将ImageNet数据集上的Top-5错误率降到了4.8%。[15]

深度学习在人脸表情识别的精准度方面表现良好，但具体的精准度取决于数据集的质量、模型的训练方式以及应用场景的要求。不同模型在不同数据集和场景下的表现可能有所差异。

2）场景识别

场景识别是建筑环境交互模式识别中的一个重要研究方向，其目的是对于给定图像中的环境内容、目标与布局等信息，推断图像所表示的场景。该研究希望计算机可以模拟出人类视觉的认知与感知，获取某种图像的全局或局部共性，进而完成对场景图像的分类或标注。

随着计算机处理能力的提升和算法的不断改进，场景识别在建筑环境中的应用变得更加可行和有效。建筑环境中存在大量的场景和元素，如办公室、客厅、厨房、卫生间等。传统的人工方法往往需要大量的时间和人力成本，而场景识别技术可以自动化地完成这些任务，提高工作效率。

建筑环境模式识别中的场景识别可以帮助我们更好地理解和分析建筑环境。通过识别不同的场景，我们可以获取关于建筑用途、功能和布局等方面的信息，为建筑设计、规划和管理提供依据。场景识别还可以应用于建筑环境监控和安全管理。通过实时识别场景，系统可以及时发现异常情况，如火灾、闯入等，提高建筑的安全性和管理效率。

在以人为主导的环境交互应用场景下，场景识别能够为建筑空间和室内家具赋能，通过识别当前空间中的场景，如聚会、办公、就餐等，智能系统能够根据当前场景所需要的环境要求自动调节如照明、温度等环境因素，进而提供更加舒适和智能化的居住和工作环境。

CNN也是最早用于场景识别的神经网络模型，然而传统的CNN模型只能处理图片和视频等排列整齐的欧式空间的数据，而物体之间的关系更多存在于非欧式空间中，因此传统的CNN模型对于表示物体之间的关系存在缺陷。[17]

图神经网络（Graph Neural Networks，GNN）是一种用于处理图数据的深度学习模型，近年来在场景识别中得到了广泛应用。场景识别中的图数据

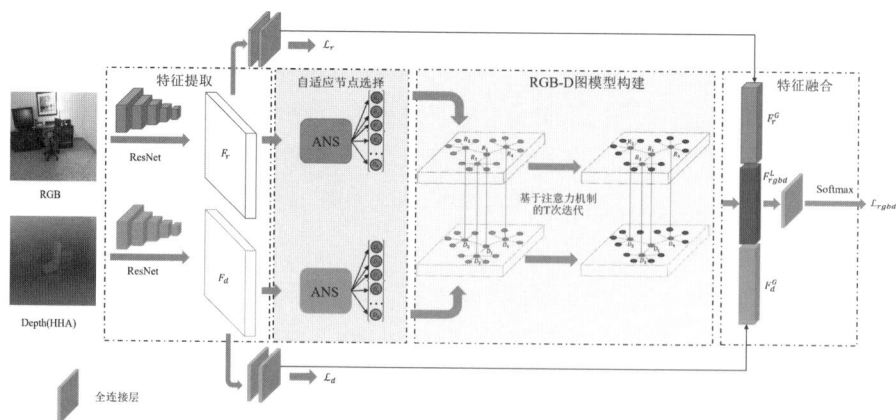

图5-21 基于视觉 Transformer的三维场景识别框架
（图片来源：参考文献[18]）

可以是表示场景中物体、关系和属性的图结构。将场景图作为输入，GNN可以学习图中节点和边的特征，并通过聚合和传递信息的方式，对整个图进行分类。这种方法可以充分利用场景中物体之间的关系和上下文信息，提高场景分类的准确性。GNN也可以学习场景中物体之间的关系，并进行关系建模。通过对图中的节点和边进行特征提取和传递，GNN可以捕捉物体之间的空间关系、语义关系等，从而提高场景识别的性能。

注意力机制模型（Attention Mechanism）可以帮助模型在处理图像或序列数据时，更加关注重要的部分。其核心是自注意力机制。自注意力机制可以获得特征之间的长期依赖，这意味着Transformer不像卷积操作具有固定以及受限的感受。相比于传统CNN模型，Transformer可以进一步建模特征之间的关系，进而可以提高模型对关键场景或目标的识别准确性（图5-21）。

这些模型常常会结合在一起使用，形成更复杂的网络架构，以实现更高级的场景识别任务。同时，也会根据具体的场景和需求，选择单个合适的模型进行使用和调整。

3）行为模式识别

行为模式识别是一种通过分析理解人类行为的方法。它涉及识别和理解人们的动作、姿势、表情、语言和其他非语言信号，以揭示他们的意图、情感和行为模式。人行为模式识别的目标是通过观察和分析人类行为来获取有关个体或群体的信息。这种识别可以应用于各种领域，包括社会科学、心理学、人机交互、安全监控和市场研究等。

在建筑环境交互的应用场景中，我们往往需要建筑环境能够对正在使用该环境的使用者的不同行为作出相应的反应，如休憩时自动调低室内灯光亮度、拉上窗帘；又如做饭时打开对应的窗户和换气装置做到保持室内空气环境稳定的效果。这一切的前提条件，都需要让建筑环境通过获取到的多源信息，准确识别出使用者的当前行为。

（1）室内人行为模式识别途径

①基于图片或视频的行为模式识别

该类方法数据来源主要来自室内摄像头采集到的RGB图片或视频数据和对应的深度数据。[19]通过分析室内监控摄像头拍摄的视频，可以提取人的姿态、行为轨迹、动作等信息，从而识别人的行为模式。该方法常常与深度学习神经网络相结合，利用深度神经网络来自动提取相关特征，进而学习和识别人的行为模式。其具有精度高的优点，但对环境亮度、复杂度等要求较高，摄像头采集的范围也有限，无法持续对个体进行长时间的行为追踪，同时室内摄像头本身也具有不可避免的隐私侵犯问题。

②基于传感器的行为模式识别

使用各种传感器（如红外传感器、压力传感器、声音传感器、加速度传感器等）来捕捉人的行为模式。通过分析传感器数据的变化，可以识别人的位置、动作和活动（图5-22）。传感器可以被放置在环境中进行无感知的数据采集，具有低侵入性的特点。如通过Wi-Fi探针采集一定区域内人的行为轨迹，或者通过惯性传感器对人的活动加速度情况进行实时采集。另外基于传感器的数据采集具有低延迟的特点，其数据本身信息量不大，在数据收集后能够迅速进行模式识别和分析，从而即时检测和响应特定的行为模式，如摔倒检测等。另外，传感器的多样使得不同类型的传感器可以被共同使用，例如运动传感器、声音传感器、温度传感器等，从而捕捉多个维度的行为信息，进而精确度也有相当程度的保证。但其仍然存在如传感器可能出现故障或误差，精确度受到传感器收集到的数据的丰富性以及环境时序的影响，其采集到的数据本身也可能包含个人隐私。

（2）行为模式识别模型

隐马尔可夫模型（Hidden Markov Model，HMM）常被用于语音识别、手写识别等领域，其适用于建模具有隐藏状态的序列数据，并且可以通过观测到的数据来推断隐藏状态。[21]在人体动作识别中，也具有一定的应用场景，HMM可以对人体动作进行建模，将动作序列映射到隐藏的动作状态，从而实现动作识别和行为分析。

基于图像的人行为模式识别常用深度神经网络进行特征的提取与模式的分类识别，常见的比如使用卷积神经网络（CNN）或循环神经网络（RNN）等模型。CNN在

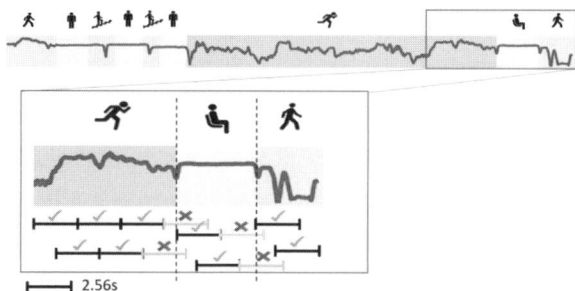

图5-22 加速度传感器判断人行为模式
（图片来源：参考文献[20]）

2.56s

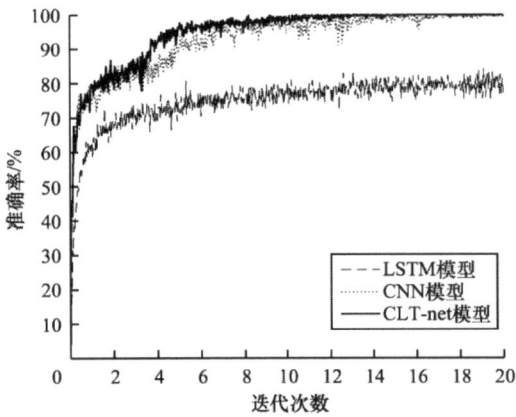

图5-23　训练过程中 LSTM、CNN 和CLT-net模型准确率对比
（图片来源：参考文献[23]）

人行为模式识别中具有强大的特征提取能力和空间时间信息的考虑，但也存在对数据需求量大、训练时间长和可解释性较差等缺点。

对于时序数据的处理能够极大提高基于图像的人行为模式的识别精确度。自此RNN的优势便得以展现。RNN与CNN相比具有记忆功能，能够处理序列数据，适用于对时间相关性较强的行为模式识别任务。但RNN在处理长序列时，容易出现梯度消失或梯度爆炸的问题，导致训练模型较为困难，另外RNN对于长期依赖关系的建模能力有限，难以捕捉长期记忆的模式，同时其计算复杂度较高，导致模型训练时间较长。

LSTM网络是RNN网络的改进，其核心部分是序列输入层和LSTM层，序列输入层可以将序列或时间序列数据输入网络，LSTM层可以学习序列数据时间步长之间的长期依赖关系，很好地解决RNN梯度消失问题。[22] LSTM不仅可以用于处理视频，也能够用于处理传感器信息，如惯性传感器采集到的人体行为数据本身可以看作是时间序列信号，有学者将CNN与LSTM的架构进行融合提出CLT-net，获得更高的识别精度（图5-23）。

4）模式预测

模式识别在建筑环境中的应用赋予了建筑环境观察和响应的能力，使得建筑环境能够根据使用者的行为进行自适应调整。然而，交互是一个双向的过程，传统的模式识别方法在一定程度上只能让建筑环境被动地根据用户行为发生改变。为了进一步提升用户体验，我们需要建立更加智能、个性化的建筑环境交互系统，使其能够主动预测用户的行为并提前作出相应的准备。

建筑环境主动的行为预测功能对于实现智能化的建筑环境交互至关重要。通过行为模式预测，建筑环境交互系统可以更好地理解和适应用户的需求。系统可以通过分析用户的行为模式和习惯，预测用户接下来可能要进行的活动，并提前作出相应的调整和准备。例如，在一个智能办公楼中，系统可以根据预测的行为模式，自动调节灯光和温度，提前准备好所需的会议设备，甚至根据用户的喜好推荐合适的工作区域。

行为模式预测的实现需要借助于机器学习和数据分析等技术。通过收集和分析大量的用户行为数据，建筑环境交互系统可以建立起对用户行为的模型和预测能力。这些模型可以基于统计学原理、机器学习算法或深度学习模型进行构建，以实现对用户行为的准确预测。

行为模式预测的应用可以带来许多优势。首先，它可以提供更加智能、个性化的建筑环境体验，满足用户的个性化需求。其次，它可以提高建筑环境的效率和可持续性，通过合理调节资源的使用和分配，减少能源的浪费和环境的负荷。最重要的是，行为模式预测可以使建筑环境交互系统更加贴近用户，提供更加贴心和便捷的服务，增强用户对建筑环境的满意度和舒适感。

与人工进行预测时需要先观察以前的信息一样，建筑环境进行预测也需要先获得一段时间的行为数据，这种按照时间维度生成的一组或多组随机变量被称作时间序列。[24]时间序列分析是一种重要的数据分析方法，用于研究随时间变化的趋势、周期性模式和其他相关模式。

时间序列的数据可以是连续的，例如每天、每月或每年的数据，也可以是间断的，例如每小时或每分钟的数据。这些数据点可以是数值型的，如股票价格、销售量或温度，也可以是分类的，如天气状况或产品类别。

时间序列分析的目标是揭示数据中的模式、趋势和周期性。通过分析时间序列数据，我们可以识别出长期趋势、季节性变化、周期性波动以及随机噪声，这有助于我们理解数据背后的规律和影响因素（图5-24）。

在建筑交互系统中，时间序列模型被广泛应用于预测和分析建筑物的能耗、温度、湿度等动态数据。常用的时间序列模型包括自回归移动平均模型（ARMA）、自回归积分滑动平均模型（ARIMA）和季节性自回归积分滑动平均模型（SARIMA）。ARMA模型结合了自回归和移动平均的特性，适用于平稳时间序列数据，能够有效捕捉数据的趋势和周期性变化。ARIMA模型则是ARMA模型的扩展，通过引入差分操作，适用于非平稳时间序列数据。SARIMA模型进一步扩展ARIMA模型，能够处理具有季节性变化的时间序列数据，在能耗和温度预测中表现出色。

此外，指数平滑模型也是一种常用的时间序列模型，适用于短期预测。常见的指数平滑模型包括简单指数平滑模型（SES）、双指数平滑模型（DES）和三指数平滑模型（TES），这些模型通过对历史数据进行加权平均，能够在能耗和环境参数的短期预测中表现良好。长短期记忆网络（LSTM）是一种深度学习模型，特别适用于处理和预测长时间依赖的时间序列数据。LSTM通过引入记忆单元和门控机制，能够捕捉时间序列数据中的长期依赖关系，在建筑交互系统中用于能耗趋势预测和环境控制优化。[25]

Prophet模型和贝叶斯结构时间

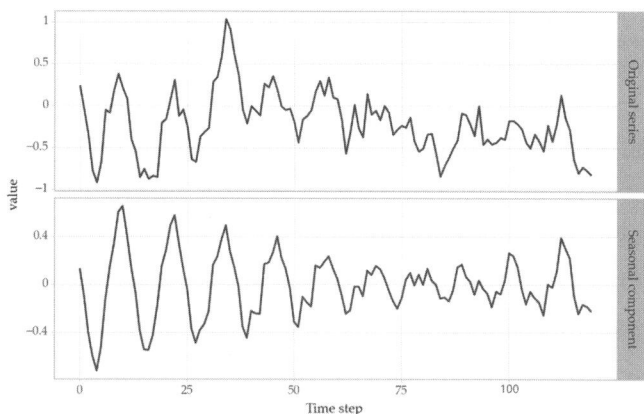

图5-24 一组时间序列样本
（图片来源：东南大学建筑学院建筑运算与应用研究所Inst. AAA）

序列（BSTS）模型也是建筑交互系统中常用的时间序列模型。Prophet模型由Facebook开发，适用于具有明显趋势和季节性变化的数据，能够处理缺失数据和异常值，且易于调整和解释。BSTS模型结合了贝叶斯统计和结构时间序列模型的优点，能够处理复杂的时间序列数据，适用于能耗预测和异常检测。通过贝叶斯推断方法，BSTS模型能够提供预测的不确定性估计。

这些时间序列模型在建筑交互系统中具有广泛的应用，可以帮助实现智能化的环境控制、能耗管理和用户行为预测。选择合适的时间序列模型需要根据具体的数据特征和预测目标进行调整和优化，以提供更加精准和高效的服务。

5.4.1　互动装置

1）互动装置的发展背景

互动的概念起源于人机互动技术（Human-Computer Interaction，HCI），旨在改进人与计算机之间的信息交流方式，它可以提供互动体验、增强用户参与感，并为建筑环境创造更多的功能和价值。[26]

近年来，随着信息技术的快速发展，数字感知的途径得到了提升，数据种类、数据颗粒度和数据处理性能都有了显著的改进，使得互动技术的应用场景进一步扩展。计算能力的提高、触控技术的突破、移动设备的普及、虚拟现实和增强现实技术的兴起以及社交媒体和互联网的普及，都是互动装置蓬勃发展的关键因素。移动设备的便携性和多功能性为人们带来了全新的互动体验，推动了互动装置的快速发展。虚拟现实和增强现实技术的兴起也为互动装置的演进做出了重要贡献。[27]

互动装置的发展也得益于人们对建筑环境个性化和用户体验的追求。传统的建筑往往是静态的，缺乏与用户之间的互动性。而互动装置的出现，使建筑环境变得更加生动活泼，能够根据用户的需求和喜好进行自适应调整。

2）互动装置的概念和原理

互动装置（Interactive Installation）指通过赋予建筑构件、元素以互动的功能来提供新的服务，营造新的空间体验或提高建筑性能。在建筑表皮、空间、结构、媒体中都有应用的案例。互动装置能够让用户主动接触并参与双向交流或互动的电子设备或系统。这些设备旨在对用户的输入做出响应，使用户能够控制和操纵其功能、获得反馈并接收实时响应。

互动装置通过接收用户的输入信号，如触摸、手势、语音或其他感应器捕捉的信号，来理解用户的意图并产生相关的反馈。借助系统结构设计

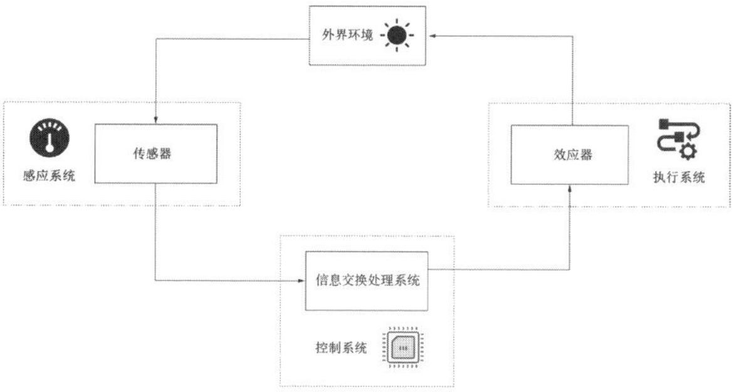

图5-25 控制信息系统
（图片来源：东南大学建筑学院建筑运算与应用研究所Inst. AAA）

中的IPO模型来理解互动装置与外界环境进行信息交换的信息系统，即Input输入—Processing处理—Output输出，分别对应互动装置中控制信息系统的感应系统、控制系统和执行系统（图5-25）。

感应系统为接收到外界自然环境或人类活动发生变化带来物理量变化，按某种规律将其转化为电信号或其他形式信息输出。控制系统为嵌入式中央处理系统将感应系统传达过来的信息进行判断，然后作出反馈并输出结果，实现整个信息系统的高效运行。执行系统将计算机指令转换为各种机械动作，实现与外界环境的互动。

3）互动装置在建筑设计中的应用

随着时代的发展和科技的进步，互动装置在建筑设计中的应用逐渐成为一种趋势。它为建筑设计注入了前所未有的活力和创新性，对建筑设计的未来发展起到了积极的推动作用。建筑设计不再仅限于传统的静态表现，而是通过引入灵活可变的互动装置，赋予了人们对环境的新的认知和体验。[28]

（1）复水重椽

"复水重椽"道桥门厅互动装置由东南大学团队设计与建造。该作品的概念来源于江南地区复水重椽的木构特色，主要通过互动吊顶和互动墙面来实现交互场景的实现（图5-26）。

整个装置由可折叠前面桌椅及互动吊顶组成。当无人经过时为初始状态，互动吊顶与墙面组件静止，墙面桌椅部件被收在墙面一侧；当有人路过时，互动吊顶组件转动，传感器检测到行人运动，驱动单复数组构件产生不同形式运动。墙面桌椅可通过触屏通过电机驱动实现折叠与收起（图5-27）。

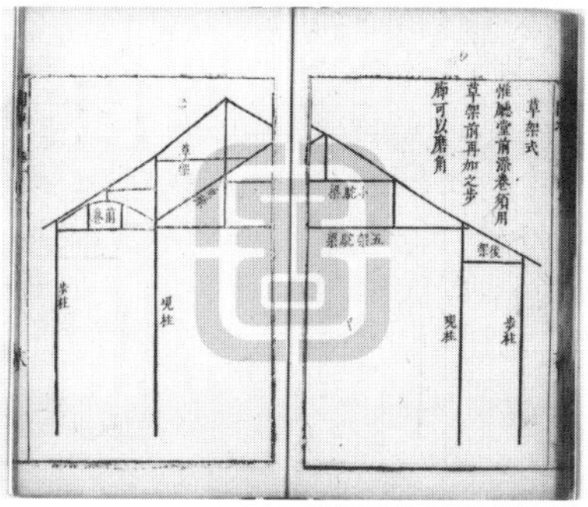

图5-26 草架式结构
（图片来源：东南大学建筑学院建筑运算与应用研究所Inst. AAA）

图5-27 互动方式
（图片来源：东南大学建筑学院建筑运算与应用研究所Inst. AAA）

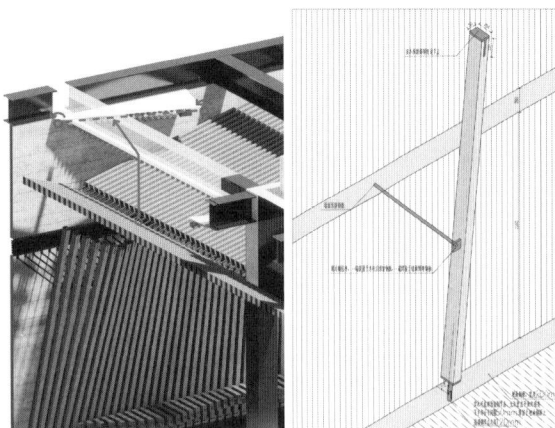

图5-28 构造节点图
（图片来源：东南大学建筑学院建筑运算与应用研究所 Inst. AAA）

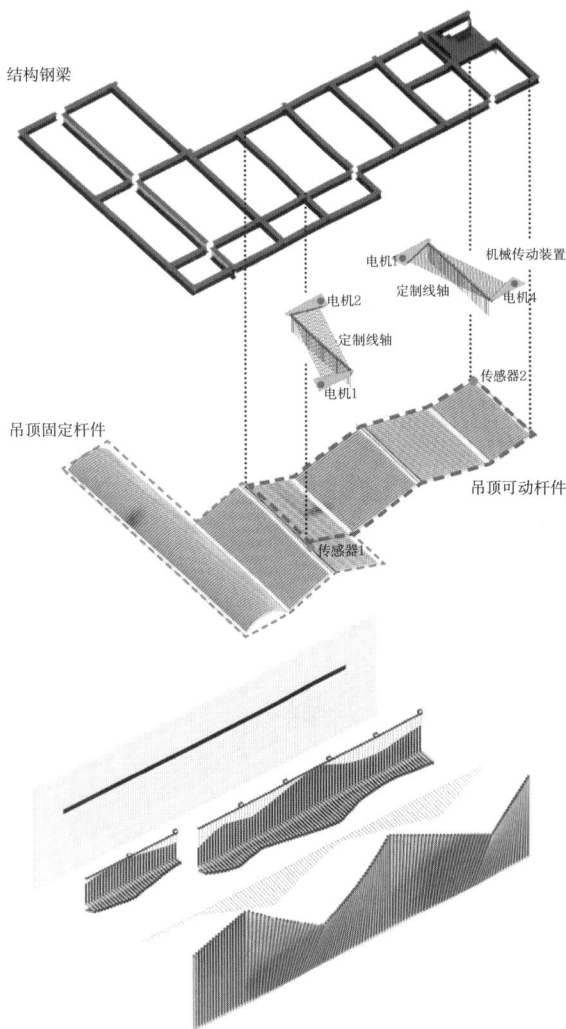

图5-29 爆炸图
（图片来源：东南大学建筑学院建筑运算与应用研究所 Inst. AAA）

门厅互动装置机械装置主要包括中心铰链、伸缩轴及相关堵头、端部固定铰链、绕线轴等机械节点（图5-28），电机通过联轴器连接绕线轴，绕线轴上设置直径不同的线轴，控制钢索长度和吊顶方通节点的运动速度。固定在绕线轴上的钢索绕过滑轮，拉动铝方通之间的铰接点，实现吊顶形态的变化与运动。方通之间的节点运动，带动单侧铝方通内部的伸缩轴伸长或缩短，以此实现吊顶单侧长度变化的视觉效果。步进电机接收转动指令，通过同步带使连接定制线轴的齿轮转动，进而带动线轴转动。通过计算铝方通上升高度来定制线轴上每个滑轮的尺寸，使电机转动一次收紧的钢丝绳长度与上升高度一致。钢丝绳拖动滑块，使滑块沿滑轨上升拉起折叠实木杆件。互动墙面的节点主要包括实木连接合页、导轨、绕线轴等。墙面预留钢板，固定的木杆通过钢拉杆连接并固定角度。固定木杆使用实木材料，实木杆件顶部设置钢封边节点。杆件底部预制钢节点，允许垂直平面的形变，钢节点连接埋地预留钢板。

该互动系统涉及吊顶与墙面多维交互体验，在满足展示传统木构遗产保护的基础上，利用与时俱进的互动技术提升木构杆件展示效果，将传统文化与未来建造编织在一起，带来全新的人机交互体验（图5-29）。

（2）内外之间——裸眼3D互动投影

为改善东南大学四牌楼校区前工院北楼一楼入口门厅的图书角使用不佳的状况，通过深入调研，计划在此区域引入创新的展示功能，用于展示历届优秀设计作品。考虑到该空间面积有限，难以容纳传统展览设施，故采用裸眼3D技术，结合Kinect设备，实现虚拟展陈，将内容以实际大小投影于空白墙面上，创造出沉浸式的体验（图5-30）。

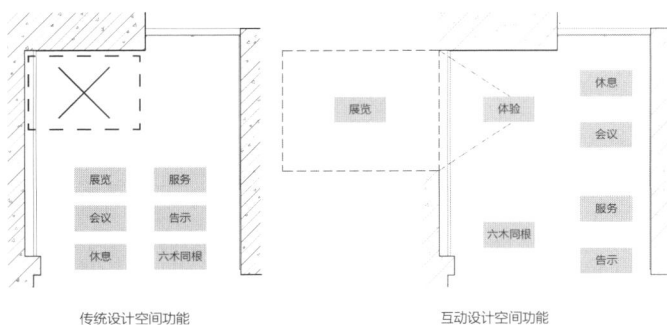

传统设计空间功能　　　　　　　　　　　互动设计空间功能

图5-30　虚拟互动展陈空间与传统展陈空间的比较
（图片来源：东南大学建筑学院建筑运算与应用研究所 Inst. AAA）

通过Kinect的头部与手部位置追踪技术，参观者将获得如同实物般的真实比例和深度感知，增强交互性和沉浸感。交互设计上，采用广泛认可的手势识别，确保操作简单直观，符合人体工程学。此外，系统实时收集并分析参观者对展品的浏览情况和反馈，形成数据可视化报告，为展览效果评估和优化提供依据。

传统3D显示技术，如影院中的3D电影，通常基于双目视差原理，即通过两组摄像头分别模拟人的左右眼视角，捕捉或生成两幅略有差异的图像，再通过偏光眼镜、快门眼镜等设备，将这两幅图像分别送入左右眼，从而在大脑中合成出具有深度感的立体视觉效果。这种方法依赖于外部设备来区分和引导左右眼接收的不同图像信息，实现立体视觉的感知。利用Kinect动作捕捉来实现裸眼3D效果的方法，实际上是将Kinect的动态头部追踪能力与裸眼3D显示技术相结合的一个应用场景。这种实现方式的核心在于，Kinect传感器能够捕捉用户头部的微小移动，通过深度感应和红外技术，实时计算出观察者相对于显示屏的位置和角度。这些位置和角度数据随后被用于动态调整裸眼3D显示内容的透视和视差效果，使显示内容根据观察者头部的移动而产生相应的视觉变化，从而在无须任何外部设备的情况下，为每个观察者提供个性化的立体视觉体验（图5-31）。

整个互动投影系统由电脑主机、投影仪、投影幕布、Kinect传感器组成（图5-32）。布置在门厅空间的一角，利用裸眼3D的效果，造成空间又延伸入投影墙内的视觉假象。

互动系统集成了海报展示、作业图纸浏览、作业模型展示等功能。用户可以通过手势浏览、切换历届优秀作业的图示与模型，同时也可以通过手势实现对阅览内容的放大缩小、旋转等操作。实现了在有限的空间中可以存放无限设计作品的功能（图5-33）。

（3）与我同坐——互动座椅

数字时代的背景下，人机交互技术的发展日渐成熟；与此同时，人际关

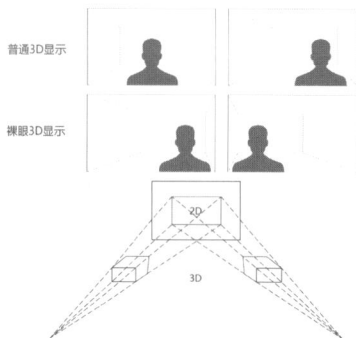

图5-31 普通3D显示与裸眼3D显示技术差别
（图片来源：东南大学建筑学院建筑运算与
应用研究所 Inst. AAA）

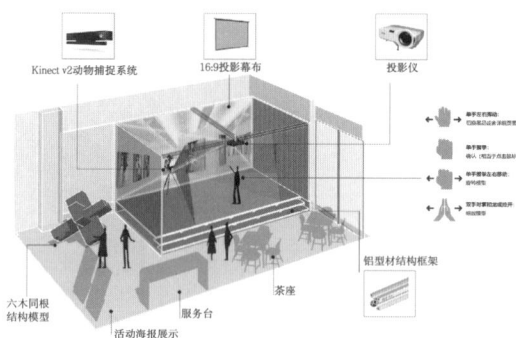

图5-32 系统布置
（图片来源：东南大学建筑学院建筑运算与应用研究所
Inst. AAA）

图5-33 通过手部动作与虚拟展示环境进行交互
（图片来源：东南大学建筑学院建筑运算与应用研究所 Inst.
AAA）

图5-34 互动座椅互动场景
（图片来源：东南大学建筑学院建筑运算与
应用研究所 Inst. AAA）

系冷漠化成为不可回避的现实。家具作为建筑环境中与人关系最为密切的部分，具有很强的互动应用潜力。作品试图模拟沙发闲聊这一场景（图5-34），当人坐下时沙发的凹陷和抬升拉近了人们之间的距离；通过在座椅中植入互动模块，设计光影、震动等互动模式，将普通的座椅转变为既能与人互动、同时又能促进人际交流的家具装置，吸引人们在共同参与中打破原有的孤立与隔阂。

该设计作品中，座椅反馈有灯光变化和振动两种形式；人机互动方式有单人模式、扩散模式和连线模式3种：一人入座时灯光闪烁，可以通过碰触椅面来改变灯光的亮度和颜色；新人入座时，其他已经坐下的人的椅子也会发生灯光闪烁和颜色变化，以新激活的椅子为中心呈水波状扩散；当入座的两人之间的距离较远时，灯光将通过两人之间的座椅面板进行相互扩散，从而形成一条视觉联系，吸引彼此的注意。

作品以两种造型的单体坐具作为基本单元，一种造型侧面的面板凹进，另一种造型侧面的面板凸起。这两种单体坐具既可分开单独布置，也可以两个或多个拼接在一起（图5-35），根据空间面积自由组合，形成不同的造型，比如可以促进人们交流互动的环状造型等。

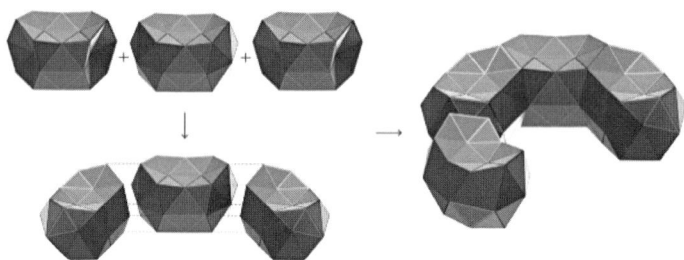

图5-35　座椅拼装方式
（图片来源：东南大学建筑学院建筑运算与应用研究所 Inst. AAA）

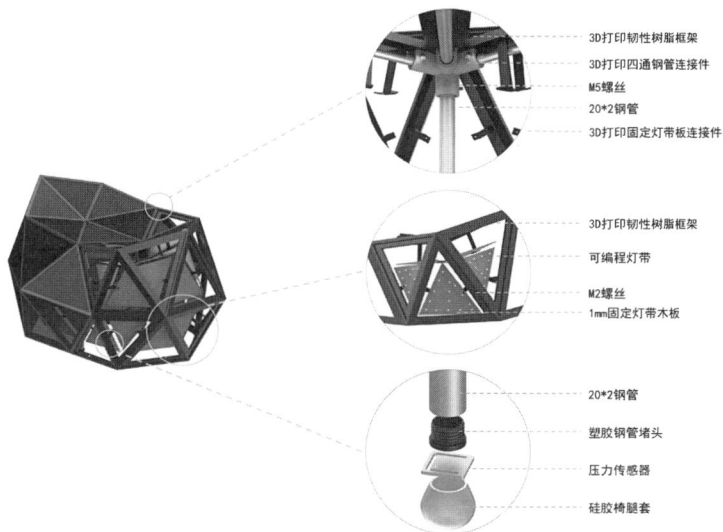

3D打印韧性树脂框架
3D打印四通钢管连接件
M5螺丝
20*2钢管
3D打印固定灯带连接件

3D打印韧性树脂框架
可编程灯带
M2螺丝
1mm固定灯带木板

20*2钢管
塑胶钢管堵头
压力传感器
硅胶椅腿套

图5-36　装置节点爆炸图
（图片来源：东南大学建筑学院建筑运算与应用研究所Inst. AAA）

作品进行了1∶1实体模型的建造，并完成了实际互动效果的检测和调试（图5-36）。座椅装置的主要框架由光敏树脂3D打印外框、磨砂亚克力面板、内置钢架支撑和3D打印连接件构成。木板在装置内部固定LED灯带，并通过螺丝与外框架上的连接件相连。装置的核心电子元件布置在座椅内部的小平台，并配备了可充电电池，允许座椅装置在空间中自由移动。

在程序控制方面，作品以Arduino为主要开发平台，集成了网络通信、LED灯带、振动和压力传感器等多种元件，通过编程实现对不同模块的控制。通过改写控制程序还可以实现更多互动模式的变化与更新。

4）互动建筑的发展趋势

互动装置在建筑领域的发展将推动建筑设计和用户体验向前迈进。它不仅为建筑专业人士提供了全新的设计工具和创新思路，也使公众能够更好地理解和参与到建筑创作中。它的应用为建筑环境带来了更多功能和价值，使建筑与人之间能够实现更加紧密的互动与沟通。随着人工智能、物联网和传感技术的不断发展，互动装置有望呈现更多创新和改进，为人们提供更多样化、沉浸式的互动体验，我们可以期待在未来的建筑领域中见证更加智能、可持续和互动的发展成果。

5.4.2 互联建筑

1）互联建筑的定义

互联建筑，是一种通过信息技术和互联网实现智能化、互联网化的建筑模式。它将传感器、物联网、大数据分析和人工智能等先进技术融入建筑设计、施工和运营中，实现建筑设备和系统之间的智能互联与协同，以提高建筑的效率、安全性和可持续性。互联建筑的出现是信息技术和智能科技快速发展的产物，也是未来智慧城市建设的重要组成部分。

"智慧建筑·万物互联"是2019年智慧建筑高质量发展论坛的主题，李洪鹏秘书长在致辞中提到，随着5G、AI、云计算、互联网、移动互联等新ICT技术的不断应用，智景园区、智慧办公、智慧交通等多场景的智能化程度也不断加深，在提升服务体验、加强安防能力、提高运营效率、降低管理成本，实现业务创新等多方面不断突破。5G的大规模应用，预示着我们迎来一个更高速率的万物互联时代。

2）互联建筑的应用场景

互联建筑的应用领域广泛，包括商业建筑、住宅建筑和公共建筑等。在商业建筑中，互联办公楼通过智能化管理系统，实现楼宇设备的远程监控和自动控制，提高办公环境的舒适性和能源利用效率。而互联商场可以通过数据分析，精准推送个性化广告和优惠券，提升消费者的购物体验和满意度。在住宅建筑中，互联智能家居系统可以通过智能控制中心，实现对家庭设备的远程控制，如智能照明、温控和安防系统，提高家居的便利性和安全性。同时，互联社区还可以通过社交平台和共享服务，促进居民之间的交流和资源共享。

（1）基于外部环境的建筑诊断

复旦大学某学者基于对居住区外部环境的诊断，结合物联网技术针对性设计了一个智慧社区应用系统。该系统基于物联网新技术不断涌出的大背景，针对提升小区智能化程度的问题，提出使用RFID技术管理小区门禁，车辆出入，小区安防巡逻，经过实践证明取得了提高小区智能化建设，优化原有管理模式，提高小区安全的效果（图5-37）。系统针对多设备的控制分散的问题，基于信息化平台整合思路，提出系统包含小区设备的集中控制平台。经过实践证明，提高了小区设备控制的便捷性，优化了设备管理控制安全体系。系统针对综合系统平台建设周期长，开发工作量的问题，基于系统构架接口多元化的思路，提出针对视频监控，数据传输使用第三方成熟软硬件整合产品，利用摄像头厂商自带视频平台，系统仅需开发对接接口。经过实践证明提高了系统开发时间和开发工作量，缩短项目建设周期。

针对当前社区管理存在的问题，例如：设备间联动能力差，对紧急情况的应对能力一般，设备繁多，存在多个系统，运维工作量较大，楼宇的智能化较低，主要以控制为主，无管理功能，无法实现远程的基于互联网的控制，均为封闭的系统，社区与家居之间无互动等问题。此系统设计是在系统分析的逻辑模型基础上，建立系统的物理模型，主要包括概要设计及详细设计。本系统采用C/S结构设计，前台界面采用JSP及Java Script开发，后台逻辑采用Java开发，数据库为My-SQL，技术框架沿用经典的 Struts + Hibernate框架（图5-38）。

目前系统试运行效果良好，强化了小区物业对社区安全的管理，提升了服务质量水平，缩短了社区报警反馈和解决速度，大大提高了工作效率。智慧社区作为智慧城市的一个重要组成部分，面向城市居民，从"宜居"的角

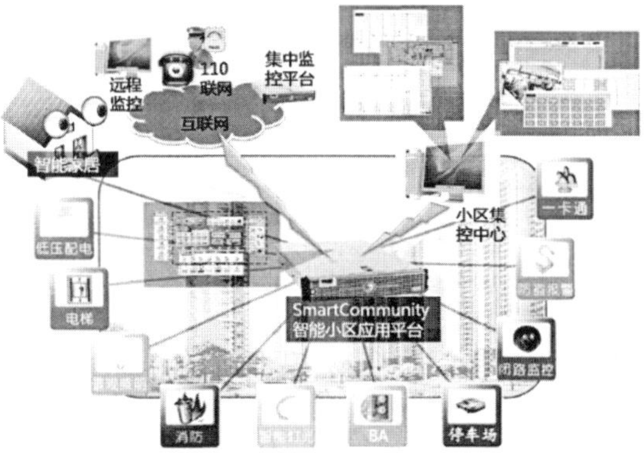

图5-37　智慧社区功能构成
（图片来源：参考文献[29]）

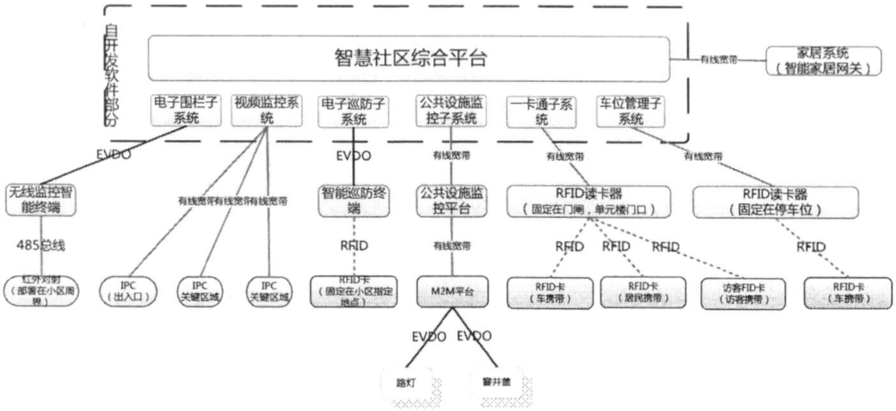

图5-38　智慧社区系统构成
（图片来源：参考文献[29]）

度出发，以先进、可靠的网络系统为基础设施，将住户和公共设施建成网络并实现生活设施、服务设施信息化管理的社区，致力打造一个高效、舒适、温馨、便利及安全的居住环境。

（2）基于信息交互的建筑室内环境控制

随着生活品质的提高和绿色建筑的发展，人们在关注建筑节能的同时，也越来越关注室内环境品质。但目前，使用者与建筑之间存在着严重的"信息不对称"现象，主要体现在：使用者对室内环境品质、运行能耗以及二者之间的关系缺乏了解，同时也缺少对不舒适和不满意进行反馈的途径。

以智慧住宅为例，美国国外部分学者认为智能住宅环境应视为一个不能与科技、政治、环境、人口统计学、经济利益相脱离的东西。可以认定体现智能的方式是将设计逐渐引向与其他学科"交叉"的方向。

日本在18世纪就有了改善老年人住宅环境相关研究。主要目的是为具有生活自理能力的一般健康老年人口提供不一样的租赁式公寓，其中提出智能家居概念，包括智能设施，智能产品等一系列的研发目标和计划。

实施的计划，最具有代表性的是位于东京的福利科技屋（Welfare Techno House，WTH），其设计目的是提高老年人和残疾人的生活独立性。

福利科技屋旨在容纳两代人。这座两层建筑的面积为400m²，比一般的日本房屋还要大，并融入了一系列与房屋走向、内部方向和运动以及建筑管理相关的功能（图5-39）。这些功能的集成提供了使用的灵活性，并满足各种个人需求，特别是需要护理的老年人。其中地板系统具有缓冲作用和地暖；家庭网络系统作为智能家居控制和通信网络的一部分安装，以提供照明、窗帘和窗户的控制；安全系统有一个连接到前门的视频接入电话。

福利科技屋安装了三套自动监控系统。通过智能家居内部网络，可对灯光、窗帘、窗户等基本设施进行控制，且屋内配备有可视电话摄像头。房子内部装有利用枕头、床单便可以采集用户心电信息的床以及配有心电图监护的浴缸、配有体重和排尿量监护的马桶（图5-40）。

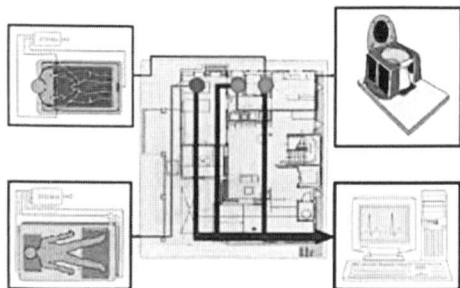

图5-39　福利科技屋互联系统示意
（图片来源：参考文献[30]）

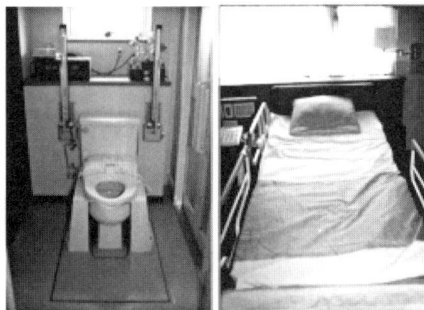

图5-40　福利科技屋智能家居设备
（图片来源：参考文献[30]）

以心电图采集为例，心电图是在睡眠期间通过枕头和腿下床单中的导电织物采集的。结果表明自动数据采集系统工作正常，成功在睡眠期间获取了心电图（ECG）数据。图5-41展示了在睡眠期间获取的典型的一组心电图数据示例。由于纺织电极与皮肤之间的接触并不总是牢固，因此在身体运动时可能会产生较大的伪迹。如果被试者移动了，就会出现较大的伪迹，一些信号受呼吸的影响（图5-41右下）。因此，应该使用高通滤波器来识别心电图。尽管如此，在睡眠期间通常可以稳定地记录到超过70%时间的心电图。

研究团队开发的这种用于WTH的全自动医疗保健系统，可有效收集生理数据。监测生理参数的概念不是通常的临床监测，而是在洗澡和睡眠时进行心电图监测。此外，在如厕时监测体重、尿量和速度。传感器安装在家具和卫生用品上，并且受试者需要附着传感器。无须任何特殊测量即可获得心率和体重，并且受试者可以在没有任何意识和不适的情况下接收日常生理参数。它对于了解个人健康状况和日常活动信息非常有用，而无需使用侵入性测量。

3）互联建筑的优势与挑战

互联建筑作为一种智能化、互联网化的建筑模式，具有重要的意义和众多优势。首先，它可以通过传感器、物联网和大数据分析等技术，实现建筑设备和系统的智能互联，提高建筑的效率和运营管理水平。其次，互联建筑

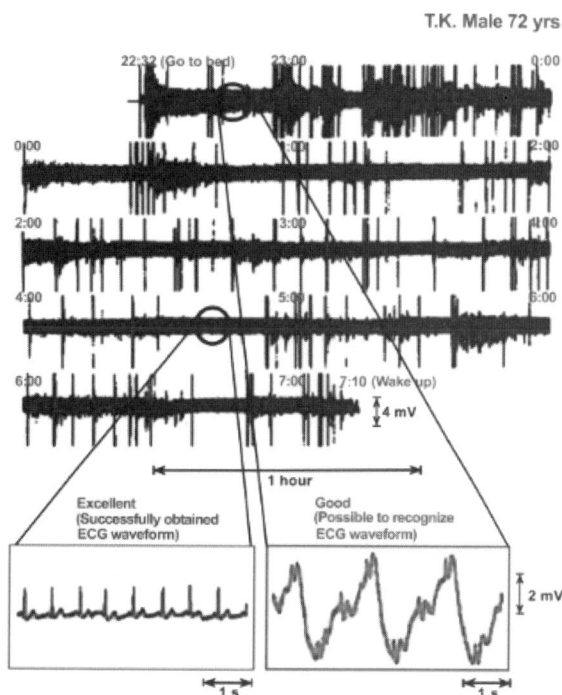

图5-41 心电图数据示例
（图片来源：参考文献[30]）

可以优化建筑的能源利用和资源分配，实现能耗预测和节能减排，有助于减少环境对能源的依赖，促进可持续发展。此外，互联建筑可以提高用户体验和生活质量，为用户提供更便利、舒适的居住和工作环境。总体而言，互联建筑的重要性在于它为建筑行业带来了智能化和高效性，同时也推动了可持续发展和用户体验的提升，使城市更智能、更便利、更宜居，为智慧社会的建设做出积极贡献。

然而，互联建筑的发展也面临一些挑战。首先是数据安全与隐私问题，大量的数据传输和存储可能带来数据泄漏和信息安全风险。其次是技术融合和标准化问题，目前互联建筑涉及多种技术，如传感器技术、物联网技术和人工智能技术等，如何将这些技术进行融合并实现互操作性仍然是一个挑战。此外，互联建筑涉及普通用户的使用和接受，因此用户接受度和教育也是一个重要的考虑因素。

互联建筑作为智慧城市建设和可持续发展的关键支撑，其重要性和优势不可忽视。通过提高建筑的智能化水平，优化能源利用和资源分配，以及提升用户体验，互联建筑将为未来的建筑行业带来巨大的发展潜力，同时也将为智慧社会的构建和可持续发展目标的实现做出积极贡献。

5.4.3　智慧建筑

1）智慧建筑的概念

智慧建筑是一种整合了先进技术与智能系统的创新建筑形式。它旨在通过网络连接、数据采集、人工智能以及自动化控制等技术手段，实现建筑物的高度智能化、智能感知、自动化管理和优化运行。智慧建筑的发展背景源自信息技术和通信技术的快速进步，以及对建筑节能、环保和舒适性等方面的不断追求。随着物联网、大数据、人工智能等技术的成熟应用，智慧建筑在近年来得到迅猛发展。智慧建筑的优势在于提升能源利用效率、提供智能化的安全管理、改善室内环境质量、提升建筑的可持续性，同时也满足了用户对舒适性和便利性的需求。未来，随着技术的不断进步和创新，智慧建筑将在城市化进程中扮演更加重要的角色，为人们创造更加智能、环保、舒适的生活和工作环境。

随着嵌入式处理器及云计算技术在算力上的提升。计算单元可以处理更为复杂的任务，尤其是机器学习相关算法的运算，从而实现模式识别和模式挖掘，让控制器从简单的模式切换，转变为可以根据行为模式特征及需求变化进行实时策略调整的智能化调控。如室内行为研究中通过序列模式挖掘算法，对行为中的频繁序列模式进行提取（图5-42）。通过深度自编码神经网络对行为轨迹进行相似度分析等。

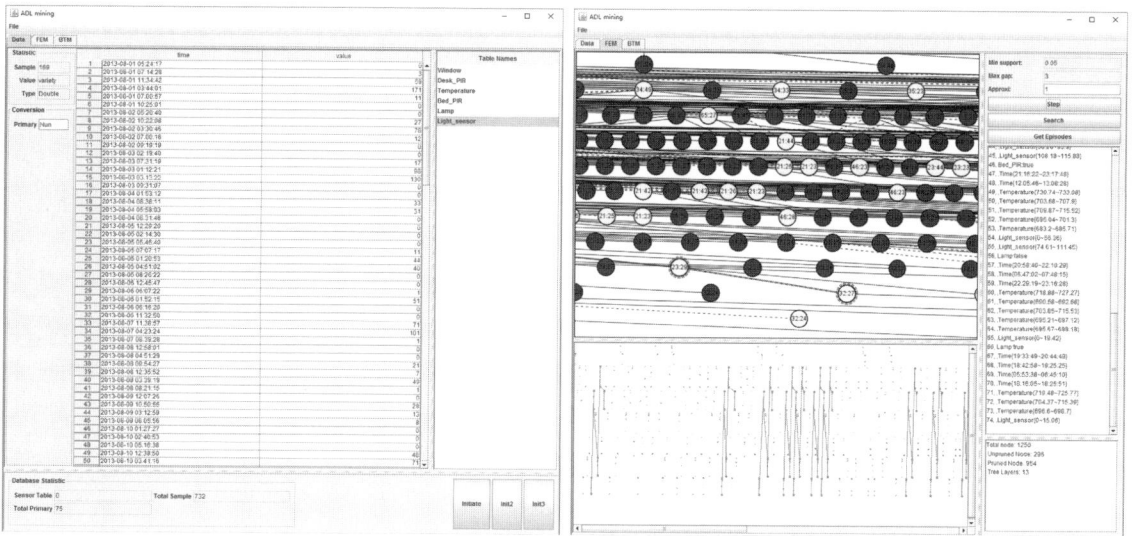

图5-42　行为频繁序列模式研究
（图片来源：参考文献[31]）

2）智慧建筑实践

（1）绿色、智慧的立面设计

为助力长飞光纤的"双碳"目标及绿色发展战略，长飞光纤产业大楼在项目的建筑设计中应用了领先的可持续设计策略，大幅提升了建筑在建造及运营中的可持续性能（图5-43）。设计团队从中国传统窗棂中汲取灵感，结合高科技幕墙技术，打造了智能的三层立面系统。建筑立面可以根据周边环境和光线条件的变化，通过传感器和内置电机来控制中间层遮阳百叶进行旋转，进而调节透过外立面进入建筑内部的光线和热量。智能立面系统使建筑能够优化自加热和自冷却性能，可以更好地应对高温、暴晒、强降雨等各种极端天气，具有出色的节能效果，创造舒适的室内环境，并营造出多变的建筑外观效果。

"智能立面"为位于大楼各翼的办公区域引入了自然光线，创造优越的可见度，同时借助先进技术来优化室内空气质量和温度（图5-44）。建筑中庭顶部设有电动可开启窗，在室外温度和空气质量适宜的情况下，对建筑内部进行自然通风，将优质的室外空气引入室内，增加室内的健康指标及舒适度，同时还能够长期地节约运营成本。

（2）Nest温控器

Nest温控器是一款广泛应用于数百万美国家庭的智能温控设备，也是Google公司推出的智能家居产品之一（图5-45）。该设备兼容多种舒适系统，包括HVAC暖通系统、VRV变频系统、挂机和柜机、地暖新风系统等。通过记录用户在10余天内的使用习惯和生活规律，Nest温控器能够学习用户的温

229

图5-43　长飞光纤产业大楼鸟瞰图
（图片来源：参考文献[32]）

图5-44　长飞光纤产业大楼智慧立面
（图片来源：参考文献[32]）

图5-45　Nest温控器功能概念示意
（图片来源：http://www.d-smarthome.com/Nest.html）

度调节偏好，并通过云计算和大数据分析，智能调整家中的舒适系统，不仅有效节能，还能提供人工智能驱动的恒温体验。例如，在早上7点，Nest会调节为起床欢迎模式；如果用户连续几天在吃早餐时调整温度，Nest会在用户起床后自动将房间加热到所需温度。

在早上8点半，Nest知道用户何时离开家去上班。通过使用传感器和手机的位置数据，Nest可以检测用户是否已经离开，并将系统设置为离开模式，以节省能源。在下午2点，当家中有孩子时，设备会调节到适宜的在家温度。到了晚上，Nest会在用户睡觉时自动调低温度，进入睡觉模式。通过记忆并建立用户的习惯，Nest能够在不同时间段自动调节温度，提供个性化的节能解决方案。

参考文献

［1］ 关丽，丁燕杰，陈品祥，等. 三维街景数据在特大城市街区道路环境现状评估中的应用——以北京市为例[J]. 测绘通报，2017（12）：122-126.

［2］ 陈镜任，吴业福，吴冰. 基于车辆行驶数据的驾驶人行为谱分析方法[J]. 计算机应用，2018，38（07）：1916-1922+1928.

［3］ 李力，虞刚. 建筑用户行为数据中的知识发现[J]. 城市建筑，2018（19）：37-39.

［4］ ANSI/ASHRAE Standard 135-2016. BACnet-A data communication protocol for building automation and control networks[S]. Atlanta: American Society of Heating, Refrigerating and Air-Conditioning Engineers, 2016.

［5］ KNX Association. KNX system specifications[S]. Brussels: KNX Association, 2013.

［6］ ISO/IEC 14908-1: 2008. Information technology—Control network protocol—Part 1: Protocol stack[S]. Geneva: International Organization for Standardization, 2008.

［7］ Semtech. LoRa modulation basics[S]. Camarillo: Semtech, 2019.

［8］ BERT P.Connecting Things to the Internet with SigfoK[EB/OL][2016-12-07]. https://www.ekito.fr/people/connecting-things-to-the-internet-with-sigfox/.

［9］ RATASUK R, MANGALVEDHE N,ZHANG Y, et al. Overview of Narrowband IoT in LTE Rel-13[C]. 2016IEEE Conference on Standardsfor Communications and Networking(CSCN), Berlin, Germany, 2016: 1-7.

［10］ MIOTY Alliance e.V. Mioty technology[EB/OL]. [2023-10-07]. https://mioty-alliance.com/miotytechnology/.

［11］ GISLASON, DREW. ZigBee Wireless Networking[M]. EE Times.

［12］ BACNET INTERNATIONAL. Electrical and Mechanical Services Department, HKSAR. [EB/OL]. [2023-10-07]. https://bacnetinternational.org/case-studies/electrical-and-mechanical-services-department-hksar/.

［13］ NOFAL E, STEVENS R, COOMANS T, etal. Communicating the spatiotemporal transformation of architectural heritage via an in-situ projection mapping installation[J]. Digital Applications in Archaeology and Cultural Heritage, 2018, 11.

［14］ LOWRY S, SüNDERHAUF N, NEWMAN P, et al. Visual place recognition: A survey[J], 2015, 32(1): 1-19.

［15］ SZEGEDY C, LIU W, JIA Y, et al. Going deeper with convolutions[C]. Proceedings of the IEEE conference on computer vision and pattern recognition, 2015: 1-9.

［16］ 李勇. 基于深度学习的人脸表情识别算法研究[D]. 北京化工大学，2018.

［17］ 杨潮. 基于深度学习的室内目标检测与场景识别算法研究[D]. 武汉科技大学，2022.

［18］ 熊若非. 基于RGB-D数据的三维场景识别研究[D]. 华中科技大学，2022.

［19］ JALAL A, UDDIN M Z, KIM J T, et al. Recognition of human home activities via depth silhouettes and ℜ transformation for smart homes[J], 2012, 21(1): 184-190.

［20］ BIANCHI V, BASSOLI M, LOMBARDO G, et al. IoT wearable sensor and deep learning: An integrated approach for personalized human activity recognition in a smart home environment[J], 2019, 6(5):8553-8562.

［21］ CA1X,GA0 Y. LI i, et al. Infrared human posture recoguition method for monitorimg im smart homes based orhidden markov modell, 2016, 8(9): 892.

［22］ YU Y, SI X, HU C, et al. A review of recurrent neural networks: LSTM cells and network architectures[J], 2019, 31(7): 1235-1270.

［23］ 孙彦玺，赵婉婉，武东辉，等. 基于卷积长短时记忆网络的人体行为识别研究[J]. 计算机工程，2021，47（10）：260-268.

［24］ 毛远宏，孙琛琛，徐鲁豫，等. 基于深度学习的时间序列预测方法综述[J]. 微电子学与计算机，2023，（04）：8-17.

［25］ TAX N. Human activity prediction in smart home environments with LSTM neural networks[C]. 2018 14th International Conference on Intelligent Environments (IE), 2018: 40-47.

［26］蒋益清. 互动建筑理论与实践研究[D]. 天津大学，2012.

［27］虞刚，李力，方立新. 摆动的建筑——从可变走向互动的智慧结构[J]. 城市建筑，2018 （16）：26-30.

［28］虞刚，李力. 建筑作为互动——以东南大学四年级建筑设计课程为例[J]. 世界建筑，2018（07）：111-115+123.

［29］徐亮. 基于物联网技术应用的智慧社区应用系统实现[D]. 复旦大学，2013.

［30］TAMURA T, KAWARADA A, NAMBU M, et al. E-healthcare at an experimental welfare techno house in Japan. [J]. Bentham Science Publishers, 2008 (1).

［31］张春晖. 基于信息交互的建筑室内环境控制系统设计方法研究[D]. 清华大学，2019.

［32］普斯建筑. 长飞光纤产业大楼 [EB/OL]. [2023-06-14] https://www.archdaily.cn/cn/1002347/chang-fei-guang-xian-chan-ye-da-lou-gensler.

附录

ArchiWeb

网址链接：https://web.archialgo.com
开发者：莫怡晨

  ArchiWeb 提供了一个通用且易用的开放式算法平台，将作为构建未来工具、应用和标准的核心基础设施。ArchiWeb将设计问题拆解为具有正规描述的设计子问题，并将子问题的研究与解决方案以模块化地形成计算网络上的节点，设计过程中的数据交互被简化为消息发送与接收的过程，形成"对话"式的智能建筑机器。ArchiWeb 强调生成式设计的建筑算法在整个设计流程中的整合。这种整合不仅扩展了建筑师的思考方式，还通过持续应用和算法改进逐渐构建出一个可持久化的设计知识网络，帮助建筑师超越传统的思维模式，探索更多的设计可能性。

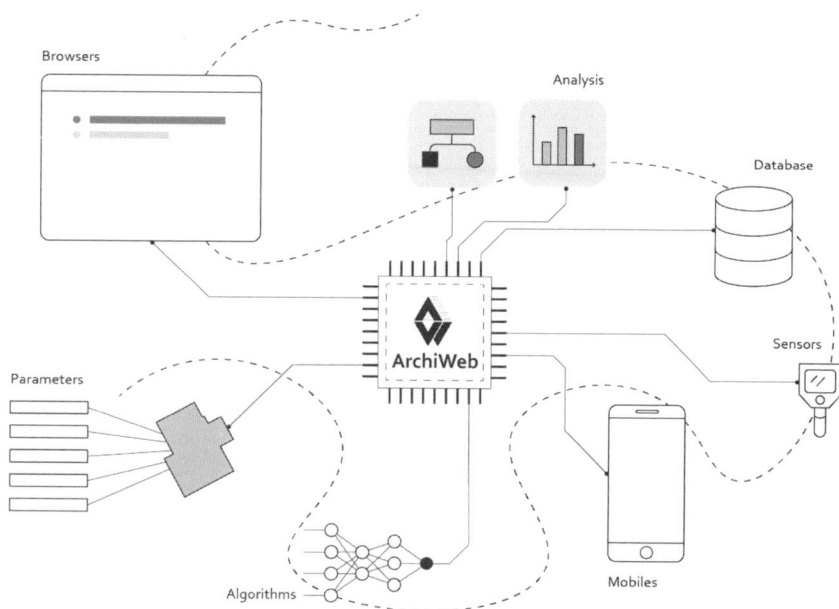

开放式前端框架使应用程序开发变得简单高效。用户可以通过 npm 来访问 ArchiWeb 的核心功能，从而创建自己的 ArchiWeb 项目。这意味着用户可以创建自己的交互式网络应用程序，在浏览器中实现三维渲染，并与算法网络中的算法进行交互。在用户的设置下，客户可以操作和修改三维建筑模型，探索和调整设计选项。

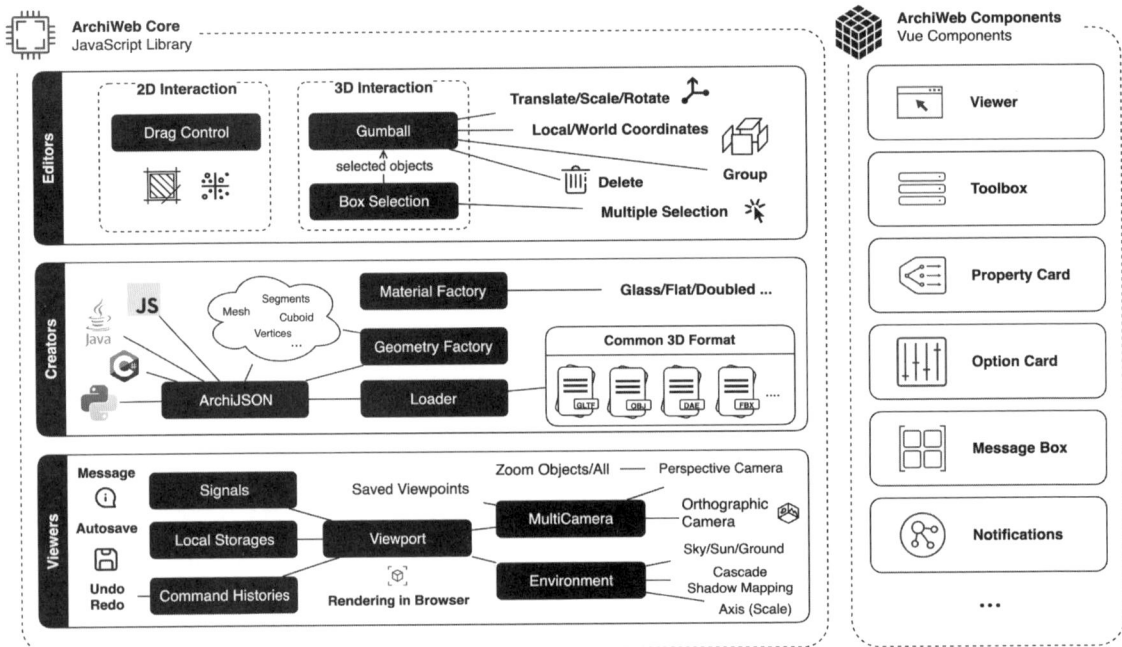

SIMForms

网址链接：https://web.archialgo.com/simforms/

开发者：张柏洲、莫怡晨、李飚、王炎钰、张超、史季

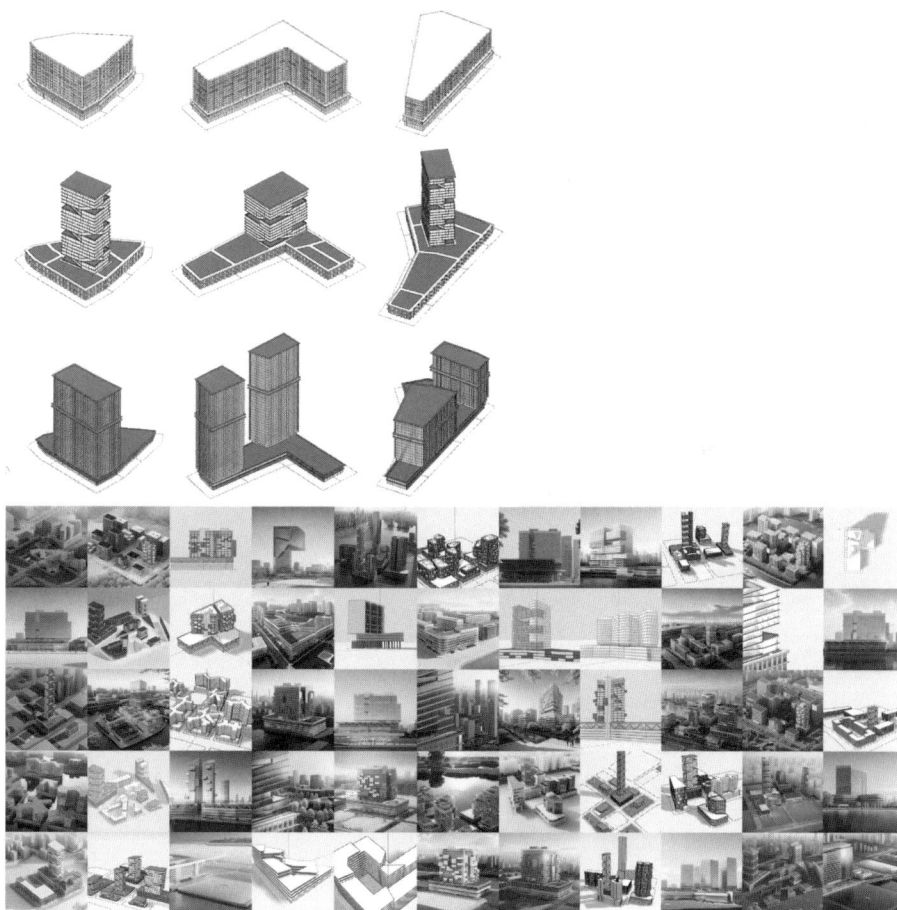

SIMForms主要用于早期的建筑概念方案设计，帮助设计师在线快速完成多种方案，洞察不同方案之间的数据对比和视觉呈现。针对用户自定义的场地信息与红线退界、建筑层高、容积率需求三项基础生成参量，SIMForms基于指定风格原型生成自动适应的建筑模型。应用内目前集成了十余种建筑样式，支持多层、高层等不同建筑类型的自动生成。对于生成的建筑模型，指标面板中将实时更新该地块的基底面积、建筑高度、建筑密度、建筑总面积、容积率、外表皮面积、体形系数和南向立面面积等指标，设计师可获取合理性的即时反馈。

SnapRender

网址链接：https://web.archialgo.com/render/
开发者：莫怡晨

    SnapRender 是一个网页端建筑渲染器，用户只需上传初步草图或线描图，即可一键转换为逼真的建筑渲染图。其直观的操作界面确保了快速上手和即时成像的流程效率，特别适合对时效性有高要求的设计实践。用户可以选择不同的渲染风格，如春季、夏季、极简等，并通过输入自定义的描述词来细化图像生成效果，例如场景角度、风格、色彩和材质等。预设的选项和描述词库为用户提供参考，确保生成结果的质量和一致性。

ANYPlace

网址链接：https://web.archialgo.com/anyplace/
开发者：莫怡晨

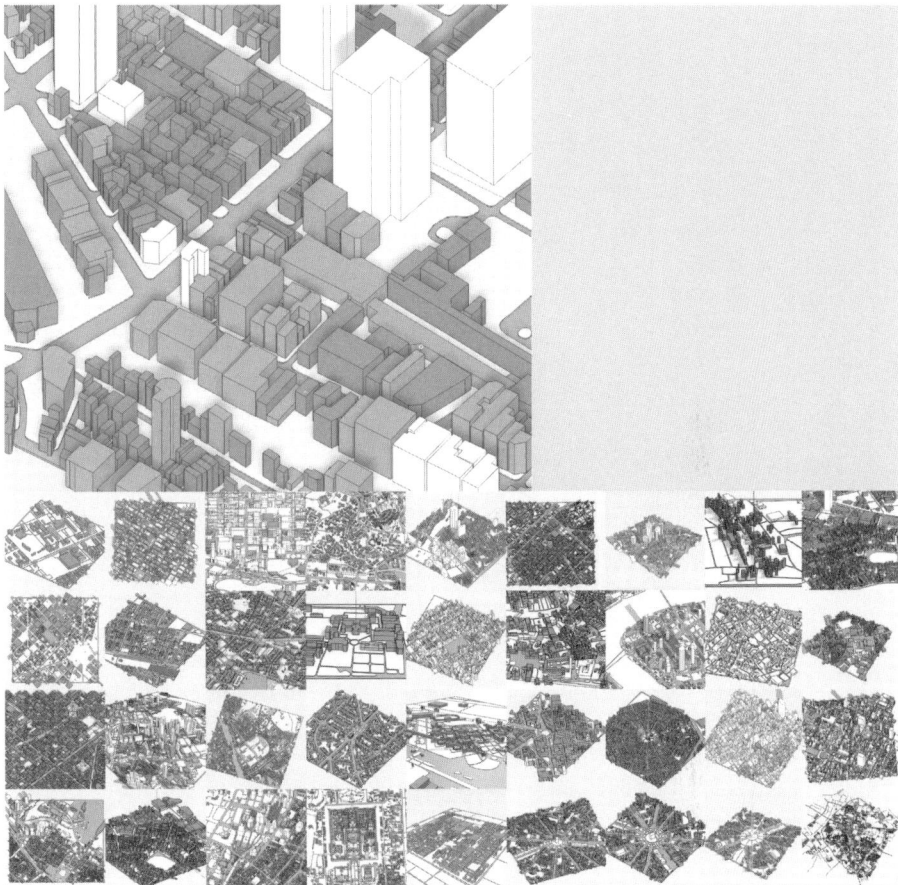

　　获取设计项目所在场地的城市数据往往是建筑设计的开端。ANYPlace是一个基于 ArchiWeb 平台构建的网页应用，用于从 OpenStreetMap 获取地图数据并实时生成三维场地模型。该应用旨在利用开源地图数据提供用户直观的三维环境展示与体块模型下载，适用于城市规划、建筑设计等领域。输入场地中心点经纬度坐标，确定项目周边环境范围，用户可以选择特定区域并实时生成可在线编辑的3D体块模型，随后可根据道路标签生成road graph，并剖分出所有的可建造地块。用户可以下载生成的模型或GeoJSON，以便导入到后续的网络应用中，进行更深入的设计分析与生成。

FLEXUrban

网址链接：https://web.archialgo.com/flexurban/
开发者：张柏洲、李飚、程世纪、曾令通、朱建皓、刘雨晴

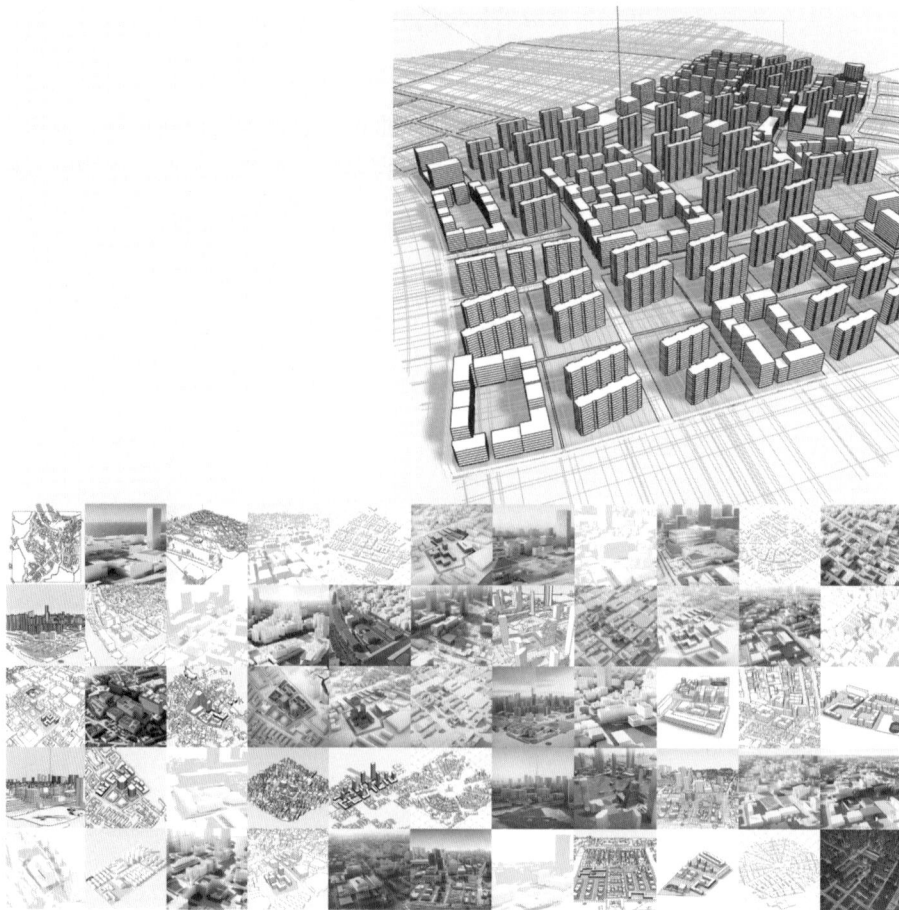

　　FLEXUrban 是一款多功能网络应用，专为生成式城市设计而开发，支持从场地划分到建筑类型生成的多项流程和多种模式。该应用根据场地和环境特征，基于张量场的地形设置产生灵活适应的功能分区设置与地块划分。根据不同的功能分类，提供多种建筑原型选项，每个原型都可自行适应特定的地块形状与参数限制，并维持其特定类型特征。FLEXUrban 为城市设计师提供了一个全面的设计工具，有助于快速生成多样化的城市设计方案。

后记

本书的撰写从构思到成稿的这段时间里，智慧设计与环境交互的研究领域经历了快速的发展与变革。作为一部尝试构建智慧设计与环境交互框架性知识体系的书籍，本书的内容汇集了当前相关领域的最新研究成果、理论探索与实践案例。然而，随着科学技术的日新月异，本书中所讨论的技术和方法在未来可能会有更大的突破和变革。因此，本书在成稿之时，已深知这一领域的进展不会停滞，读者需要以发展的眼光来看待书中的内容，并保持对新兴技术和理论的关注与学习。

在智慧设计领域，计算机科学、人工智能、数据科学等技术的飞速发展，正在不断改变我们对设计的理解和实践方式。书中提到的诸如算法设计、智能控制、环境数据分析等内容，都是智慧设计的核心组成部分。然而，正如我们在撰写过程中所看到的，这些技术的发展速度极为迅速。例如，近年来，深度学习技术在图像处理、自然语言处理等领域的突破，为智慧设计带来了新的机遇与挑战。未来，这些技术可能会在设计过程中扮演更加重要的角色，甚至引发设计理念的根本性变革。

在本书的编写过程中，我们充分认识到，智慧设计不仅仅是一个技术问题，更是一个系统工程，涉及多个学科的交叉融合。正因如此，本书从多个角度探讨了智慧设计的理论基础、技术手段以及实际应用，并结合案例分析展示了智慧设计在不同领域的应用场景。然而，由于智慧设计所依赖的技术和理论本身处在不断演进的过程中，书中所阐述的内容不可避免地会面临被更新或替代的可能。因此，虽然本书提供了一个相对完整的智慧设计与环境交互的知识框架，但我们依然鼓励读者在阅读时，要保持一种开放和探索的心态。

智慧设计领域的快速发展为我们带来了许多新的工具和方法，这些进展在很大程度上提升了设计效率和精度。然而，技术的发展也带来了新的问题和挑战。例如，随着设计工具的智能化，设计师可能越来越依赖于这些工具，而忽视了对设计本质的深度思考。这种趋势如果不加以警惕，可能会导致设计师在面对复杂设计问题时，过于依赖算法和软件，而缺乏创新和批判性思维。因此，智慧设计的未来发展，既需要技术的支持，也需要设计师不断提升自身的知识储备和思维能力。

技术的快速发展还带来了另一个挑战，即知识的迅速过时。设计师们必须不断学习新知识、掌握新技能，以应对新的技术挑战。这对于智慧设计领域尤其重要，因为这个领域处在多个学科的交汇处，各类新兴技术不断涌现，对设计师的知识更新提出了更高的要求。我们希望通过本书能够为读者提供一个起点，但也深知，智慧设计的学习和探索永远不会止步于此。

随着时间的推移，智慧设计的未来发展方向将会更加明晰。一方面，数据采集与处理能力的不断增强，设计中所使用的数据将更加全面、精细，这将为更加精准和个性化的设计提供可能。另一方面，人工智能和机器学习技术的进步，将使得设计过程更加自动化、智能化，设计师的角色也会因此发生变化，从传统的"设计者"逐渐转变为"设计过程的指导与监督者"。

智慧设计的未来不仅仅是技术发展的产物，它还需要设计师在伦理、社会责任等方面作出深思熟虑的判断。例如，在智慧设计的过程中，如何平衡技术效率与人文关怀？这是值得我们深思的问题。未来，智慧设计的成功将不仅取决于技术的先进性，还将依赖于设计师如何在复杂的社会和环境背景下，做出负责任的设计决策。

在本书的编写过程中，我们受到了来自学术界、工业界同仁的宝贵支持和指导。在此，我们要向所有曾经给予我们帮助和建议的朋友、同事、学生以及读者们表示衷心的感谢。特别感谢参加本书撰写的东南大学建筑学院建筑运算与应用研究所的在读博士研究生：莫怡晨、张柏洲、张琪岩、刘梦嫚和刘一歌博士、蔡陈翼博士，以及在读硕士研究生：史珈溪、陈心畅、杨翔宇、段成璧、夏之翔、孙齐昊、张笑凡、尹佳文、刘逸卓、吴凌菊、范丙浩、邹雨菲、冯丽娟、冯以恒、武文忻、黄瑞克、李昊宣、章周宇、陆毅涵等，他们是本书得以成型的重要推动力，同时也是未来智慧设计的直接引领者。

此外，我们还要感谢那些在智慧设计与环境交互领域中不断探索和创新的学者和实践者们，尤其是本书提及的众多案例的实践者。正是由于他们的努力和贡献，才使得这个领域得以不断进步，推动了设计与科技的融合与发展。我们希望这本书能为读者的研究和实践提供新的思路和参考，同时也期待未来与读者在智慧设计的道路上共同前行。

智慧设计是一个充满挑战和机遇的领域，它不仅需要深厚的技术基础，也需要设计师具备敏锐的洞察力和广阔的视野。本书尝试为读者构建一个智慧设计与环境交互的基础框架，但我们深知，这一领域的探索远未止步。未来的智慧设计将继续在技术进步的推动下，呈现出更加丰富和多样的面貌。因此，我们衷心希望，读者在阅读本书后，能够继续保持对新技术和新方法的关注，不断更新自己的知识体系，以应对未来设计中的各种挑战。

在此，我们诚挚地邀请所有对智慧设计感兴趣的读者，加入这个充满活力和前景的领域。无论你是刚刚踏入这一领域的新手，还是已有丰富经验的专家，智慧设计都将为你提供无限的可能性和挑战。